A Practical Introduction to Software Testing for Java Engineers

Javaエンジニア
のための

ソフトウェア
テスト
実践入門

Kenya Saitoh
斉藤賢哉

技術評論社

● サンプルコードのダウンロードについて

　本書に掲載したサンプルコードは、紙面の都合上、一部を省略しているものもあります。省略していない完全版のサンプルコードにつきましては、筆者のGitHubリポジトリよりダウンロードしてご入手いただけます。

https://github.com/KenyaSaitoh/learn_java_testing

　下記、免責事項をお確かめの上ご利用ください。

● 免責事項

　本書に記載された内容は、情報の提供のみを目的としています。したがって、本書を用いた運用は、必ずお客様自身の責任と判断によって行ってください。これらの情報の運用の結果について、技術評論社および著者はいかなる責任も負いません。

　本書記載の情報は、2024年9月現在のものを掲載しています。ご利用時には、変更されている場合もあります。また、ソフトウェアはバージョンアップされる場合があり、本書での説明とは機能内容や画面図などが異なってしまうこともありえます。本書ご購入の前に、必ずバージョン番号をご確認ください。

　以上の注意事項をご承諾いただいた上で、本書をご利用願います。これらの注意事項をお読みいただかずに、お問い合わせいただいても、技術評論社および著者は対処しかねます。あらかじめ、ご承知おきください。

● 商標、登録商標について

　本文中に記載されている製品の名称は、すべて関係各社の商標または登録商標です。なお、本文中ではTM、®などのマークは省略しています。

まえがき

　本書は「ソフトウェアテスト」というテーマにフォーカスした技術書です。

　私がこの書籍の執筆を思い立った背景には、ソフトウェア品質を向上させるためのテスト戦略が、プロジェクトの成否を決める上でますます重要な要素になっている、という点があります。またここ数年、JUnit や Mockito といったテスティングフレームワークがバージョンアップを重ねて洗練されていく中、それらを体系的に取り扱った日本語の書籍があまり世に出ていなかった、という点も動機の一つです。

　本書の対象者はサブタイトルにもあるとおり、Java エンジニアの皆様です。Java を対象にした理由は、私の専門分野だからというのはもちろんですが、Java は依然として企業システムの根幹を支えるテクノロジーの一つであり、拡大することはあっても縮小することはありえないと断言できるからです。

　Java は決してレガシーな言語ではなく、他のモダンな言語と同じように進化を続けています。そしてそれは、テストの分野において特に顕著です。ただしその恩恵を受けるためには、テストの自動化や CI/CD の導入、そして生成 AI の活用などにより、システム開発におけるプロセスそのものをモダナイズしていくことが不可欠です。

　このように考えると、昨今の Java エンジニアにとって、モダンなテスト技法は最も重要な必修科目の一つである、と言って差し支えないでしょう。その点、本書の内容を習得すれば、モダンなテスト技法に精通した価値の高いエンジニアにステップアップすることができる、という点を約束します。

　また本書は Java をベースに執筆してはいますが、書籍全般に通底するテスト技法の考え方は、特定の言語に限定されるものではありません。そのため、Java エンジニアの皆様はもちろんですが、Java 以外のエンジニアの皆様にも、ぜひ手に取っていただきたいと考えています。

　本書が、読者の皆様のスキル向上やキャリアの発展に貢献できれば、これ以上の喜びはありません。

2024年9月　斉藤賢哉

目次

まえがき 3

第1章　ソフトウェアテストの全体像　13

1.1　ソフトウェアテストの概要 14

1.1.1　ソフトウェアテストの基本的な考え方 14
テストの定義と本書のスコープ 14
「ソフトウェアテストの7原則」 15
ソフトウェアテストの目的と意義 16
ソフトウェアテストの限界 16

1.1.2　開発プロセスにおけるテストの位置付けと種類 17
ソフトウェア開発における2つのプロセス 17
ウォーターフォール開発における工程とV字モデル 18

1.1.3　テストケースの作成とテスト技法 21
テストケースの構成要素 21
ホワイトボックステストとブラックボックステスト 21
カバレッジ基準 22
同値分割法 24
境界値テスト 25

1.1.4　テスト技法の具体例 25
「特殊電卓」を題材にしたそれぞれのテスト技法 25
「特殊電卓」に対するホワイトボックステスト 26
「特殊電卓」に対するブラックボックステスト 27
「特殊電卓」に対する同値分割法 27
「特殊電卓」に対する境界値テスト 28

1.2　単体テストの手法と戦略 29

1.2.1　テストの分類と定義 29
テストを分類・定義する目的 29
単体テストと結合テストを分類する基準 29
単体テストor 結合テスト？ 30

1.2.2 単体テストの目的と要件 32
単体テストの目的 32
単体テストの要件 32

1.2.3 単体テストにおける基本的なプログラム構成と処理フロー 33
単体テストにおけるプログラム構成 33
テストケースの3つのフェーズ 35
テストの「成功」と「失敗」 36
テストケースの粒度 36
単体テストの独立性 37
前処理と後処理 38

1.2.4 テストダブルと「依存」 39
テストダブルとその分類 39
プログラムにおける「依存」とは 40
呼び出し先への「依存」の解決 41
単体テストにおける「依存性注入」 43

1.2.5 単体テストにおける検証パターン 44
出力値ベースの検証 45
状態ベースの検証 45
コミュニケーションベースの検証 46

1.2.6 単体テストの実行時間と自動化 47
単体テストの実行時間 47
迅速なフィードバック 48
単体テストによる保守性・拡張性の確保 49
単体テストの自動化とテストランナー 49

1.2.7 単体テストとブランチ戦略 50
Git Flow戦略の概要 51
単体テスト戦略とブランチ戦略の関係 52

1.2.8 単体テストの評価とアプローチ 53
単体テストにおける正確性の評価 53
単体テストにおけるテスト技法 54

1.2.9 テスト駆動開発 55
COLUMN "ロンドン学派"と"古典学派" 56

1.3 結合テストとシステムテスト 58

1.3.1 結合テスト 58
結合テストの分類と特徴 58
結合テストと他システム接続 59
結合テストの自動化 60

1.3.2 システムテスト 60

目次

システムテストとは 60
E2Eテスト 60
テストピラミッド 61

1.3.3 パフォーマンステスト 62
パフォーマンステストとは 62
負荷テスト 63
ストレステスト 64
耐久テスト 65

1.4 テスティングフレームワーク 66

1.4.1 テスティングフレームワークの全体像 66
xUnitテスティングフレームワークとは 67
テスティングフレームワークのプログラム構成 67

1.5 CI/CD 70

1.5.1 CI/CDとテスト自動化 70
CI/CDとパイプライン 70
CI/CDツール 70
CI/CDパイプラインとテスト自動化 71
Git起点のCI/CDパイプライン 72

第 2 章 JUnit 5による単体テスト 75

2.1 JUnit 5のさまざまな機能 76

2.1.1 JUnit 5の概要 76
JUnit 4からJUnit 5へ 76
JUnit 5の主要な機能 77

2.1.2 JUnit 5におけるプログラム構成 79
テストクラスとテスト対象クラスの関係性 79
テストクラスの作成と配置 80
テストメソッドの作成方法 81
テストメソッドの基本的な処理 82
テストクラスの実行 83
テストのスキップ 84

2.1.3 アサーションAPIとテストの成否 84
アサーションAPIの全体像 84
テストの成否 87
等価性の検証 88

6

真偽値の検証..90

null値かどうかの検証...91

インスタンスの型の検証...92

同一性の検証..92

コレクションや配列の検証...93

2.1.4 テストコードのドキュメンテーション 96

ドキュメンテーションとしての側面..96

テストクラスとテストメソッドのネーミング...................................96

@DisplayNameアノテーション..97

2.1.5 テストクラスのライフサイクルとテストフィクスチャ...........99

ライフサイクルメソッド...99

テストフィクスチャ.. 102

2.1.6 テストクラスのグループ化と階層化.................................104

テストスイート.. 104

ネステッドクラス.. 106

2.1.7 パラメータ化テスト...110

パラメータ化テスト..110

パラメータ化テストの対象クラス..112

リテラル配列からのパラメータ取得..113

CSVファイルからのパラメータ取得..114

スタティックメソッドからのパラメータ取得.................................116

2.1.8 エラー発生有無のテスト 117

エラー発生時のテスト成否...117

fail()による明示的なテスト失敗 119

assertThrows()による例外のアサーション 120

2.1.9 その他の高度なテスト 122

タイムアウトのテスト... 122

アサンプションAPI.. 123

2.2 単体テストにおける「依存性注入」とテストダブルの利用.....126

2.2.1 「荷物配送サービス」の仕様とコード..................................126

「荷物配送サービス」の仕様とクラス構成..................................... 126

ShippingServiceクラスの仕様 129

CostCalculatorクラスの仕様 132

2.2.2 荷物配送サービスのテストコード.....................................133

ShippingServiceを対象にしたテストクラス..................................133

2.2.3 テストダブルの利用...139

テストダブルの作成.. 139

「依存性注入」によるテストダブルへの置き換え 141

7

目次

2.3 **JUnitの開発環境**..**143**

2.3.1 **Gradleからのビルドテスト**...143

Gradleとは.. 143

GradleとCI/CD.. 144

JUnit Platformの設定方法... 145

ログ出力の設定方法.. 145

レポート出力の設定方法... 146

ビルドテストにおけるグループ分け... 148

2.3.2 **JaCoCoによるカバレッジレポート**..151

JaCoCoの設定.. 151

JaCoCoのレポート.. 152

第 **3** 章　モッキングフレームワークの活用　　　**155**

3.1 **Mockitoによるモッキング**...**156**

3.1.1 **Mockitoの基本**... 156

Mockitoの概要... 156

テストダブルとモック.. 156

Mockitoによるモッキング手順.. 157

Mockitoの主要なAPI... 158

3.1.2 **モックの作成と振る舞いの設定**.. 159

モックの作成.. 159

疑似的な振る舞いを設定するための2つの方式............................ 160

when-then方式.. 161

do-when方式... 163

スタティックメソッドのモック化... 164

3.1.3 **引数マッチングと動的な振る舞い**.. 166

引数マッチングAPIとは.. 166

引数マッチングの挙動.. 167

argThat()による汎用的なマッチング条件指定............................ 171

Answerによる動的な振る舞い設定.. 173

3.1.4 **コミュニケーションベース検証**.. 175

コミュニケーションベース検証の基本....................................... 175

順番を意識したコミュニケーションベース検証.......................... 177

3.1.5 **スパイの作成と振る舞いの設定**.. 177

スパイとは.. 177

スパイの作成.. 178

振る舞いの設定とスパイの挙動... 179

副作用の発生抑止と検証...180

3.1.6 JUnitテストコードにおけるMockitoの活用事例....................181
サービスとテストの全体像...181
Mockito導入前 182
Mockito導入後の変更点 183

第4章 データベーステストの効率化　　187

4.1 DBUnitによるデータベーステスト 188

4.1.1 DBUnitの基本..188
DBUnitの概要と主要な機能 188
DBUnitリソースの単位と配置..188
DBUnitのテストフィクスチャ 190
テスト対象のDAO 191

4.1.2 DBUnitテストフィクスチャとデータの初期化.........................194
DBUnitテストフィクスチャのセットアップ 194
初期データのセットアップ 197

4.1.3 CRUD操作のテスト..201
読み込み系操作（検索）のテスト 201
書き込み系操作（挿入／削除／更新）のテスト 203

4.1.4 DBUnitの活用事例..210
サービスとテストの全体像 210

第5章 Spring Bootアプリケーションの単体テスト　217

5.1 Spring Boot Testによる単体テスト 218

5.1.1 Spring BootとSpring Boot Test...218
Spring Bootとは 218
Spring BootによるWebアプリケーションのシステム構成.................219
Spring Boot Testの概要と主要な機能 221
Spring Boot Testが提供するアノテーション....................................221

5.1.2 サービスの単体テスト 222
サービスの単体テスト概要 222
サービス単体テストの具体例..225

5.1.3 MockMVCによるコントローラの単体テスト 228
MockMVCの概要と主要な機能 228
MockMVCによるテストクラスの構造..229

9

疑似的なリクエストの構築 231
レスポンス検証項目の設定 234

5.1.4 MockMVCによるテストクラス実装の具体例 238
テスト対象アプリケーションのページ遷移 238
テスト対象コントローラクラス 239
MockMVCを利用したテストクラス 241

5.1.5 テスト用プロファイルとプロパティ 245
テスト用プロファイルの切り替え 245
テスト用プロパティの設定 246

第6章 REST APIのテスト 249

6.1 RestAssuredによるREST APIのテスト 250

6.1.1 RestAssuredの基本 251
RestAssuredの概要と主要なAPI 251
テスト対象RESTサービスのURL設定（全体）........................ 252

6.1.2 RestAssuredとGiven-When-Thenパターン 253
Given-When-Thenパターン 253
リクエストの設定（Given）.. 253
テスト対象RESTサービスへのリクエスト送信（When）...................... 255
レスポンスの検証と抽出（Then）.. 256

6.1.3 RestAssuredによるテストクラス実装の具体例 260
GETメソッドによる主キー検索APIのテスト 260
GETメソッドによる条件検索APIのテスト 261
POSTメソッドによる新規作成APIのテスト 262
PUTメソッドによる置換APIのテスト 263
DELETEメソッドによる削除APIのテスト 264

6.2 WireMockによるモックサーバー構築 265

6.2.1 WireMockによるHTTPサーバーのモッキング 266
WireMockの基本的なクラス構成 266
WireMockの主要なAPI 266

6.2.2 WireMockによるモックサーバー構築の具体例 271
具体例1：リクエストボディを持つREST API............................ 271
具体例2：Person（人物）を操作するためのREST API 272
具体例3：静的ファイルを返すREST API.................................. 275

第7章 UIテストの自動化　277

7.1 SelenideによるWebブラウザのUIテスト.............278

7.1.1 Seleniumの概要.............278
Selenium とWebDriverの仕組み.............278
SeleniumによるUI操作.............279

7.1.2 Selenideの基本.............279
Selenideの主要なAPI.............281
Webブラウザを操作するためのAPI.............282
Webページ情報取得のためのAPI.............283
UI要素を取得するためのAPI.............283
UIを操作するためのAPI.............284
UI要素を検証するためのAPI.............287
スクリーンショット取得のためのAPI.............289
その他のAPI.............290

7.1.3 Selenideによるテストクラス実装の具体例.............290
「テックブックストア」のUIテスト.............290

第8章 負荷テストの自動化　297

8.1 Gatlingによる負荷テスト.............298
負荷テストの概要と負荷テストツールの機能.............298

8.1.1 Gatlingの基本.............299
Gatlingの概要.............299
シミュレーションとシナリオ.............300
シミュレーションクラスの基本的なクラス構成.............301

8.1.2 シミュレーションクラスの作成方法.............302
Gatlingの主要なAPI.............302
HTTP共通情報設定API.............303
フィーダー設定API.............304
シナリオ構築API.............306
アクション構築API.............310
レスポンス検証API.............312
シミュレーション設定API.............316

8.1.3 シミュレーションの実行方法と結果レポート.............317
「テックブックストア」の負荷テスト.............317
シミュレーションの実行方法.............323
シミュレーションの結果レポート.............325

11

Appendix 329

A.1 GitHub Actionsとコンテナを活用したCI/CD 330

A.1.1 コンテナとCI/CDパイプライン 330
コンテナとDocker 330
コンテナイメージとコンテナレジストリ 331
コンテナ管理プラットフォームKubernetes 332
CI/CDツール＋コンテナ環境の組み合わせ 332

A.1.2 GitHub Actions＋Amazon EKSによるパイプライン構築例 ... 333
GitHub ActionsとGHCR 333
GitHub Actionsにおけるアクション 333
ワークフローの全体像 334
ワークフローファイルの概要 335
ジョブにおける各ステップの処理 337

A.2 生成AIのテストへの活用 348

A.2.1 本書で取り上げる生成AI 348
生成AIをテストに活用するためのアプローチ 349

A.2.2 JUnit単体テストでの活用 351
テスト仕様からテストコード生成（アプローチ①） 351
プロダクションコードからテストコード生成（アプローチ②） 353

A.2.3 REST APIテストでの活用 359
RestAssuredによるテストコード生成 359
WireMockによるモックサーバーのコード生成 363

A.2.4 SelenideによるUIテストでの活用 364

A.2.5 Gatlingによる負荷テストでの活用 367

あとがき 371
索引 372

第 **1** 章

ソフトウェアテストの
全体像

第 1 章　ソフトウェアテストの全体像

1.1 ソフトウェアテストの概要

　この章では、ソフトウェアテストの基本的な考え方、種類、そしてさまざまなテスト技法について説明します。本質的には特定のプログラミング言語に限定されるものではないため、あえて抽象度が高い表現を使って説明しています。

　もし、あなたがJavaエンジニアであれば、例えば「プログラム」という表現は「クラス」に読み替えてもらえると分かりやすいかもしれません。なお、説明の中で登場する一部のサンプルには、Javaによるコードを用いています。

1.1.1 ソフトウェアテストの基本的な考え方

■ テストの定義と本書のスコープ

　テストとは一般的に、何らかの目的を充足するために作られた「モノ」が、特定の基準や要件を満たしているかを検証するためのプロセスを指します。本書のテーマは「ソフトウェアのテスト」ですが、テストの考え方は、建築業、製造業、製薬業など、分野が異なっても基本的には同じです。特に「ソフトウェアのテスト」におけるさまざまなアプローチは、建築業の考え方を参考にして考案された、というのは比較的有名な話ではないでしょうか。

　本書は主にJavaエンジニア向けの書籍になりますので、対象のソフトウェアは、Javaによるアプリケーションです。Javaはさまざまな用途で使われていますが、その中でも特に企業システムやWebサービスの分野で、バックエンドのプラットフォームとして広く普及しています。そこで本書では「企業システムやWebサービスのバックエンドで稼働する、Javaアプリケーションに対するテスト」を主たるスコープとして、解説を行います。

　ただし、この第1章で紹介するソフトウェアテストの考え方や技法に関しては、プログラミング言語を問わずに通底しているため、Javaエンジニア以外の方にも参考になるはずです。

14

1.1 ソフトウェアテストの概要

なおJavaにはその他にも、Androidアプリケーションや、家電や電子機器に組み込むソフトウェアとしても活用されていますが、それらは本書のスコープ外になります。

■ 「ソフトウェアテストの7原則」

ソフトウェアテストの特性を理解し、それに則ってテストを計画・実施する上では、ISTQB[注1]が提唱する「ソフトウェアテストの7原則」が一つのガイドラインになります。

具体的には、以下のような原則です。

1. テストは欠陥があることは示せるが、欠陥がないことは示せない

テストをしたからといって、そのソフトウェアが完全であることを証明することはできない。

2. 全数テストは不可能

テストケースの組み合わせは無限にあり（後述する「組み合わせ爆発」）、すべての組み合わせをテストすることは不可能である。

3. 早期テストによる時間とコストの削減

ソフトウェア開発プロセスにおいて、テストは早い段階で開始されるほど、問題の早期発見と修正が容易になり、時間およびコストの削減につながる。

4. 欠陥の集中

「パレートの法則」にあるとおり、欠陥の80%は、ソフトウェアの20%に相当するモジュールや原因に集中している。

したがって欠陥が存在するモジュールや原因を特定し、そこに焦点を当てることでテスト効率が向上する。

5. 殺虫剤のパラドックス

同じテストを繰り返し行うことで、新しい欠陥を見つけにくくなる現象。

農業で同じ殺虫剤を長く使用すると、害虫がその殺虫剤に耐性を持つというジレンマになぞらえている。

注1　ISTQB (International Software Testing Qualifications Board) は、ソフトウェアテスト技術者のスキルを向上を目的とした資格認定を行う国際的な組織。JSTQBという日本支部がある。

15

第 1 章　ソフトウェアテストの全体像

6. テストは状況に依存する

同じソフトウェアをテストしていても、環境やコンテキストによって結果が変わる可能性がある。

7. 欠陥を取り除くだけでは良いソフトウェアは作れない

テストで欠陥を取り除いたからといって、必ずしもユーザーを満足させられる使い勝手が良いソフトウェアになるとは限らない。

■ ソフトウェアテストの目的と意義

ソフトウェアテストの目的は、ソフトウェアの特定の機能が期待通りに動作することを検証することにより、品質を向上させることにあります。ただしあくまでも目指しているのは「品質向上」であって、欠陥を完全に除去することは困難なため、いたずらに「品質保証」という言い方をすべきではありません。

前項で紹介した「ソフトウェアテストの7原則」には、「テストは欠陥があることは示せるが、欠陥がないことは示せない」や「早期テストによる時間とコストの削減」があります。これらの原則で示されているように、ソフトウェアテストの真の意義は、ソフトウェアが完全であることを証明することではなく、ソフトウェアの欠陥（いわゆるバグ）をなるべく早期に発見し、対処すること（バグの修正）にあります。

この点はしっかりと認識しておく必要があるでしょう。

■ ソフトウェアテストの限界

既出の「ソフトウェアテストの7原則」の一つに「全数テストは不可能」というものがあります。この原則は、ソフトウェアのテストケースは前提条件や入力・操作などのバリエーションによって構成されるが、それらの組み合わせ数は指数関数的に増加する[注2]ためテストには限界がある、という意味です。

ソフトウェア開発では、QCD、すなわち品質（Quality）、コスト（Cost）、納期（Delivery）の三者はトレードオフの関係にあり、何を優先するべきかや、どのようにバランスを取るべきかは、プロジェクトの重要な合意事項の一つです。

注2　このようにパラメータの掛け算によって組み合わせ数が膨大になることを、「組み合わせ爆発」と呼ぶ。

ソフトウェアテストは、品質（Quality）を向上させるために実施しますが、すべての組み合わせテストすることはコストや納期の観点から現実的ではないため、バランスを見極める必要があります。

つまりソフトウェア開発では、欠陥のないソフトウェアを作ることも困難であれば、すべての組み合わせをテストすることによって完全に品質を保証することも困難、というわけです。

1.1.2 開発プロセスにおけるテストの位置付けと種類

■ ソフトウェア開発における2つのプロセス

一般的にソフトウェア開発におけるプロセスは、ウォーターフォール開発とアジャイル開発に分類されます。

ウォーターフォール開発

まずウォーターフォール開発とは、ソフトウェア開発プロセスの一つで、要件定義から設計、実装、テスト、リリースに至る一連の工程を段階的に終了させていく手法です。「滝」のように水が上から下へ流れるかのごとく開発を進めます。「前工程のアウトプット」が「後工程のインプット」になり、原則として各工程が終了したら前工程に後戻りはしない、という点が大きな特徴です。

ウォーターフォール開発は、事前にプロジェクト全体の計画をしっかりと策定することにより、コストやスケジュールを管理しやすくなるという特徴があります。その反面、一度確定した要件を後工程で変更することは困難であり、必ずしもユーザーのイメージ通りのソフトウェアが完成するとは限らない、という難しさがあります。また、後工程で重要な仕様変更が必要となった場合は手戻りが発生するため、コストやスケジュールに大きな影響を及ぼす可能性がある点にも、注意が必要です。

アジャイル開発

一方でアジャイル開発とは、ソフトウェア開発プロセスの一つで、短期間での素早いリリースと、ユーザーからのフィードバックによってアプリケーションをブラッシュアップさせていく手法です。計画、設計、実装、テスト、リ

リースといった一連の開発工程を、機能単位に小さいサイクルで繰り返します。

アジャイル開発はサイクルが小さい分、仕様変更に柔軟に対応可能なので、ウォーターフォール開発に比べて、ソフトウェアの価値やユーザーの満足度を高めることが可能です。ただしその反面、全体のコスト管理やスケジュール管理の難易度が高まる可能性がある点には、注意が必要です。

■ ウォーターフォール開発における工程とⅤ字モデル

Ⅴ字モデルとは

ソフトウェア開発におけるテストの位置付けを、ここではウォーターフォール開発を前提に説明します。

ウォーターフォール開発の工程は、①要件定義、②基本設計、③詳細設計、④実装、⑤単体テスト、⑥結合テスト、⑦システムテスト・受入テスト、という、大まかに７つの工程から成り立ちます。これを図に表すと以下のようにⅤ字の形になることから、「Ⅴ字モデル」と言われています。

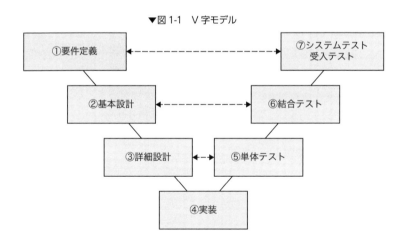

▼図1-1　Ⅴ字モデル

Ⅴ字モデルでは、ウォーターフォール開発における開発とテストの各工程を、詳細さのレベルに応じて対に並べ、各工程の対応関係が示されています。このモデルでは、①要件定義を検証するのが⑦システムテスト・受入テストと

なり、②基本設計を検証するのが⑥結合テスト、③詳細設計を検証するのが⑤単体テストとなります。

このように、開発工程とテスト工程を対に結びつけることで、どの開発工程の内容を、どのテスト工程で検証するのかが明確になります。

詳細設計と単体テスト

詳細設計とは、ウォーターフォール開発において、基本設計の成果物に基づいて、ソフトウェアの詳細な仕様を設計する工程です。

詳細設計では、基本設計で決定したフレームワークや処理方式に従って、ソフトウェアの論理的な構造や処理シーケンスを設計します。Javaなどのオブジェクト指向言語の場合は、クラス図やシーケンス図が、これに相当します。また詳細設計では、基本設計で決定した入出力インタフェースや、データベースのテーブル定義を、項目単位でより詳細に設計します。このように詳細設計は、システムの内部的な機能の設計を行うため、内部設計と呼ばれることもあります。

V字モデルでは、詳細設計を検証するためのテストに位置付けられるのが、本書の主要なテーマでもある単体テストです。単体テストとは、ソフトウェアを構成する個々の小さな単位（ユニット）が、仕様通りに正しく実装されているかを検証するテストです。

単体テストは通常、JUnitに代表されるテスティングフレームワークによってテスト用プログラムを作成して実施します。単体テストの手法と戦略については、1.2節で詳しく取り上げます。

基本設計と結合テスト

基本設計とは、ウォーターフォール開発において、要件定義書に基づいて、ソフトウェアの基本的な仕様を設計する工程です。基本設計は、大きく方式設計と機能設計に分類されます。

方式設計とはアーキテクチャ設計とも呼ばれ、システム構成、サーバーやOSといったシステム基盤、ミドルウェアなどのアプリケーション実行環境、プログラミング言語、フレームワーク、処理方式などを決定します。また機能

設計とは、画面や帳票といった入出力インタフェース、データベースのテーブル定義、連携する他システムとのインタフェースなどを決定します。

このように基本設計は、システムの外部とのインタフェースを設計するため、外部設計と呼ばれることもあります。

V字モデルでは、基本設計を検証するためのテストに位置付けられるのが、結合テストです。結合テストとは、個別に開発されたソフトウェアの部品（単体テストの粒度であるユニットと同じ範囲）を複数組み合わせて、それらが連携して仕様通りに正しく機能するかどうかを検証するテストです。データベースや他システム（別組織が管理運営するシステム）など、外部システムとの接続があるテストも一般的には結合テストに分類されます。

結合テストは、何らかのテスティングフレームワークを利用して自動化するケースもあれば、UIを持つクライアントから入力して行うケースもあります。結合テストの手法と戦略については、1.3節で詳しく取り上げます。

要件定義とシステムテスト・受入テスト

要件定義とは、業務上の課題を解決するためにシステムに求められる機能を洗い出し、システム化する範囲を決定する工程です。この工程では、成果物として「要件定義書」を作成します。

要件定義という言い方は、通常はウォーターフォール開発における最初の工程を表します。その点アジャイル開発では「要件定義」とは言いませんが、一つのサイクル内でリリースに盛り込む機能を洗い出す点は同様です。

要件定義では、業務フロー図を作成して、システム導入前後における業務の流れを可視化します。またシステムに求められる要件を、機能要件と非機能要件に分けて定義します。

V字モデルでは、要件定義を検証するためのテストに位置付けられるのが、システムテストおよび受入テストです。システムテストおよび受入テストは、システム全体（ソフトウェアとそのプラットフォーム）の動作を検証するためのテストです。

システムテストと受入テストの違いは、システムテストが開発者の視点で行われるテストであるのに対して、受入テストはユーザー（発注者）の視点で行われるテストであるという点です。

1.1.3 テストケースの作成とテスト技法

■ テストケースの構成要素

テストケースは、テスト開始前に満たされるべき前提条件（環境、設定、初期データなど）や、当該システムへの入力・操作、そして実行結果として期待される挙動や値（変数やデータ）によって構成されます。

テストケースを作成するにあたっては、これらをEXCELなどの表形式で表すのが一般的です。この表は、以下のような列項目を持ちます。

1. テストケースID
2. テスト内容（何をテストするか）
3. 前提条件（環境、設定、初期データなど）
4. 入力（入力値や操作内容）
5. 期待（期待される挙動や値）
6. 出力（実際の挙動や値）
7. ステータス（テストの成否）

テストケースを作成するにあたっては、前提条件と入力の組み合わせ数が膨大になってしまう（組み合わせ爆発）ことへの対処が必要です。そのためには、後述するさまざまなテスト技法によって、テスト品質の向上やテストの効率化を図ります。

■ ホワイトボックステストとブラックボックステスト

ソフトウェアテストは、何に着目してテストケースを作るのかによって、ホワイトボックステストとブラックボックステストに分類されます。

ホワイトボックステストとは、テスト対象プログラムの内部構造を検証することを目的としたテストのことで、命令・分岐・条件への網羅性（カバレッジ）に着目してテストケースを計上します。

ホワイトボックステストを行うためには、内部構造への理解が不可欠です。ただし、開発者の意図したとおりに動作することを確認するテストのため、開発者が誤った認識をしていた場合は、適切に検証することはできません。

一方ブラックボックステストとは、テスト対象プログラムの内部構造を「ブラックボックス」とし、外部から機能を確認するために行うテストのことです。ブラックボックステストでは、外部仕様（入出力インタフェース）に着目し、「シナリオ」としてテストケースを計上します。

ブラックボックステストを行うためには、必ずしも内部構造を把握している必要はありませんが、提供される機能（外部仕様）への理解が必須です。

ホワイトボックステスト・ブラックボックステストといったテスト技法は相互に相補的であり、通常は組み合わせて使用します。

■ カバレッジ基準

ホワイトボックステストにおける「カバレッジ基準」（網羅性の考え方）には、命令網羅、分岐網羅、条件網羅という3つの種類があります。この3つは分岐（if文など）に対する考え方がそれぞれ異なっており、命令網羅、分岐網羅、条件網羅の順に、それを満たすためのテストケース数が増大します。

1. 命令網羅（Instruction Coverage）

命令網羅とは、プログラムのすべての実行可能なコード行を、少なくとも一度は実行することを目指す考え方です。この考え方では、分岐があったとしても、あくまでも命令の網羅を目標にするため、下図のように条件式が偽だった場合のフローは網羅する必要がありません。

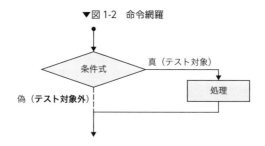

▼図 1-2　命令網羅

2. 分岐網羅（Branch Coverage）

分岐網羅とは、プログラム内のすべての分岐を、真と偽の両方の条件で実行することを目指す考え方です。この考え方では、前述した図において、

条件式が偽だった場合のフローを網羅します。

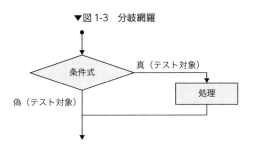

▼図1-3　分岐網羅

3. 条件網羅 (Condition Coverage)

条件網羅とは、分岐網羅と同様に、プログラム内のすべての分岐を、真と偽の両方の条件で実行することを目指す考え方です。

分岐網羅との違いは、分岐の条件式が、複数の命令が論理積 (&&) や論理和 (||) によって構成されている場合に現れます。分岐網羅では、単に真または偽となるフローの網羅のみを目指すのに対して、条件網羅では、条件式を構成する各命令の真偽を独立して評価することを目指します。

分岐網羅と条件網羅の違いを、コードで説明します。以下は「配送料を決定するためのロジック」を表すJavaのコードです。

```java
public static int calcDeliveryFee(CustomerType customerType,
                                  int totalPrice) {
    int deliveryFee = 600;
    if (customerType == CustomerType.GOLD // ①
            || 3000 <= totalPrice) { // ②
        deliveryFee = 0; // ③
    }
    return deliveryFee;
}
```

このコードでは、顧客タイプがゴールド会員の場合 ① 、または購入金額が3000円以上の場合 ② に、配送料が無料になる ③ 、という処理を行っています。分岐網羅を満たすためには「顧客タイプがゴールド会員」という条件で

テストを行えばOKですが、条件網羅を満たすためにはそれに加えて「購入金額が3000円以上」という条件でもテストを行う必要があります。

さて、これらのカバレッジ基準の中で、どれを網羅性の指標として採用するべきでしょうか。

通常、テストプログラムの実装コストと品質はトレードオフの関係にありますので、答えを一概に決めることはできません。一つの考え方として、欠陥によって重大な影響が生じる可能性のある処理に対しては、より厳格なカバレッジ（分岐網羅や条件網羅）を適用するとバランスが良くなるでしょう。

■ 同値分割法

同値分割法とは、実行すると同じ結果を引き起こす入力値を「同値クラス」と呼ばれるグループに分け、その中から代表的な値を選択してテストを行う技法です。

例えば以下のような仕様を持つ「パスワード登録機能」があるものとします。

- 英数字の組み合わせで10文字以上の場合は、登録は成功（パスワード強度は高）
- 数字の組み合わせで6文字以上の場合は、ワーニングを出して登録は成功（パスワード強度は中）
- 上記以外はエラーと見なして登録は失敗

パスワードの文字の組み合わせは膨大になるため、この3種類の結果を得られる入力値の中から、代表的な値を選んでテストを行います。具体的には、

- "Abcd123456"は登録成功
- "Abc123"も登録成功（ワーニング出力）
- "Abc"は登録失敗

といった具合に、3つの結果に応じたテストケースを計上します。

同値分割法を用いると入力が単純化されるため、テストケースを大幅に削減することができます。ただしこの技法では、ソフトウェアのより複雑な動作、相互作用、異例なケースを十分にカバーできない可能性があるため、注

意が必要です。

同値分割法は、主に外部から機能を確認する目的で使用されるため、ブラックボックステストの一種に位置づけられます。

■ 境界値テスト

境界値テストとは、不具合はロジックの境界近くで発生する可能性が高いことに着目し、入力値の範囲を区切る境界値や、そのすぐ近くの値を重点的にテストする技法です。

例えばある銀行の振込機能において、振込金額が30000円以上の場合と、30000円未満の場合とで手数料が異なるものとします。このとき境界値テストでは、入力値として30000円という境界値や、29999円という境界値のすぐ近くの値を用いて、テストを行います。

境界値テストは同値分割法と組み合わせて使われることが多く、より不具合の検出率を高めることを可能にします。

なおこの技法は、主に外部から機能を確認するために使用されるため、一般的にはブラックボックステストの一種に位置付けられます。ただし境界値を意識することで、テスト対象プログラム内の網羅性が高まるため、ホワイトボックス的な要素も多分に含まれています。

1.1.4 テスト技法の具体例

■ 「特殊電卓」を題材にしたそれぞれのテスト技法

ここでは、「特殊電卓」を表すプログラムを題材として取り上げ、さまざまなテスト技法でテストケースをどのように計上するか、具体的に説明します。

この電卓は、2つの整数を入力値として受け取り、それらの足し算を行って結果を返す、というシンプルな機能を持っています。ただし、次に示すように（実際の電卓では考えられない）特殊な仕様になっています。

- 入力値として負の数を受け取ることは可能だが、2つの入力値がともに負の場合は、"パラメータ不正エラー"になる
- 足し算を行った結果が負になった場合は、"結果不正エラー"になる

この「特殊電卓」をJavaのクラスとして実装する場合、以下のようなソースコード（SpecialCalculatorクラス）になります。このクラスには、唯一の機能である足し算を行うためにadd()メソッドが実装されています。

```java
public class SpecialCalculator {
    // 足し算を実行し、その答えを返すメソッド (テスト対象)
    public int add(int param1, int param2) {
        // 2つのパラメータがいずれも負の場合は、パラメータ不正エラーにする
        if (param1 < 0 && param2 < 0) {
            throw new RuntimeException("パラメータ不正エラー ");
        }
        // 足し算を実行する
        int answer = param1 + param2;
        // 足し算の結果が負の場合は、結果不正エラーにする
        if (answer < 0) {
            throw new RuntimeException("結果不正エラー ");
        }
        // 足し算の結果を返す
        return answer;
    }
}
```

■「特殊電卓」に対するホワイトボックステスト

まずホワイトボックステストです。ホワイトボックステストでは、内部構造の網羅性の観点からテストケースを計上するため、以下のようなテストケースが考えられます。

テストケースID	入力値1	入力値2	期待される結果
1	1	1	2（正常終了）
2	0	0	0（正常終了）
3	-1	-1	パラメータ不正エラー
4	1	-2	-1（結果不正エラー）
5	-1	2	1（正常終了）

このテストケースをすべて実行すれば、内部ロジックの網羅率を100%にすることができます。

■ 「特殊電卓」に対するブラックボックステスト

　次にブラックボックステストを行う場合です。この「特殊電卓」に対する外部仕様としては、以下のようなシナリオが考えられます。

- 正の数同士の足し算　→　正常終了
- ゼロの足し算　　　　→　正常終了
- 負の数同士の加算　　→　パラメータ不正エラー
- 正の数と負の数の足し算（結果は0以上）　　→　正常終了
- 正の数と負の数の足し算（結果は負）　→　結果不正エラー

　ブラックボックステストでは、外部仕様に着目し、「シナリオ」としてテストケースを計上するため、以下のようなテストケースが考えられます。

テストケースID	入力値1	入力値2	期待される結果
1	5	10	15（正常終了）
2	0	0	0（正常終了）
3	-5	-10	パラメータ不正エラー
4	10	-5	5（正常終了）
5	5	-10	-5（結果不正エラー）

　今後、このテスト対象プログラム（SpecialCalculatorクラス）の内部構造がどのように変わっても、これらのシナリオによる外部仕様を満たしてさえいれば、機能の確認としては十分であると言えます。

■ 「特殊電卓」に対する同値分割法

　次に同値分割法の場合です。この「特殊電卓」には正常終了、パラメータ不正エラー、結果不正エラーという3つの結果があります。同値分割法によるテストでは、それらの結果を引き起こす代表的な入力値を選択するため、次のようなテストケースが考えられます。

第 1 章　ソフトウェアテストの全体像

テストケースID	入力値1	入力値2	期待される結果
1	1	1	2（正常終了）
2	-1	-1	パラメータ不正エラー
3	50	-150	結果不正エラー

　このように同値分割法を用いると、テストケースが削減され、テスト効率を高めることができます。

■ 「特殊電卓」に対する境界値テスト

　最後に境界値テストの場合です。この「特殊電卓」には「パラメータが正から負に変わる境界値」と「計算結果が負から正に変わる境界値」があります。境界値テストによるテストではそこを重点的にテストするため、以下のようなテストケースになります。

テストケースID	入力値1	入力値2	期待される結果
1	0	0	0（正常終了）
2	-1	-1	パラメータ不正エラー
3	0	-1	-1（結果不正エラー）
4	-1	0	-1（結果不正エラー）
5	-1	1	0（正常終了）

　上記のテストケースを、既出の同値分割法におけるテストケースとマージしたケースを作れば、テスト効率を高めると同時に、不具合の発生しやすいロジックを集中的にテストすることが可能になるでしょう。

1.2 単体テストの手法と戦略

1.2.1 テストの分類と定義

■ テストを分類・定義する目的

既出のとおり、テストには大きく、単体テスト、結合テスト、そしてシステムテストといった種類があります。ただし単体テスト、結合テスト、システムテストという概念には、かなり多くの解釈の余地を残しています。

本書では単体テスト、結合テスト、システムテストにおけるさまざまなテスト手法や、それを実現するためのテスティングフレームワークの使い方を説明しますが、テストの定義があいまいのままでは、テスト全体像の中でどの部分の説明をしているのか分かりにくくなってしまったり、理解を誤ってしまう可能性があります。

そこでこの節では、特に分類の基準があいまいになりがちな単体テストと結合テストについて、両者の定義を具体化し、分類を整理します。

■ 単体テストと結合テストを分類する基準

単体テストと結合テストの定義については、一般論として最大公約数的なものは存在しますが、具体的に何をもって両者を分類するのか、明確な基準は存在しないのが実態です。

まず単体テストの一般的な定義は、既出のとおり「ソフトウェアを構成する個々の小さな単位（ユニット）に対するテスト」です。ユニットとは、一つの振る舞いのことであり、Javaのようなオブジェクト指向言語では、メソッド、およびそこから呼び出される一連の処理に相当します。

このとき、ユニットの外側に位置するプログラムやプロセスと結合してテストする場合は、単体テストではなく結合テストになります。

ではそもそも、単体テストの対象である「ユニット」とは何でしょうか。実は単体テストにおけるユニットの範囲や大きさにはさまざまな考え方があり、

一意に定義することは困難です。そこで本書では「同一プロセス内にある、自身にとって関心のある範囲」を一つのユニットと位置付けるものとします。つまり、

- テスト対象が「自身にとって関心のある範囲」と一致しており、外部依存（自身にとって関心のない他のプログラムまたは外部プロセス）との接続がない場合は**単体テスト**
- 逆に、外部依存との接続がある場合は**結合テスト**

と分類するものとします。

■ 単体テストor結合テスト?

いくつか例を見てみましょう。

例えば私が作成したプログラムFooがあり、それを対象にしたテストを行う場合、これは文句なしに単体テストです。

では私が作成したプログラムFooが、別のプログラムBarに依存している場合、両者を結合したテストは単体テストでしょうか。これは一概に決めることはできません。

もしBarも私が作ったプログラムだとしたら、仮にFooとBarを同時にテストしたとしても、テスト対象であるFooとBarは「自身にとって関心のある範囲」と一致するため、これは単体テストです[注3]。またBarが、すでに本番で稼働している安定したプログラムの場合や、Log4Jのように十分に信頼できる外部ライブラリの場合も、テスト対象はFooのみ（つまりは「自身にとって関心のある範囲」）となるため、単体テストに分類します。

注3　後述する"ロンドン学派"の考え方では、必ずしもこの限りではない（p.56のコラム参照）。

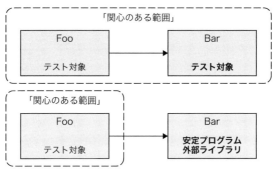

▼図1-4 単体テストに分類されるケース

　一方でBarが他のチームによって並行して開発中のものであり、FooとBarを同時にテストする場合は、テスト対象が「自身にとって関心のある範囲」を超えるため、結合テストに分類します。このようなケースでは、Fooの単体テストを行うためには、Barをテストダブルに置き換える必要があります。

　テストダブルについては後述しますが、テスト対象プログラムの依存を置き換えるための疑似的なプログラムを表す概念で、モックと呼ばれることもあります。

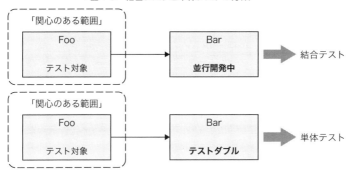

▼図1-5 結合テストと単体テストの分類

　次にデータベース接続や、REST API呼び出しといった機能を持つテスト対象プログラムがあったとして、別プロセスとしてデータベースやRESTサーバーを立ち上げ、接続してテストするケースはどうでしょうか。この場合は外

第 1 章　ソフトウェアテストの全体像

部プロセスとの接続があるため、結合テストに分類するのが妥当でしょう。

　なおこのように、結合テストにもいくつかのパターンがありますが、詳細は
1.3.1項で説明します。

1.2.2　単体テストの目的と要件

■ 単体テストの目的

　本書では、単体テストの目的を以下の３つに定義しています。

① ソフトウェアの品質向上
② ソフトウェアを効率的に改善すること
③ ソフトウェアの保守性や拡張性を確保すること

　まず単体テストの第一の目的は、言うまでもなく①「ソフトウェアの品質向
上」にあります。単体テストによってソフトウェアの不具合を検出し、修正す
ることによって品質の向上を図ります。

　次に第二の目的「ソフトウェアを効率的に改善すること」は、広い意味では
①「品質向上」に含まれますが、本書では便宜上①とは分けて整理しています。
単体テストによる不具合検出は、品質向上はもちろんのこと、ソフトウェアの
効率的な開発にも寄与する、という点を強調したいがためです。

　最後に第三の目的は、③「ソフトウェアの保守性や拡張性を確保すること」
です。ソフトウェア開発は初回リリースで終わりではなく、その後の長いライ
フサイクルの中で、見つかってしまった不具合を修正したり、新しい機能を追
加したりするのが一般的です。単体テストはそのような局面において、ソフト
ウェアの保守性や拡張性を確保するために極めて有効な手段です。単体テス
トの最大の目的は、このようにソフトウェアの持続的な成長を促進することに
ある、と言っても過言ではありません。

■ 単体テストの要件

　前項で整理した単体テストの目的を達成するためには、単体テストが次の
すべての要件を満たしている必要があります。

32

① 隔離された状態で実行される

② 実行時間が"十分に"短い

③ 自動化可能である

　まず目的①にあるように、ソフトウェアの品質向上のためには、単体テストが①「隔離された状態で実行される」ことが必須の要件です。「隔離された状態で実行される」がゆえに、テストが失敗した場合に問題発生個所を特定することが容易になるのです。

　次に目的②にあるように、開発者が単体テストによってソフトウェアを効率的に改善するためには、単体テストが②「実行時間が"十分に"短い」ことにより、迅速なフィードバックを受けられることが必要です。

　そして目的③にあるように、ソフトウェアの保守性や拡張性を確保するためには、単体テストが③「自動化可能である」ことが重要です。

　たとえユニット単位の小さなテストであったとしても、これらの要件①〜③をすべて満たさない限り、単体テストとしては不完全です。ただしこれらの要件のうち、特に①には解釈の余地が残されており、世の中的にもさまざまな考え方が提唱されています。この点はp.56のコラムで取り上げます。また②および③についてはこの後の1.2.6項で説明します。

1.2.3 単体テストにおける基本的なプログラム構成と処理フロー

■ 単体テストにおけるプログラム構成

　単体テストの文脈では、本番向けの何らかのプログラム（プロダクションコード）がテスト対象プログラムです。またテスト対象プログラムに対して単体テストを実施するためには、専用のテストプログラムを作成する必要があります。これは、「テストドライバー」と呼ばれることがあります。

　ここで、ある本番向けのプログラムFooがあり、これを対象に単体テストを行うものとします。Fooの単体テストを行うためのテストプログラムを、FooTestとします。FooTestはあくまでもテストのためのプログラムなので、プロダクションコードとは一線を画します。Fooにはテスト対象ユニットが2つあるものとし、それらに対するテストを設計した結果、全部で3個のケース

33

を計上することになったとします。

　この場合、これら3個のテストケースを、テストプログラムであるFooTestに実装します。各テストケースには、Fooのテスト対象ユニットを呼び出し、その結果を検証するためのコードを実装します。

　このようにテストプログラム内のテストケースとテスト対象ユニットは多：1の関係性になります。

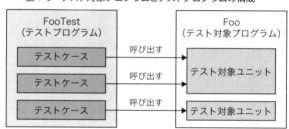

▼図1-6　テスト対象プログラムとテストプログラムの構成

　この例をJavaを前提に説明すると、Fooはクラスとして作成され、クラスの一つ一つの振る舞いはメソッドとして外部に公開されます。Javaでは通常、JUnitに代表されるテスティングフレームワークのAPIを利用してテストプログラムを作成するため、FooTestはJUnitによる一つのテストクラスになります。FooTestクラスの中では各テストケースを、テストメソッドとして実装します。

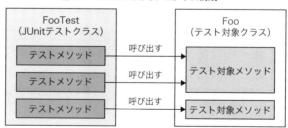

▼図1-7　Javaにおけるプログラム構成

テストケースの3つのフェーズ

　単体テストにおけるテストケースは、以下の3つのフェーズから構成される
ケースが一般的です。

① 準備フェーズ（テストの準備）
② 実行フェーズ（テストの実行）
③ 検証フェーズ（実行結果の検証）

　各テストケースは、これらの3つのフェーズに分解して実装されます。この
ような設計パターンを、準備"Arrange"、実行"Act"、検証"Assert"の頭文字
を取ってAAAパターンと呼びます。それでは、それぞれのフェーズの内容を
具体的に見ていきましょう。

　まず①準備では、主に「テストフィクスチャ」（2.1.5項）と呼ばれる、テスト
実行時に使われる変数をセットアップします。この中には、テストダブルの仕
様を決めたり、テスト対象ユニットに渡す入力値を準備したりする処理も含ま
れます。

　次に②実行では、テスト対象ユニットに入力値を渡し、テストを実行しま
す。

　最後に③検証では、実行結果を確認することで、「テスト対象ユニットが期
待されたとおりに振る舞ったか」を検証します。検証の方法には

● 出力値ベース
● 状態ベース
● コミュニケーションベース

といったものがありますが、この点については1.2.5項で後述します。

　なおAAAパターンに近いアプローチに、Given-When-Thenパターンがあ
ります。6.1節で後述するRestAssuredによるテストでは、このパターンに
則ってテストケースを実装します。両者はテストの文脈によって若干のニュア
ンスの違いはありますが、基本的な考え方は同じです。

■ テストの「成功」と「失敗」

各テストケースは必ず、「成功」と「失敗」のどちらかで終わります。まず「成功」とは、テスト対象ユニットの振る舞いが問題なく実行され（意図しない例外が発生せず）、さらに実行結果の検証結果にも問題がなかったケースを指します。

▼図1-8　テストの「成功」

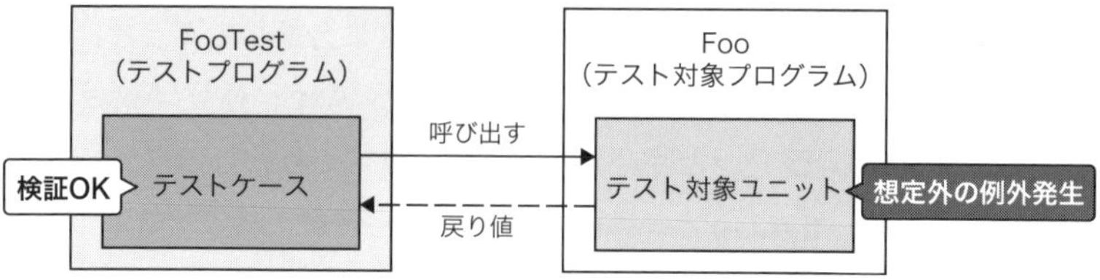

また「失敗」とは、テスト対象ユニットの振る舞いを実行したときに何らかの意図しない例外が発生してしまったり、または実行結果の検証に問題があったケースを指します。

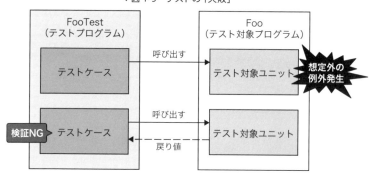

▼図1-9　テストの「失敗」

■ テストケースの粒度

前述したようにテストケースは①準備、②実行、③検証という3つのフェーズから構成されますが、一つ一つのテストケースの粒度や、それらに内包される各フェーズの大きさは、どのようにあるべきでしょうか。

まず、テストケースの粒度に関する指針を取り上げます。技術的には一つのテストケースの中でさまざまな処理を実行し、一度に検証を行うことも可能です。ただしこのようにすると、テストが失敗したときに、その原因となった不具合個所や発生する条件を特定するのが難しくなります。このような理由から、テストケースの粒度は可能な限り小さくするように心がけましょう。

次に、一つのテストケース内における各フェーズの大きさに関する指針です。第2章以降に登場するテストコードを見ると分かりますが、3つのフェーズの中で通常、準備フェーズが最も大きくなります。準備フェーズでは前述したようにテストフィクスチャをセットアップする処理を行うため、実装量が大きくなるのは必然的と言えます。

実行フェーズについては「テスト対象ユニットの呼び出し」を行うため、対象メソッドを呼び出すコード1行になるケースが大半です。このフェーズのコードが複数行になる場合もゼロではありませんが、そのような場合は、呼び出されるテスト対象メソッドの粒度が適切かを改めて確認するようにしてください。

検証フェーズでは、前述したように「テスト対象ユニットが期待されたとおりに振る舞ったか」を検証します。通常、検証フェーズのコードの大きさも少量になりますが、一つの振る舞いに対する検証の観点が複数あるような場合は、検証のためのコードも必然的に複数行になります。

■ 単体テストの独立性

テストプログラム内では、個々のテストケースはお互いに影響を与えることなく、独立して動作しなくてはなりません。　例えば前述したFooTestにテストケースが5つあるとすると、それらはどのような順番で実行されても相互に影響を与えてはいけません。

これは、仮にあるテストケースの実行結果が別のテストケースに影響を与えたり、個々のテストケースの実行順序が変わることでテスト全体の結果が変わると、テストケースの追加や削除のたびに、テストケースが予期しない形で失敗する可能性が生じてしまうためです。

なおJUnitによるテストプログラムを実行すると、個々のテストケースの実

行順序は保証されませんが、個々のテストケースが独立して動作するように
実装されてさえいれば、特に問題になることはありません。

■ 前処理と後処理

　前述したようにテストプログラム内の個々のテストケースは相互に独立して
いる必要がありますが、独立性を担保するために、個々のテストケースの前と
後に、共通的な処理を入れたいケースがあります。具体的には、以下のよう
な処理が考えられます。

- 各テストケースで共通的な前処理
  共通的なテストダブルの初期化や注入、データベースとのコネクション確
  立[注4]、データのクリーンアップや準備など
- 各テストケースで共通的な後処理
  データベースとのコネクション切断など

　また個々のテストケースごとではなく、テストプログラム実行時に一度だけ
行いたい前処理や後処理もあります。具体的には、以下のような処理です。

- テストプログラム実行の前処理
  テスト実行時に接続するデータベースの起動など
- テストプログラム実行の後処理
  データベースの停止など

　例えば5つのテスト処理（1）〜（5）が実装されたテストプログラムを実行
する場合は、上記の前処理・後処理を加味すると、以下のように処理が行わ
れます。

- テストプログラム実行の前処理
- 各テストケースで共通的な前処理
- テストケース（1）
- 各テストケースで共通的な後処理
- 各テストケースで共通的な前処理

注4　厳密にはこの例はデータベース接続を行う想定のため、単体テストではなく結合テストに分類される。

- テストケース（2）
- 各テストケースで共通的な後処理
- …以降（3）、（4）も同様…
- 各テストケースで共通的な前処理
- テストケース（5）
- 各テストケースで共通的な後処理
- テストプログラム実行の後処理

なお、JUnitのようなテスティングフレームワークには、これらの前処理・後処理を効率的に実装する仕組みが備わっています（2.1.5項）。

1.2.4 テストダブルと「依存」

■ テストダブルとその分類

テストダブルとは、テスト実行時に、テスト対象プログラムの外部依存を置き換えるための疑似的なプログラムを全般的に表す概念です。必然的にテストダブルは、プロダクションコードには含まれません。

テストダブルは大きく、モックとスタブに分類されます。モックとは、テスト対象プログラムが外に向かってコミュニケーションを行い、何らかの副作用を発生させる疑似プログラムです。一方でスタブとは、テスト対象プログラムの内に向かってコミュニケーションを行い、何らかの入力を発生させる疑似プログラムです。

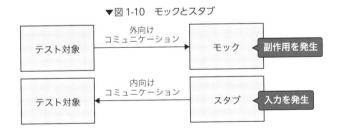

▼図1-10 モックとスタブ

さらにモックには、モッキングフレームワークによって生成されるものと、開発者自身によって作成されるものがあります。前者はモック、後者はスパ

イと呼ばれます。そしてややこしいことに、昨今ではテストダブルと同じ意味
で、疑似的なプログラム全般のことをモックと呼ぶ傾向が広がっています。こ
れらを踏まえると、テストダブルは以下のように分類されることになります。

▼図1-11　テストダブルの分類

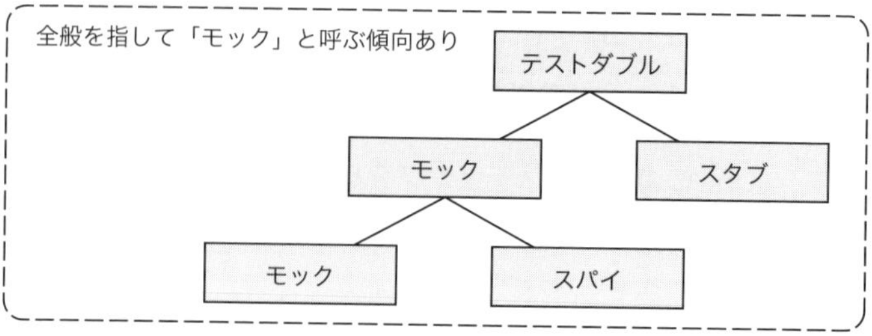

本書の第1章～第2章までの範囲では分かりやすさを優先し、外部依存を置
き換えるための疑似的なプログラム全般を「テストダブル」という呼称で統一
します。

またテストダブルが、テスト対象プログラムから見たときに、どちら（外／
内）向けのコミュニケーションを発生させるものかを明確に意識する必要があ
る場合に限って、前者を「モック」、後者を「スタブ」と呼ぶこととします。

モックが、モッキングライブラリによって生成されたものか、開発者によっ
て作られたものなのかは、通常は文脈から判断できるので、「スパイ」という用
語は基本的に使用しません。

■ プログラムにおける「依存」とは

本書のテーマはテストですが、テストについて理解するためには、前提とし
てプログラムの設計に関する知見が必要です。少々難しく感じかもしれません
が、ここではプログラムにおける「依存」とは何かを説明します。

プログラムは通常、他のプログラムに対してさまざまな「依存」を持ってい
ます。「あるプログラムが他のプログラムに依存している状態」とは、依存して
いる他プログラムが存在しないとコンパイルができなかったり、動作させるこ
とができない状態を指します。このとき「依存」には、引数と呼び出し先の2
種類があります。ここから先の説明では、Javaを前提にした上で「依存」とは

何かを具体的に見ていきましょう。

まずは引数です。引数は振る舞いに対して外から与えられるもので、「依存」の一種です。例えば配送サービスという業務処理を表すShippingServiceクラスがあり、配送の注文を受けるための機能としてorderShipping()メソッドがあるものとすると、そのコードは以下のようになります。

```
public class ShippingService {
    public void orderShipping(Client client, LocalDate receiveDate,
        List<Baggage> baggageList) {
        ........
    }
}
```

このときShippingServiceクラスは、メソッド引数であるClientクラスやBaggageクラスに「依存」しています。

■ 呼び出し先への「依存」の解決

もう一つの「依存」が、呼び出し先です。例えばFooクラスがBarクラスを呼び出す場合、FooはBarに「依存」していることになります。このとき、FooからBarを呼び出すためには、Fooの中で何らかの方法でBarインスタンスを取得する必要があります。

Fooクラス（呼び出し元）からBarクラス（呼び出し先）のインスタンスを取得するための方法には、以下のような方法があります（引数はメソッドに与えられるだけでしたが、呼び出し先の取得方法はさまざまです）。

① Barクラスのインスタンスを生成する（new演算子）
② Barクラスのインスタンスを「依存性注入」によって取得する
③ Barクラスのインスタンスをファクトリメソッドによって取得する

これらのパターンの中では、呼び出し先であるBarをテストダブルに置き換えることができるのは、②または③になります。逆に言うと、①の方法だと、呼び出し元であるFooと呼び出し先であるBarが密に結びついてしまい、Barをテストダブルに置き換えるのは（モッキングフレームワークを使ったとして

も）困難です。

「依存性注入」

それでは、まず②「依存性注入」の方法から説明します。「依存性注入」はDI（ディペンデンシーインジェクション）とも呼ばれ、呼び出し先との結合を緩やかにし、テスト容易性を高めるための一種の設計パターンです。

「依存性注入」では、呼び出し先であるBarクラスを、インタフェース（Barインタフェース）と実装（BarImplクラス）に分離する必要があります。呼び出し元であるFooでは、Barインタフェースをフィールドとして定義し、コンストラクタによってFooの外部からBarImplのインスタンスを「注入」するようにします。

このように「依存性注入」の設計パターンでは、Fooの中で直接呼び出し先であるBarImplのインスタンスを生成するわけではなく、外部から注入するという点がポイントです。

▼図1-12 「依存性注入」

ファクトリメソッド

次に③ファクトリメソッドですが、これも「依存性注入」と考え方は似ており、呼び出し先であるBarをインタフェースと実装に分離します。呼び出し元であるFooでは、BarのファクトリメソッドによってBar実装のインスタンスを取得するようにします。

この方法でも「依存性注入」と同じように、後からBarをテストダブルに置き換えることが可能です。つまり呼び出し先をテストダブルに置き換えることができる点は、「依存性注入」もファクトリメソッドも違いはありません。

ただし昨今ではSpring Bootに代表されるように、「依存性注入」をフレームワークに任せるアーキテクチャが主流になっているため、基本的にはこのパターンを選択するのがよいでしょう。

▼図1-13　Spring bootにおける「依存性注入」

■ 単体テストにおける「依存性注入」

前述したようにプログラムの「依存」には、引数と呼び出し先があります。単体テストを行うときは、テスト対象ユニットの引数または呼び出し先が外部依存の場合、それらをテストダブルに置き換える必要があります。実施したいのはあくまでも単体テストなので、テスト対象ユニットを「自身にとって関心のある範囲」に絞り込み、関心の外側にある「依存」はテストダブルに置き換えて切り離すわけです。

なお「依存」が引数なのか呼び出し先なのかという話と、それらの置き換えがモックなのかスタブなのかという話は、直接的な関連性はありません。

引数は通常、テスト対象ユニットにとっての内向きのコミュニケーション（入力）を発生させるためスタブになりますが、引数として与えられたインスタンスに外向きのコミュニケーション（出力）を発生させるケースではモックになります。呼び出し先も同様に、スタブになるケースもあれば、モックになるケースもあります。

それではここで「依存性注入」の設計パターンを前提に、呼び出し先をテストダブルに置き換える方法を見ていきましょう。ここでも呼び出し元クラスをFoo、呼び出し先インタフェースをBar、その実装クラスをBarImplとします。

実はMockitoなどのモッキングフレームワークを使うと、比較的簡単にテストダブル（ここではBarImplのテストダブル）を生成することができますが、

ここでは設計パターンを理解してもらうために、手動でテストダブルを作成するものとします。

テストダブルは、同じBarインタフェースを実装したMockBarというクラスとして作成します。そしてテストクラスの共通的な前処理の中でMockBarインスタンスを生成し、Fooクラスのコンストラクタを通じてセットします。このようにすると、Fooの呼び出し先を、本物（BarImpl）からテストダブル（MockBar）に置き換えることが可能です。

この状態を作った上で、個別のテストメソッド内でFooクラスのメソッドを呼び出せば、テストダブルであるMockBarが疑似的な振る舞いをしてくれます。結果的に「自身にとって関心のある範囲」であるFooクラスの振る舞いの検証に専念できる、というわけです。

▼図1-14　テストクラスからの「依存性注入」

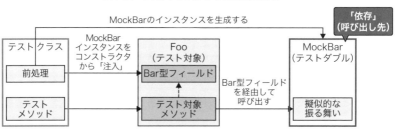

1.2.5　単体テストにおける検証パターン

前述したようにテストプログラムでは、「テスト対象ユニットが期待されたとおりに振る舞ったか」を検証します。もう少し具体的に言うと、テスト対象ユニットに入力値を与えて呼び出し、実測された結果（実測値）が期待される結果（期待値）と一致しているかどうかを検証します。

このような実測値と期待値の一致を検証するためのパターンには、以下の3つがあります。

- 出力値ベース
- 状態ベース
- コミュニケーションベース

順番に見ていきましょう。

■ 出力値ベースの検証

これは、テスト対象ユニットから返された出力値（実測値）が、期待される値（期待値）と一致しているかを検証するというものです。テスト対象ユニットの振る舞いが何らかの値を返すものであり、特に副作用（後述）を発生させないものであれば、このパターンで検証を行います。単体テストの検証パターンの中では、最も高い頻度で登場する方法です。

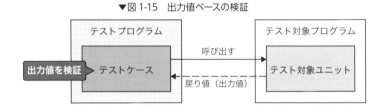

▼図1-15 出力値ベースの検証

以下のコードは、JUnitによる出力値ベース検証のサンプルです（詳細は2.1節を参照）。

```
// 実行フェーズ
int actual = feeService.calcFee(OTHER_BANK_CODE, 40000);
// 検証フェーズ（出力値ベース）
assertEquals(200, actual);
```

■ 状態ベースの検証

これは、テスト対象ユニットの振る舞いによって何らかの「状態」が更新された場合に、「状態」の実測値と期待値が一致しているかを検証するというものです。ここでいう「状態」には、プログラム内における変数（Javaではクラスが保持するフィールド）や、外部システム（ファイルシステムやデータベース）などが含まれます。

このように、プログラムの振る舞いによって、プログラム内の変数が更新されたり外部システムに影響が発生することを、「副作用」と呼びます。

テスト対象ユニットの戻り値がvoid型のメソッドの場合など、振る舞いが

出力値を返さないときは必ず何らかの副作用が発生しているはずなので、この
パターンを採用します。例えばテスト対象ユニットの振る舞いによって、プロ
グラム内の変数が更新される場合は、その値を取得して検証します。

　また、テスト対象ユニットの振る舞いによって外部システムへの影響が発
生する場合も、その状態を検証します。例えばデータベースの場合は、挿入・
削除・更新されたテーブルやレコードを検証します。ただしこの類のケースは
外部システムと接続してテストをしているので、分類上は結合テストになりま
す。

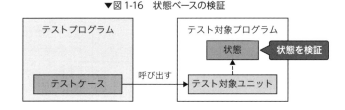

▼図1-16　状態ベースの検証

　以下のコードは、JUnitによる状態ベース検証のサンプルです（詳細は2.1
節を参照）。

```
// 準備フェーズ
StatefulCalc calc = new StatefulCalc(30, 10);
// 実行フェーズ
calc.add(); // 戻り値なし
// 検証フェーズ（状態ベース）
int actual = calc.getAnswer(); // 状態を取得する
assertEquals(40, actual);
```

■ コミュニケーションベースの検証

　これは、テスト対象ユニットの外部依存をテストダブルに置き換えた場合
に、テスト対象ユニットとテストダブルの間に発生したコミュニケーションの
内容を検証するというものです。具体的には、「テストダブルのどの振る舞い
（メソッド）が何回呼ばれたか」を検証します。

　ここではテストダブルに対する外向きのコミュニケーションを検証するの
で、対象となるテストダブルはモックのみであり、スタブへの検証は行う必要

がありません。テスト対象ユニットの内部ロジックを入念に確認したいケースや、出力値ベースだけでは検証が不十分なケースなどでは、このパターンを採用するとよいでしょう。

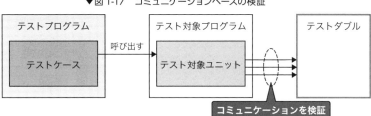

▼図 1-17　コミュニケーションベースの検証

以下のコードは、JUnit と Mockito によるコミュニケーションベース検証のサンプルです（詳細は第 3 章を参照）。

```
// 準備フェーズ
Map<Integer, String> mock = mock(Map.class);
when(mock.get(0)).thenReturn("foo");
when(mock.get(1)).thenReturn("bar");
when(mock.get(2)).thenReturn("baz");
// 実行フェーズ
List<Integer> keyList = Arrays.asList(0, 0, 0);
MapUtil.printEntry(mock, keyList, "test_Case_2");
// 検証フェーズ (`get(0)`の呼び出し回数を検証する)
verify(mock, times(3)).get(0);
```

1.2.6　単体テストの実行時間と自動化

■ 単体テストの実行時間

本項では単体テストの要件の中から、「実行時間が"十分に"短い」という点を取り上げます。

単体テストには実行時間を"十分に"短くすることが求められますが、この点は特に「〇〇秒以内であればOK」という明確な基準はありません。例えばJUnitによる単体テストでは、テストのたびにJavaランタイムが個別に立ち上

がりますが、通常コンパイルは前に済まされており、Javaランタイムも一瞬で起動しますので、テスト時間は"十分に"短いと言えるでしょう。

逆に、特定のミドルウェアやコンテナ基盤でのテストのように、テスト対象プログラムをパッケージング（JARファイルやコンテナイメージを作ること）したり、デプロイしたり、都度何らかのソフトウェアを起動したりする必要がある場合は、テスト時間が"十分に"短いとは言えなくなる可能性があります[注5]。

そもそもこのようなミドルウェアやコンテナ基盤におけるテストは、外部依存と接続するケース（要は結合テスト）が大半ですが、もし単体テストとして行うのであれば、テストの実行時間には留意が必要です。

■ 迅速なフィードバック

それではなぜ、単体テストには実行時間の短さが求められるのでしょうか。

開発者は通常、ローカル環境でプロダクションコードを作成し、コンパイルが通ったら、次に単体テストを行うことで振る舞いを検証します。このとき、単体テストの実行時間が短いと、開発者には迅速なフィードバックが得られます。

つまり、以下のようなフィードバックループを作ることにより、思考を分断されることなく、開発を効率的に進めることが可能になるのです。

▼図1-18　フィードバックループ

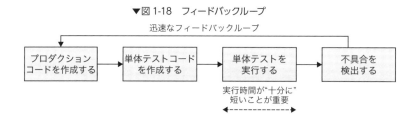

注5　例えばSpring Boot上で単体テストを行うケースもあるが、ローカル環境での起動に要する時間がだいたい10〜20秒くらいなので、この程度であれば許容範囲と見なすべき。

単体テストによる保守性・拡張性の確保

　単体テストの重要な目的の一つに「ソフトウェアの保守性や拡張性を確保する」があります。単体テストは、ソフトウェア開発リリース後の長いライフサイクルの中で、見つかってしまった不具合を修正したり（保守性）、新しい機能を追加したり（拡張性）する局面において、その威力を発揮します。

　では「保守性や拡張性を確保する」とは、具体的にどういうことでしょうか。もう少しかみ砕くと、これには二つの側面があります。

　一つ目は、テスト対象プログラムの「リグレッションの確認を容易にする」ことです。リグレッションというのは、ソフトウェアに機能を追加したり変更したりしたときに、意図しない影響が発生していないことを表します。リグレッションは、デグレードと呼ばれたり、日本語で「退行」と呼ばれたりしますが、本書では「リグレッション」で統一します。

　そしてもう一つが、テスト対象プログラムの「リファクタリングへの耐性を高める」ことです。リファクタリングとは、既存プログラムの外部仕様を変えることなく、当該プログラムが提供する機能とは直接関係のないさまざまな改善を施すことです。最も分かりやすいリファクタリングの具体例に、以下のようなものがあります。

- メソッド名や変数名を変更し、コードの可読性を向上させる
- 既存コードから冗長な処理を見つけ出し、別のプログラムやメソッドに抽出すること

単体テストの自動化とテストランナー

　前述した「ソフトウェアの保守性や拡張性を確保する」という目的を実現するためには、単体テストは「自動化可能である」という要件を充足しなければなりません。テストが「自動化可能である」というのは、何らかのトリガーさえ与えれば、テストの準備、実行、検証といった一連の処理が自動的に行われ、最終的にテスト結果がレポートとして作成される状態を表します。

　このようなテストの自動化を実現するためには、「テストランナー」と呼ばれるソフトウェアが必要です。Javaにおけるテスティングフレームワークであ

るJUnitは、テストプログラムを作成するためのAPIを提供しますが、同時にテストランナーとしての機能も兼ね備えています。

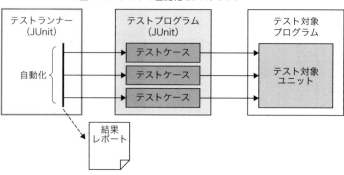

▼図1-19　テストの自動化とテストランナー

　もし一部でも開発者の手動による何らかの作業が必要な場合、そのテストは自動化されているとは言えません。例えば毎回人手によってパラメータを入力して実行したり、出力された値を目で見て検証しているようなテストです。またはテストを行う前に、手作業でデータベースをクリーンアップしたり、テストデータを準備したりするケースも、自動化が十分とはいえません。

　単体テストでは、このように人手による手作業はすべて排除し、徹底的に自動化にこだわる必要があります。単体テストが自動化されているからこそ、テスト対象プログラムのリグレッション確認が容易になったり、リファクタリングへの耐性が高まったりします。そしてその結果として、ソフトウェアの保守性や拡張性が確保される、というわけです。

1.2.7　単体テストとブランチ戦略

　ソフトウェア開発では通常、Gitなどのバージョン管理システム（VCS）によって、ソースコードのバージョンを管理します。本書はテストを対象にした書籍のため、バージョン管理システムに関する詳細な説明は割愛しますが、単体テスト戦略とブランチ戦略は不可分のため、Gitを前提にポイントを説明します。

Gitを利用すると、ソースコードへの変更履歴を記録・管理することができるため、変更したコードを過去の状態に復元したり、どのような変更が加えられたかを過去にさかのぼって調査したりすることが可能です。また、複数の開発者が同一のファイルに同時に変更を加えようとした場合、競合が発生していることを検知したり、変更内容をマージしたりすることもできます。

Gitでは、ファイル自体や変更履歴などを保存する場所を「リポジトリ」、リポジトリの中に目的別に作られた履歴の分岐を「ブランチ」と呼びます。ブランチによって、本番用のコードと開発用のコードを独立して管理したり、複数のチームで並行して開発したりすることが可能になります。ブランチにはさまざまな「ブランチ戦略」がありますが、最も一般的な戦略の一つに「Git Flow」があります。

■ Git Flow戦略の概要

Git Flow戦略では、特定の目的に応じて、複数のブランチを以下のように作成します。

- Master (Main) ブランチ
  本番環境に反映されるコードを保持します。常にデプロイ可能な状態に保たれます。
- Developブランチ
  開発用の主要なブランチで、次のリリースに向けた開発作業が行われます。
- Featureブランチ
  新しい機能の開発や改修を行うためのブランチで、各機能ごとに作成されます。
- Releaseブランチ
  リリース前の最終調整を行うブランチで、Developブランチから派生します。
- Hotfixブランチ
  本番環境での緊急のバグ修正を行うブランチで、Masterブランチから派生します。

この中では特にDevelopブランチとFeatureブランチの二つが、開発における中心的な役割を果たします。Git Flow戦略における具体的なイメージを、下図に表します。

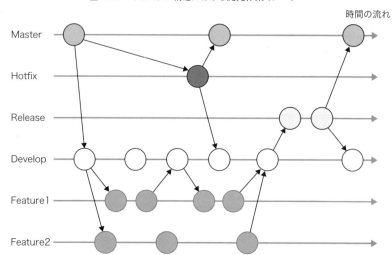

▼図1-20　Git Flow戦略における開発作業イメージ

■ 単体テスト戦略とブランチ戦略の関係

　Git Flow戦略では、個別の機能開発や修正は、主にFeatureブランチで分離されて行われます。必然的に単体テストは、このFeatureブランチにおいて実施されます。開発者はFeatureブランチで単体テストを行い、正しく動作することを"十分に"検証してから、テスト済みのコードをDevelopブランチにマージします。このようにすることで、Developブランチにおける品質確保と、Featureブランチにおける個々の機能開発を両立します。

　このようなブランチ戦略を前提に、単体テストにおけるテストダブルの利用方針がどうあるべきかを考えてみましょう。具体的には、私が開発することになったFooクラスと、別のチームが開発しているBarクラスがあり、FooはBarに依存しているものとします。そして私は、自身のFeatureブランチにおいて、Fooクラスの単体テストを実施したい、という例を考えます。

　このとき、もしBarクラスが並行して開発中の場合は、Barクラスのテスト

ダブル（偽物）を作成してテストすることになるでしょう。逆に、Barクラスが先にDevelopブランチにマージされた場合は、テストダブルではなく、最新のBarクラス（本物）をプルして利用する、という選択肢も考えられます。

このとき、テストダブルを利用するべきか「本物」のBarクラスを利用するべきか、または「本物」のBarクラスに乗り換えるにしてもどのタイミングが良いのか、という点は、一概に決めることはできません。

Fooクラスの単体テストにおける複雑さを解消したり、カバレッジを高めるためには、テストダブルを利用した方が有利なケースも少なくありません。

その一方で、なるべく早期に（「本物」を利用した）結合テストを行った方が、問題を早めに発見できるため望ましい、という考え方も一定の説得力があります。

少なくとも長期的な目線では、テストダブルではなく「本物」を使った方が、単体テストにおける品質を安定的に確保することが可能になるでしょう。

いずれにしても単体テスト戦略とブランチ戦略に関しては、絶対的な正解はない、というのが実態です。プロジェクト内でこれらの戦略に関するガイドラインを策定し、チームのメンバーがそれに従うことが重要です。

1.2.8 単体テストの評価とアプローチ

■ 単体テストにおける正確性の評価

ソフトウェアテストには、正確性評価のために以下の4つの指標があります。

		実際の挙動	
		正しい	間違い（欠陥あり）
テスト結果	成功	True Negative (TN)	False Negative (FN)
	失敗	False Positive (FP)	True Positive (TP)

- True Negative (TN)

  ソフトウェアは正しい挙動をしており（欠陥がない）、テストも成功するケース。

- True Positive (TP)

  ソフトウェアは誤った挙動をしており（欠陥がある）、テストがその欠陥を検出して失敗するケース。

- False Negative (FN)

  ソフトウェアは誤った挙動をしている（欠陥がある）が、テストは成功する
  ケース（偽陰性）。

- False Positive (FP)

  ソフトウェアは正しい挙動をしている（欠陥がない）が、テストは失敗する
  ケース（偽陽性）。

テストの正確性に問題がない場合は、True NegativeかTrue Positiveの
どちらかになります。一方でテストの正確性に問題があるケースには、False
NegativeとFalse Positiveがあります。

このうちFalse Negativeは偽陰性とも呼ばれ、テストによってソフトウェ
アの欠陥を検出できないケースを指します。またFalse Positiveは偽陽性とも
呼ばれ、ソフトウェアは正しい挙動をしているにも関わらず、テストが失敗し
てしまうケースを指します。

この両者はどちらもテストとしての品質に問題があることを意味しますの
で、極力回避すべきなのは言うまでもありませんが、どちらかというとFalse
Negativeの方が、ソフトウェアの品質に深刻な問題を引き起こす可能性があり
ます。

■ 単体テストにおけるテスト技法

単体テストには、ホワイトボックステストとブラックボックステスト、どち
らのテスト技法を適用するべきでしょうか。

まず単体テストでは、内部構造を検証するためにホワイトボックステスト的
にテストケースを計上し、網羅性を評価する必要があります。ただし常にホワ
イトボックス的なテストのみを行えばよいかというと、そんなことはありませ
ん。

例えばテスト対象プログラムをリファクタリングし、内部構造の改善を試み
るケースを考えてみましょう。このとき、テストプログラムがテスト対象の内
部構造を強く意識しすぎてしまうと、（正確性の分類における）False Positive
になってしまい、テストプログラムが壊れてしまう可能性があります。要はソ
フトウェアは何ら問題なく動作しているにも関わらず、失敗するテストが増え

てしまうことになり兼ねない、というわけです。

その点、ブラックボックステストであれば、内部構造の変化が外部仕様に影響を与えていないことを検証できます。

以上から、単体テストでは、ホワイトボックステストとブラックボックステスト、双方の観点をバランスよく取り入れることが重要です。

繰り返しになりますが、ホワイトボックス的な観点のテストでは、過度に内部構造を意識しすぎて、テストプログラムを壊れやすくしてしまうことがないように注意が必要です。また、随所にブラックボックス的な観点も取り入れることで、リファクタリングへの耐性を高めることも意識するとよいでしょう。

1.2.9 テスト駆動開発

これまでとは少し毛色が変わりますが、ここではテスト駆動開発（Test-Driven Development；TDD）という手法について説明します。テスト駆動開発とはソフトウェア開発の手法の一つで、特にアジャイル開発との親和性が高いと言われています。

テスト駆動開発では、プロダクションコードに何らかの機能を追加するとき、まず先にテストケースを作成します。次に開発者は、作成したテストケースに基づいてテストコードを記述します。このテストコードは、その機能が正しく実装された場合にのみ成功するように設計されています。

このテストを実行したところで、テスト対象であるプロダクションコードはまだ記述されていないため、当然ながら最初は失敗します。開発者は、このテストが成功するように、最小限のプロダクションコードを実装していきます。この段階では、コードの品質よりも、テストが成功するかどうかに焦点を当てます。そしてテストが成功するまで、プロダクションコードの修正を繰り返します。

テストが成功するようになったら、次にリファクタリングを行います。コード内の重複を排除したり、拡張性・保守性・可読性を高めることに重点を置いて修正します。

テスト駆動開発を取り入れると、開発者は、テストコードを先に記述することにより、機能の正確な要件と目的を明確にすることが可能になります。ま

第1章 ソフトウェアテストの全体像

た、リファクタリングを繰り返すことで、ソフトウェアの設計品質を継続的に高めることが可能になる、と言われています。

　本書は、必ずしもテスト駆動開発を前提にした解説を行うわけではありませんが（後からテストコードを書くというケースも想定）、もし担当するプロジェクトがアジャイル開発の場合は、このような手法も検討してみるとよいでしょう。

COLUMN　　　**"ロンドン学派"と"古典学派"**

　単体テストの要件の一つに「隔離された状態で実行される」がありますが、ではどのようにして隔離された状態を作ればよいのでしょうか。この問いに対する答えは一概に決めることができず、世の中的にも"ロンドン学派"と"古典学派"という学派に分かれています。

　"ロンドン学派"と呼ばれる人たちが提唱するのが、「ユニット＝一つのクラス」と見なし、「一つのクラス単位に隔離状態を作ってテストすべし」という考え方です。
　一方、"古典学派"と呼ばれる人たちが提唱するのが、「ユニット＝同じ機能を提供する複数クラスからなるグループ」と見なすという考え方です。"古典学派"の考え方では、無理にクラス単位の隔離状態を作る必要はありませんが、ユニット外の「依存」や、個々のテストケース間で共有される「依存」に対しては、隔離状態を作って単体テストを行います。

　このような"ロンドン学派"と"古典学派"の考え方は、テストダブルを適用する範囲に影響します。
　まず"ロンドン学派"の場合は「一つのクラス単位に隔離状態を作る」ために、テスト対象クラスが持つすべて（厳密にはすべてのミュータブルオブジェクト）の「依存」をテストダブルに置き換えます。
　一方"古典学派"の場合は、「同じ機能を提供する複数クラスからなるグループ」という粒度でテストするための、そのグループ内ではテストダブルは不要です。テストダブルに置き換えるのは、テストケース間で共有されるテスト外のプロセス（具体的にはデータベースや他システム）に限定されます。

　両者をいくつかの観点で比較してみましょう。

1.2 単体テストの手法と戦略

● テスト効率の観点

"ロンドン学派"では、テスト対象クラスのすべての「依存」をテストダブルに置き換えるため、必然的にテストコードの実装量が増えます。その点、"古典学派"ではテストダブルの適用範囲が小さいため効率的と言えます。

● 品質の観点

"ロンドン学派"では、ユニットの粒度は一クラスのため、テストが失敗した場合に問題発生の個所を特定しやすい、という利点があります。特にクラスとクラスが相互に「依存」しているような複雑なドメインモデルを前提にする場合は、その効果が顕著に表れるでしょう。

一方"古典学派"は、「同じ機能を提供する複数クラスからなるグループ」単位でのテストのため、品質に関しては現実的な割り切りをしていると言えます。ただしテストが失敗した場合、問題が発生した個所を、比較的広い範囲から特定しなければなりません。

このように両者にはケースに応じたトレードオフがあるため、どちらが優位なのかを一概に決めることはできません。また昨今では、モッキングフレームワーク（本書で紹介するMockitoなど）の技術も進化しており、さまざまなケースにおいて旧来よりも簡単にテストダブルを作成することが可能になっています。

このようなフレームワークの技術動向も踏まえた上で、どのような単体テスト戦略を採用するべきか、プロジェクト内で方針を合わせることが重要です。

第1章 ソフトウェアテストの全体像

1.3 結合テストとシステムテスト

1.3.1 結合テスト

■ 結合テストの分類と特徴

　　結合テストとは、個別に開発されたソフトウェアの部品（単体テストの粒度であるユニットと同じ）を複数組み合わせて、それらが連携して仕様通りに正しく機能するかどうかを検証するテストです。

　　結合テストと単体テストの境界線を明確に引くことは困難ですが、本書では既出のとおり、外部依存（自身にとって関心のない他のプログラムまたは外部プロセス）との接続があるテストを結合テストに位置付けています。つまり、例えば他者が並行して開発中のプログラムと結合したり、データベースやREST サーバーといった外部プロセスと接続するテストは、いずれも結合テストになります。

　　また接続する外部プロセスは、「自システム内の外部プロセス」なのか、別組織が管理運営する「他システム」なのかによって分かれます。

　　以上から、結合テストを外部プロセスとの接続の観点で分類すると、以下のようなパターンがあることになります。なお本書では、テスト対象プログラム自体が起動しているOS プロセスを、外部プロセスの対義語として便宜上「テストプロセス」と呼称します。

	外部プロセス接続	自他システム区分
パターン1	なし（テストプロセスのみ）	–
パターン2	外部プロセス接続あり	自システム内の外部プロセスとの接続
パターン3	–	他システムとの接続

　　上記パターンを図で表すと、次のようになります。

1.3 結合テストとシステムテスト

▼図1-21　さまざまな結合テストのパターン

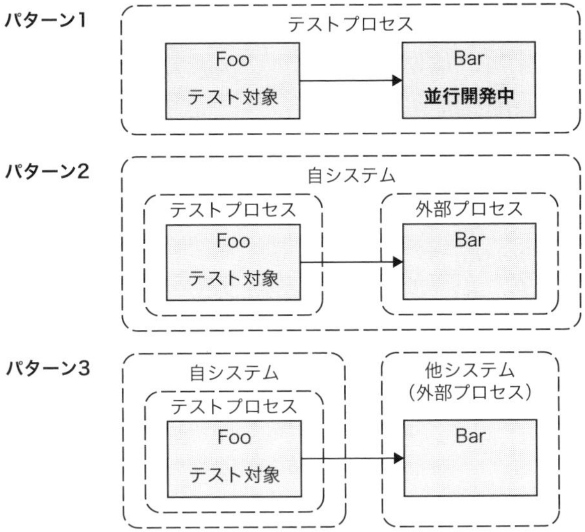

パターン1

テストプロセス

Foo	Bar
テスト対象	並行開発中

パターン2

自システム

テストプロセス | 外部プロセス

Foo	Bar
テスト対象	

パターン3

自システム | 他システム（外部プロセス）

テストプロセス

Foo	Bar
テスト対象	

■ 結合テストと他システム接続

　企業システムでは一つの業務フローを実現するために、数多くの他システムと連携するケースが大半です。このように他システム接続があるプログラムの結合テストは、前項のパターン3に該当します。パターン3のような結合テストを行う場合、フェーズを2つに分割することがあります。

　まず先に、他システムの「本物」と接続する前に、自システム内にテストダブル（いわゆるモックサーバー[注6]）を構築して結合テストを行います[注7]。

　このようなテストを本書では、「仮想システム結合テスト」と呼称します。仮想システム結合テストを行う理由は、テストダブルを自システム内に構築した方が、自分たちで振る舞いや返すデータを制御することにより、結合テストを進めやすくなるからです。また他システム側でも並行開発を行っている場合は、双方に品質が十分ではない状態で連携すると、不具合発生時の切り分けが困難になる点も理由の一つです。

　仮想システム結合テストによって一定の品質が確保できたら、次のフェー

注6　モックサーバーを構築するためのツールにはさまざまな種類があるが、Java では第6章で取り上げる WireMock が
　　その代表。
注7　自システム内のモックサーバーとの結合テストは、システム構成上はパターン2と同じになる。

第 1 章　ソフトウェアテストの全体像

ズとしていよいよ「本物」の他システムと接続します。「本物」の他システムとの結合テストでは、システム間インタフェースを中心に機能確認を行います。

■ 結合テストの自動化

　結合テストも単体テストと同じように、自動化することが可能です。結合テストを自動化する場合も、単体テストと同様にテストランナー（Javaの場合はJUnit）を利用します。

　ただし単体テストとは異なり、結合テストではすべてのテストケースを自動化できるとは限りません。特に既出の「外部プロセス（本物の他システム）との接続がある結合テスト」を自動化しようとすると、他システムも巻き込んださまざまな対応や調整が必要となり、多くの課題が発生します。

　したがって、結合テストでは完全自動化を目指すのではなく、効率性の観点で自動化の範囲を適切に見極めることが重要です。

1.3.2　システムテスト

■ システムテストとは

　システムテストとは、システム全体（ソフトウェアとそのプラットフォーム）の動作を、開発者の視点で検証するためのテストです。システムテストではテストダブルは使用せず、完全に統合されたソフトウェアが、要件定義フェーズで決められた機能要件および非機能要件を充足しているかを検証します。

　システムテストのサブカテゴリーにもさまざまなテストがありますが、本書ではその中からE2Eテストとパフォーマンステスト（次節）を取り上げます。

■ E2Eテスト

　E2Eテストとは、システム全体の業務フローを機能の観点で検証するテストで、システムテストの一環として行われます。E2Eテストは文字通りEnd to Endで行われるため、クライアントから業務アプリケーション（APサーバー）、データベース、他システムまで、システム全体を検証します。WebアプリケーションであればクライアントとなるWebブラウザから行い、REST

60

APIであればRESTクライアントから、それぞれデータを投入してテストを行います。

E2Eテストも一定の範囲において自動化が可能です。特にクライアントがWebブラウザの場合は、Selenium（第7章）などWebブラウザをエミュレートするフレームワークによって、自動化を実現することができます。

ただし、すべてのテストを自動化できるとは限りません。特にE2Eテストでは、ユーザーの操作感や、画面の視覚的要素（見た目）を確認する必要があるため、開発者が手動でクライアントを操作し、結果を目で確認するケースも相応にあるでしょう。

また、インタラクティブなUIを持つシステムのE2Eテストでは、ユーザーの行動を模倣する複雑なシナリオが必要になるため、自動化には大きなコストがかかるケースもあります。

■ テストピラミッド

単体テスト、結合テスト、システムテスト（E2Eテスト）のテストケース数は通常、単体テスト＞結合テスト＞E2Eテストという順に大きくなります。これを図にすると以下のようにピラミッド構成になることから、このような一般的な傾向をテストピラミッドと呼びます。

▼図1-22　テストピラミッド

テストの目的はソフトウェアの欠陥をなるべく早期に発見することにありますので、テストケースの比率がこのような形になるのは理にかなっています。

ただしこれはあくまでも一般的な傾向であり、実際の開発では、テストケー

スの比率はシステム特性によってまちまちです。例えばシンプルなロジックしか持たないソフトウェアの場合は、単体テストのテストケース数はそれほど積み上がりません。また、他システムとの接続インタフェースが多岐にわたるソフトウェアの場合や、コンシューマ向けのソフトウェアでUIを入念に確認する必要がある場合は、E2Eテストのテストケース数が多くなることもあります。

　企業内には数多くのシステムが存在しますので、システム特性に応じてグループを作り、グループ単位に適正な比率を見極める、といったアプローチを検討するとよいでしょう。

1.3.3 パフォーマンステスト

■ パフォーマンステストとは

　パフォーマンステストとは広い意味を持つ概念で、パフォーマンス（性能）を検証するためのテスト全般を表します。パフォーマンスは、システムの最も重要な非機能要件の一つです。本書ではパフォーマンステストの詳細は割愛しますが、基本的な分類や考え方を取り上げます。

　パフォーマンステストにおける検証項目には、以下のような種類があります。

- スループット
  単位時間あたりにシステムが処理できるトランザクション量
- レスポンスタイム
  ユーザーのリクエストに対するシステムの応答時間
- スケーラビリティ
  リクエストの増加に対して線形的な拡張性があること
- 安定性
  長時間に渡って安定的に処理を継続できること

　パフォーマンステストにはその目的に応じて、負荷テスト（ロードテスト）、ストレステスト、耐久テストといった種類があります。これらのテストは、基本的には完成されたシステム全体に対して実施するテストのため、システムテストの一環として行われます。

1.3 結合テストとシステムテスト

■ 負荷テスト

負荷テストとは、システムに対してピーク時に想定される負荷をかけ、性能要件を充足しているかを確認するテストです。ロードテストと呼ばれることもあります。

性能要件とは、具体的にはスループットやレスポンスタイムなどのことを指します。またリクエストの増加に対して、一定のレスポンスタイムを保ったまま、スループットが線形的に拡張すること（スケーラビリティ）も検証の対象です。

負荷テストでは通常、ユーザー操作によって発生するリクエストをエミュレートするために、負荷テストツールを利用します。

一般的な負荷テストのシナリオは、同時実行ユーザー数（リクエスト数）を1から徐々に負荷をかけ始め、時間とともに少しずつ上げていく、というものです。

例えばピーク時におけるスループット要件が「単体レスポンスタイム3秒の取引Aが、1時間あたりに、6000件処理できること」だとします[注8]。

ここから「3秒×6000件÷3600秒＝5」という計算式により、このシステムでは、最大で多重度5の並列処理が必要ということが分かります。このような場合は、同時実行ユーザー数を段階的に5まで引き上げるシナリオで負荷テストを行い、その時点におけるレスポンスタイムの低下やエラーの発生がないことを検証します。

またメモリ、CPU、ネットワークといったリソース使用量が、想定の範囲内であることを確認します。

負荷テストの結果、当該システムが性能要件を充足できなかった場合は、プロジェクトに深刻な影響を及ぼす可能性があります。場合によっては、ハードウェアの追加投資が必要になったり、アーキテクチャ設計まで立ち戻って見直しが必要になるケースがあります。

前述したように負荷テストは、ウォーターフォール開発の最終フェーズであるシステムテストの一環として行われますが、このようなリスクはなるべく早期に潰し込んだ方が賢明です。そのためのアプローチとして、基本設計フェー

注8　ここでは分かりやすさを重視して単純化しているが、実際の負荷テストは、ユーザーの操作を模擬した複雑なシナリオに基づいて行われる。

ズでアーキテクチャ設計やフレームワークが決まったら、その時点でサンプル的なプログラムを作成して、疑似的な負荷テストを行うとよいでしょう。

また結合テストフェーズにおいて業務的なユースケースの粒度でプログラムが動作するようになったら、ユースケース単体の性能を評価するためのテストを行い、リソース使用量の基礎データを取得したり、レスポンスタイムを測定したりすることも有効です。

■ ストレステスト

ストレステストとは、システム全体の処理能力の限界を超えた負荷をかけるテストです。その主な目的は、システム構成におけるボトルネックがどこにあるのか（メモリ、CPU、ネットワーク等）を検出し、将来予想される負荷への備えをする、という点にあります。

ストレステストも負荷テストと同じように、負荷テストツールを利用して実施します。そして負荷テストツールによって、同時実行ユーザー数を時間とともに少しずつ上げていきます。

このときリクエストの増加に比例してスループットは増大しますが、レスポンスタイムは一定の数値を保ち続けます。ただし処理量がさらに増大し、システムの処理能力の限界を超え始めると、スループットは頭打ちとなり、レスポンスタイムは間延びし始めます。

このような状態になったときに、メモリ、CPU、ネットワークといったリソースの指標を確認することで、ボトルネックを検出します。

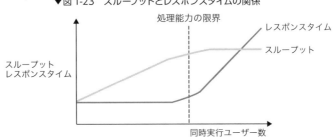

▼図1-23　スループットとレスポンスタイムの関係

■ 耐久テスト

　耐久テストとは、システムに連続した負荷を長期間にわたってかけ続け、安定的に稼働することを検証するためのテストです。負荷をかける期間は、数時間から、数週間にわたることもあります。

　テスト実施中は、継続的に性能指標（スループット、レスポンスタイム）を計測したり、リソース使用量（メモリ、CPU、ネットワーク等）を取得したりします。もし長時間にわたるテストの中でこれらの数値が劣化するようなことがあれば、ソフトウェアに何らかの欠陥（リソースリークなど）がある可能性があるため、それを検出します。

第1章 ソフトウェアテストの全体像

1.4 テスティングフレームワーク

1.4.1 テスティングフレームワークの全体像

　ここまで、単体テスト、結合テスト、そしてシステムテストについて、順に説明してきました。これらのテストを実現するためには、専用のテストツールやライブラリの利用が不可欠です。本書ではこれら一連のテストツールやライブラリのことを、「テスティングフレームワーク」と呼称します。

　以下の表に、テストの種類別に、本書で取り上げるテスティングフレームワークの一覧を記載します。

名称	概要	想定バージョン	掲載場所	テスト種別
JUnit	xUnitテスティングフレームワーク	5.10	2.1〜2.3	単体テスト 結合テスト
Mockito	モッキングフレームワーク	5.10	3.1〜3.2	単体テスト 結合テスト
DBUnit	DBテスト効率化のためのJUnit拡張ライブラリ	2.7	4.1	結合テスト
Spring Boot Test	Spring BootのためのJUnit拡張ライブラリ	3.2	5.1	単体テスト
RestAssured	RESTサービスのためのテストライブラリ	5.3	6.1	結合テスト システムテスト
WireMock	モックHTTPサーバー作成ライブラリ	3.0	6.2	結合テスト
Selenium (Selenide)	WebブラウザのUIテスト自動化フレームワーク	7.1	7.1	結合テスト システムテスト
Gatling	負荷テストフレームワーク	3.10	8.1	システムテスト

　これらはいずれもOSSであり、基本的に無償で利用することができます。本書執筆時点では、いずれも同種のテスティングフレームワークの中でスタンダードのものや、広く普及しているものばかりです。

66

1.4 テスティングフレームワーク

これらの中でも、JUnitは特に重要な役割を担っています。本書で取り上げる他のフレームワークも、基本的にはJUnitと組み合わせて利用します。

■ xUnitテスティングフレームワークとは

xUnitとは、Smalltalkのテストフレームワーク"SUnit"に由来するテスティングフレームワーク群を指し、同一のコンセプトのもと、数多くの言語に適用されています。本書の主要なテーマでもあるJUnitは、JavaにおけるxUnitテスティングフレームワークの代表です。

JavaのxUnitテスティングフレームワークにはその他にも、(本書では取り上げませんが) "Text NG"があります。また、その他の言語向けにも、C#では"NUnit"、Pythonでは"PyUnit"、JavaScriptにおける"Jest"、といった種類があります。

テストプログラムは、xUnitテスティングフレームワークによって作成します。詳細は2.1節以降で説明しますが、xUnitテスティングフレームワークには、以下の2つの側面があります。

- テストランナーとしての側面 (テストケースを実行し、レポートを作成する)
- テストコードを作成するためのAPIを提供するライブラリとしての側面

■ テスティングフレームワークのプログラム構成

ここでは、前述したテスティングフレームワークの利用を前提に、単体テスト、結合テスト、E2Eテスト、それぞれにおけるプログラム構成をパターン別に整理します。

単体テストのプログラム構成

単体テストのプログラム構成は1.2.3項でも既出のとおりですが、整理も兼ねて再度取り上げます。

最もシンプルな単体テストプログラムはJUnitのみを使って作成します。

67

▼図1-24　単体テストのプログラム構成

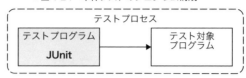

　テスト対象に外部依存がある場合は、Mockitoによってテストダブルに置き換えます。

▼図1-25　単体テストのプログラム構成（テストダブルあり）

結合テストのプログラム構成

　結合テスト（外部プロセス接続あり）になると、テストプログラムの構成は、必然的に範囲が広がります。

　まずデータベースとの接続がある結合テストです。この場合は下図のように、JUnitとDBUnitを利用してテストプログラムを作成します。

▼図1-26　データベース接続ありの結合テスト

　次に外部プロセスとして稼働しているRESTサーバーとの接続があり、それをモックサーバーに置き換える場合です。この場合は次の図のように、WireMockなどを利用してモックサーバーを構築します。

▼図1-27　RESTサーバー接続ありの結合テスト

E2Eテストのプログラム構成

最後にE2Eテスト（システムテスト）を行うためのプログラム構成です。E2Eテストでは、クライアントをテスティングフレームワークによってエミュレートすることによって自動化を実現します。

まずはREST APIのE2Eテストです。この場合はRESTクライアントを、JUnitとRestAssuredによってエミュレートします。

▼図1-28　REST APIのE2Eテスト

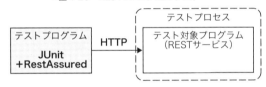

次にWebアプリケーションのE2Eテストです。この場合クライアントに相当するWebブラウザを、JUnitとSeleniumによってエミュレートします。

▼図1-29　WebアプリケーションのE2Eテスト

ここまでの説明で、各テスティングフレームワークが、プログラム構成の中でどのような位置付けなのか、理解していただけたのではないでしょうか。

1.5 CI/CD

1.5.1 CI/CDとテスト自動化

■ CI/CDとパイプライン

CI/CDとは、CI（継続的インテグレーション）と、CD（継続的デリバリーまたは継続的デプロイメント）を足し合わせたプラクティスです。

まずCIとは、バージョン管理システム（VCS）に対して各開発者からコミットまたはプッシュされたソースコードを継続的に「統合」し、テストを自動化することによって品質を担保する手法です。CIの文脈においてVCSは重要なピースですが、昨今ではGitベース（GitHubやGitLabなど）がスタンダードになっています。

CDには、継続的デリバリー、継続的デプロイメントという2つの意味があります。継続的デリバリーとは、CIの後工程として、ソフトウェアを自動的にステージング環境にデプロイする手法です。ステージング環境で最終確認を行ったソフトウェアは、しかるべきタイミングで、運用チームによって本番環境に手動でデプロイされます。

次に継続的デプロイメントとは、継続的デリバリーを一歩先に進めた考え方で、本番環境へのデプロイまでを一気通貫で自動化する手法です。

CI/CDの一連の流れをパイプラインと呼びます。CI/CDパイプラインでは、VCSへの何らかのイベントをトリガーに、ソフトウェア開発の一連のプロセスが自動的に行われます。ここで言うプロセスは通常、チェックアウト、コンパイル、テスト、パッケージング、デプロイといったステップから成り立ちます。

■ CI/CDツール

パイプラインを実現するためには、CI/CDツールと呼ばれるツールと、それを動かすための実行環境が必要です。

1.5 CI/CD

CI/CDツールは、Git系VCSに統合されたGit統合型と、任意のVCSと連携可能なVCS非依存型に分類されます。

また別の分類の観点としては、CI/CD実行環境とツールがセットで提供されるSaaS型と、企業内の環境にインストールして使うセルフホスティング型とがあります。

以下の表に、主要な4つのCI/CDツールについて、それぞれがどの分類に属するかをまとめます。

CI/CDツール	VCSとの統合	CI/CD実行環境
GitHub Actions	Git統合型	SaaS型
GitLab Runner	Git統合型	セルフホスティング型
Jenkins	VCS非依存型	セルフホスティング型
Circle CI	VCS非依存型	SaaS型

■ CI/CDパイプラインとテスト自動化

CI/CDパイプラインの主要な目的の一つが、テストの自動化です。これまで解説してきたように、テストには、単体テスト、結合テスト、E2Eテスト（システムテスト）といった種類があります。それぞれをテスト自動化可否の観点で整理すると、以下のようになります。

- 単体テスト

  テストプログラムによって自動化可能。

- 結合テスト

  テストプログラムによって自動化可能だが、一部のテスト（他システムとの接続がある結合テストなど）は困難。

- E2Eテスト

  テストプログラムによって自動化可能なテストもあるが、ユーザーの操作感や画面の視覚的要素（見た目）を確認するために手動のテストも必要。

このようにテストの種類によって自動化可能な範囲は異なりますが、いずれのテストも、CI/CDパイプラインの中で自動化を実現します。仕組みとしては、CI/CDツールが起点になり、Gradleなどのビルドツール（2.3.1項）を経

71

由して、テストランナー（JUnit）を起動します。

▼図1-30　CI/CDパイプラインにおけるテスト自動化

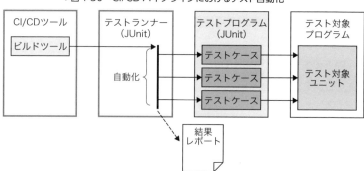

■ Git起点のCI/CDパイプライン

　CI/CDツールがGit統合型であってもVCS非依存型であっても、パイプラインは通常、VCSのリポジトリに対する何らかのイベントをトリガーに開始されるように構築します[注9]。ここではGitを起点にした一連のパイプラインの流れを、Git Flow戦略を前提に説明します。

　まずはCI（継続的インテグレーション）です。開発者が個別機能の開発や修正を行っている段階では、FeatureブランチへのプッシュをトリガーにP開始するケースが一般的です。開始されたパイプラインでは、VCSからのチェックアウトに始まり、続いてコンパイルが行われ、その後テストランナーが起動されて単体テストが自動的に実行されます。

　なお厳密には、Featureブランチ上では複数の機能が「統合」されているわけではありませんが、CIの初期段階と見なして問題ないでしょう。

注9　CI/CDツールから手動で起動することも可能。

▼図 1-31 CI（初期段階）

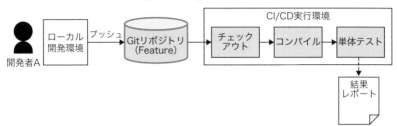

　開発が進み、複数の開発者が作成した機能がDevelopブランチ上で「統合」される段階になると、いよいよ本格的なCIを行います。CIのパイプラインは、Developブランチへのマージをトリガーに開始するのが典型的なパターンです。
　パイプラインの中では単体テストが自動的に行われます。また必要に応じて、単体テストで使われてきたモックを「本物」のクラス（並行して開発中のもの）に差し替え、結合テストを行います。

▼図 1-32 CI

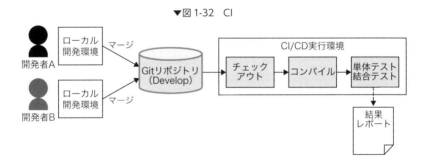

　開発がさらに進み、ソフトウェアが動作可能になったら、パイプラインを拡張してCD（継続的デリバリー）を実現します。
　単体テストを自動的に実行し、品質に問題がない場合はソフトウェアをステージング環境にデプロイします。そしてステージング環境にデプロイされたソフトウェアに対して、結合テスト（デプロイ後でないと実行できない類の結合テスト）を自動的に実行します。
　このように一連のパイプラインによってステージング環境にデプロイが終

わったら、自動化が困難な結合テストやE2Eテストを、手動によって行います。

▼図1-33　CD

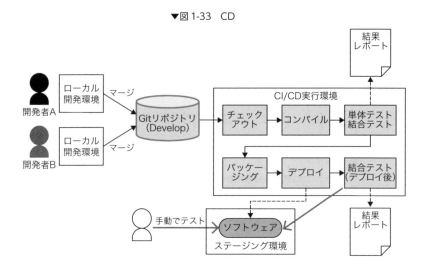

なお本書では巻末の「Appendix 1」で、GitHub Actionsによるパイプラインの構築方法を具体例に基づいて説明します。そこで例として取り上げるのは、Spring BootによるWebアプリケーションです。パイプラインは、GitHubへのプッシュをトリガーに開始され、テストが自動的に実行されます。その後にコンテナイメージを作成し、GHCR（コンテナレジストリ）にプッシュした後、Amazon EKS（コンテナ管理プラットフォーム）にデプロイするというフローです。昨今のモダンな開発では比較的よくあるケースを実現したものです。ぜひご参照ください。

第 **2** 章

JUnit 5 による
単体テスト

2.1 JUnit 5のさまざまな機能

　第1章では、特定のプログラミング言語やテスティングフレームワークに限定されない、比較的抽象度の高いテーマについて解説しました。第2章以降は、いよいよJavaを前提に、具体的な説明に入ります。テスティングフレームワークも、本書の主題でもあるJUnit（バージョン5）に限定します。

　具体的な説明をするために、必然的にプログラミング言語やテスティングフレームワークを限定しますが、テスト技法に関する普遍的なエッセンスは、他の言語やフレームワークにも応用が可能です。

2.1.1 JUnit 5の概要

■ JUnit 4からJUnit 5へ

　JUnitはJavaにおけるxUnitテスティングフレームワークの代表ですが、本書で取り上げるバージョンは"5"です。2006年にリリースされたJUnit 4では、テストプログラムのためのAPIとして初めてアノテーションが導入されるなどさまざまな機能拡張がなされ、一時代を築きました。2017年にJUnit 5がリリースされてからは段階的に普及が進み、本書執筆時点では、JUnit 5が圧倒的に大きなシェアを持っています。

　JUnit 5は、JUnit 4に比べて以下のような改善点があります。

- 検証のためのAPIが豊富になった
  JUnit 4までは、検証用に個別のライブラリ（Hamcrestなど）を導入する必要がありましたが、JUnit 5ではその必要性は大きく低減しました[注1]。
- Java 8に対応しており、一部のAPIをラムダ式で記述することができる
  ラムダ式の特性である「遅延実行」により、メッセージ生成コストを抑えることを可能にしています。

注1　本書では割愛するが、必要に応じてAssertJなどの拡張ライブラリの導入を検討のこと。
https://github.com/assertj/assertj

- 従来よりもモジュラー化された構造を持ち、必要な機能のみを取り込むことができる

以上から、今後の新規Javaプロジェクトでは、テスティングフレームワークとしてJUnit 5を選択するようにしてください。

またJUnit 4の既存資産も、EOS対応などのタイミングで、JUnit 5への移行を検討するとよいでしょう。

JUnit 5の主要な機能

JUnit 5の主要な機能は大きく2つに分類され、それぞれが別々のフレームワークとして提供されます。

JUnit Platform

JUnit Platformとは、JUnitをテストランナーとして利用するためのフレームワークです。テストクラスを自動的に検出し、その中に含まれるテストケースを実行します。またテストの実行結果を、レポートとして作成する機能も有しています。

テストランナーは、統合開発環境（Eclipse、VS Codeなど）やビルドツール（Gradle、Mavenなど）から起動することができます。

JUnit Jupiter

JUnit Jupiterとは、テストコードを実装するための豊富なAPIセットを提供するフレームワークです。この中には、以下のような機能が含まれています。

1. テストメソッドの識別（2.1.2項）

テストメソッドを識別するためのアノテーション（@Test）です。

2. アサーション（2.1.3項、2.1.8項、2.1.9項）

テスト実行後に結果を検証するためのメソッドで、実測値と期待値をさまざまな観点で比較するための数多くのAPIが用意されています。

代表的なものにassertEquals()、assertTrue()、assertThrows()などがあ

ります。JUnit 5からはラムダ式が適用されており、全般的に大きく拡充されています。

3. **テストコードへの表示名付与 (2.1.4項)**

テストクラスやテストメソッドに対して、分かりやすい名前 (表示名) を付けるためのアノテーション (@DisplayNameなど) です。新たにJUnit 5から導入されました。

4. **ライフサイクルメソッドの識別 (2.1.5項)**

ライフサイクルメソッドを識別するためのアノテーションです。JUnit 5からは名称が一新されており、@BeforeEach、@AfterEach、@BeforeAll、@AfterAll といった種類があります。

5. **テストケースの階層化 (2.1.6項)**

テストクラス内に実装されたネステッドクラスを識別するためのアノテーション (@Nested) です。

6. **パラメータ化テスト (2.1.7項)**

一つのテストメソッドを、異なるテストデータ (パラメータ) によって複数回実行するための仕組みを提供するアノテーションです。@ParameterizedTestや、 さまざまなソースを表す@ValueSource、@MethodSource、@CsvFileSourceなどがあります。

7. **アサンプション (2.1.9項)**

テスト実行前に、前提となる条件が満たされるかどうかを判定するためのAPIです。assumeTrue()、assumeFalse()、assumingThat()があります。

8. **テストテンプレート**

テストデータをさまざまなテスト環境や条件に応じて、きめ細かく制御するための機能です。新たにJUnit 5から導入されました。

9. **動的テスト**

テスト実行時に、動的にテストケースを生成するための機能です。新たにJUnit 5から導入されました。

上記の中で1～7の機能については、第2章で順次取り上げていきます。8 (テストテンプレート) および9 (動的テスト) については、機能自体が複雑であり、一般的なアプリケーションでの利用シーンは限定的なため、本書の中で

は説明を割愛します[注2]。

2.1.2　JUnit 5におけるプログラム構成

■ テストクラスとテスト対象クラスの関係性

JUnitにおいて単体テストを行うためには、テストクラスを作成する必要があります。JUnitテストクラスは通常、一つのテスト対象クラスに対して一つ、作成します[注3]。

また一つのJUnitテストクラスの中には、テスト対象クラスのさまざまな振る舞いを検証するために、複数のテストケースを実装します。

個々のテストケースは、一つのテストメソッドとして記述します[注4]。

また一つのテスト対象クラスは、複数の振る舞い（テスト対象ユニット）を持っています。テスト対象ユニットのエントリポイントは、テスト対象プログラムの外部公開された（public修飾子の付与された）メソッドです。

各テストメソッドには、テスト対象メソッドに入力値を与えて実行し、その結果を検証するためのコードを実装します。

このようなJUnitテストクラスとテスト対象クラスの関係性を図に示すと、以下のようになります。

▼図2-1　JUnitテストクラスとテスト対象クラスの関係性

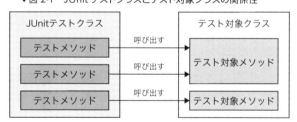

注2　興味のある方は、ダウンロード可能なソースコードの中にサンプル実装が含まれているので、適宜参照のこと。
　　・テストテンプレートのテストクラス名：pro.kensait.junit5.fee.template.FeeTestTemplateTest
　　・動的テストのテストクラス名：pro.kensait.junit5.fee.dynamic.DynamicFeeTest
注3　テスト対象クラスのサイズが大きい場合は、テストクラスを分割するケースもある。ただしそのような場合はテスト対象クラスそのものを、適切な粒度に分割するアプローチも検討するべき。
注4　後述するパラメータ化テストを利用する場合は、一つのテストメソッドを複数のテストケースに対応させることができる。

■ テストクラスの作成と配置

JUnitのテストクラスは、通常のクラスとして作成します。JUnitが提供する何らかのクラスやインタフェースを、特に継承したり実装したりする必要はありません。

ネーミングは、パッケージ名はテスト対象クラスと同じにし、クラス名はテスト対象クラスの名前の後ろに"Test"を付加するのが一般的です。例えばテスト対象クラスのパッケージが"pro.kensait.foo"、テスト対象クラス名が"Hoge"だとしたら、このクラスを対象にするテストクラスは、同じパッケージ"pro.kensait.foo"に所属するようにし、テストクラス名は"HogeTest"にします。

それでは、テストクラスのソースファイルは、どのように配置したらよいでしょうか。Javaにおける標準的なプロジェクト（GradleやMavenのJavaプロジェクト）では、ソースフォルダは以下の図のような構成になります。

▼図2-2　ソースフォルダの標準構成

```
src
├─ main
│   ├─ java
│   │   └─ pro
│   │       └─ kensait
│   │           └─ foo
│   │               └─ Hoge.java 🔳
│   └─ resources
└─ test
    ├─ java
    │   └─ pro
    │       └─ kensait
    │           └─ foo
    │               └─ HogeTest.java 🔳
    └─ resources
```

ソースフォルダのトップレベルは、"main"と"test"に分かれます。まず"main"には、プロダクションコード（本番向けのプログラム）を置きます。

"main"の下には2つのフォルダがあり、"java"にはJavaのソースコード、そして"resources"にはそれ以外のリソース（設定ファイルなど）を、それぞれ配置します。Hogeクラスのソースファイル（Hoge.java）は"java"に配置しますが、パッケージが"pro.kensait.foo"であることから 🔳 の場所に配置され

ます。

　一方でテストコードは、"main"と並列関係にある"test"に置かれます。"test"の下を見ていくと、同じように"java"と"resources"の2つがあります。HogeTestクラスのソースファイル（HogeTest.java）は、"java"に配置しますが、パッケージが"pro.kensait.foo"であることから **2** の場所に配置されます。

　このようにテストクラスとテスト対象クラスのソースファイルの物理的な配置場所はトップレベルでは異なりますが、統合開発環境やビルドツールでソースファイルをコンパイルすると、クラスファイルはいずれもクラスパスの設定された場所に配置されます。

　したがって、テストクラスからは、テスト対象クラスのprivateを除くすべてのメンバにアクセスすることができます。

■ テストメソッドの作成方法

　テストメソッドを実装するにあたっては、以下のようなルールがあります。

- テストメソッドには、必ず@Testを付与する
- 戻り値はvoid型とし、引数は基本的に受け取らない[注5]
- アクセス修飾子は、付与する必要はない（パッケージスコープ）[注6]
- インスタンスメソッドにする（static修飾子は付与しない）
- throws句の指定は任意
- テストメソッドのネーミングは任意だが、何らかのネーミング規約に従った方がよい（2.1.4節で後述）

　例えばCalculatorをテスト対象にするテストクラスCalculatorTestにおいて、足し算という振る舞いをテストするためのメソッドであれば、次のようになります。

注5　パラメータ化テスト（後述）やテストテンプレートを利用する場合は、パラメータ化されたテストフィクスチャを引数として受け取る。
注6　JUnit 4 までは public を付与する必要があったが、JUnit 5 では必要ない。

第 2 章　JUnit 5 による単体テスト

📋 pro.kensait.junit5.calc.normal.CalculatorTest

```java
public class CalculatorTest {
    @Test
    void test_Add() {
        ........
    }
}
```

■ テストメソッドの基本的な処理

　ここでは、テストメソッドの最も基本的な処理フローを見ていきます。例えば、以下のような計算機を表すクラス Calculator があるものとします。

📋 pro.kensait.junit5.calc.normal.Calculator

```java
public class Calculator {
    // 足し算
    public int add(int param1, int param2) {
        return param1 + param2;
    }
    ........
}
```

　このクラスの「足し算」という振る舞いをテストするために、テストクラスとして CalculatorTest を作成し、そのクラスの中に一つのテストケースとしてテストメソッド（test_Add()）を実装します。

📋 pro.kensait.junit5.calc.normal.CalculatorTest

```java
public class CalculatorTest {
    // 足し算のテスト
    @Test
    void test_Add() {
        // 準備フェーズ 1
        Calculator calc = new Calculator();
        // 実行フェーズ 2
        int actual = calc.add(30, 10);
        // 検証フェーズ 3
        assertEquals(40, actual);
    }
```

```
        ........
    }
```

　test_Add()には@Testを付与し、戻り値はvoid型、引数は取らないメソッ
ドにします。

　さて、前述したように一つのテストケースはほとんどの場合、①準備フェー
ズ、②実行フェーズ、③検証フェーズ、という3つのフェーズから構成されま
す。test_Add()の中にも、この3つのフェーズを実装していきます。

　まず準備フェーズとして、テスト対象クラスであるCalculatorのインスタ
ンスを生成します **1** 。このCalculatorインスタンスのように、実行フェーズ
の前までにセットアップを終えておく必要がある変数を、テストフィクスチャ
と呼びます。詳細は2.1.5項で後述しますが、ここではテストフィクスチャを
インラインセットアップしています。

　次に実行フェーズです。「足し算」という振る舞いは、Calculatorインスタン
スのadd()がエントリポイントになります。ここでは引数として30、10の二
つを渡して「足し算」という振る舞いを呼び出し、その結果すなわち戻り値を、
変数actualに代入します **2** 。

　最後に検証フェーズです。ここでは、足し算という振る舞いの結果として期
待される値である40（期待値）と、実際に足し算という振る舞いの結果として
返された値（実測値）が、同一かどうかを検証します **3** 。

　1.2.5項で前述したように、単体テストにおける検証パターンには、出力値
ベース、状態ベース、コミュニケーションベースの3種類がありますが、足
し算という振る舞いの結果（実測値）はメソッドの戻り値として返されます
ので、ここでは出力値ベースの検証パターンを採用します。そのためには
assertEquals()の第一引数に期待値を、第二引数に実測値を渡します。

　assertEquals()については詳細を後述しますが、期待値と実測値の等価性
を検証するためのアサーションAPIです。両者が一致していた場合はこのテス
トは成功し、逆に不一致だった場合は失敗します。

■ テストクラスの実行

　前述したようにJUnitでは、テストクラスは、JUnit Platformと呼ばれるテ

ストランナーから起動します。テストランナーによってテストクラスを実行する
るための方法には、以下のようなものがあります。

① 統合開発環境に組み込まれた機能で実行する
② ビルドツールによって実行する
③ Javaコマンドによって実行する

この中から本書では、①と②の方法について2.3節にて後述します。いずれ
の方法でも、テストクラスを実行すると、テストメソッド単位に成功または失
敗を確認することができます。

■ テストのスキップ

テストクラスに @Disableを付与すると、テストをスキップすることができ
ます。

```
@Disabled
public class FooTest {
    ........
}
```

このアノテーションは、テストメソッドに付与することも可能です。このア
ノテーションが付与されたテストクラスやメソッドは、実行してもスキップさ
れ、成功と見なされて終了します。何らかの事情でテストクラスを一時的に無
効化したい場合は、この機能を使うとよいでしょう。

2.1.3 アサーションAPIとテストの成否

この節では、JUnit 5が提供するさまざまなアサーションAPIについて、説
明します。

■ アサーションAPIの全体像
アサーションとは

JUnitには、検証を行うためのアサーションと呼ばれる機能があります。

1.2.5項で解説したように、実行結果の検証方法には、出力値ベース、状態ベース、コミュニケーションベースがありますが、アサーションは主に出力値ベースや状態ベースの検証に利用します。

アサーション API は、クラス org.junit.jupiter.api.Assertions のスタティックメソッドとして提供されるため、以下のようにスタティックインポートするのが一般的です。

```
import static org.junit.jupiter.api.Assertions.*;
```

主要なアサーション API 一覧とその利用方法

主要なアサーション API の一覧を、以下の表に示します。これらの API は、JUnit 5 のテストコード内において、さまざまな検証を行うために利用されます。

アサーション API（メソッド）	説明
assertEquals(expected, actual)	期待値（expected）と実測値（actual）が等価であることを検証する
assertEquals(expected, actual, delta)	期待値（expected）と実測値（actual）の等価性を検証する。浮動小数点数の比較では、許容される最大差（delta）を指定することができる。
assertNotEquals(expected, actual)	期待値（expected）と実測値（actual）が等価ではないことを検証する
assertTrue(actual)	実測値（actual）がtrueであることを検証する
assertFalse(actual)	実測値（actual）がfalseであることを検証する
assertNull(actual)	実測値（actual）がnullであることを検証する
assertNotNull(actual)	実測値（actual）がnullではないことを検証する
assertInstanceOf(Class<T>, actual)	実測値（actual）の型が、指定されたクラス（Class）であることを検証する
assertSame(expected, actual)	期待値（expected）と実測値（actual）が同一のインスタンスであることを検証する

アサーションAPI（メソッド）	説明
assertNotSame(expected, actual)	期待値（expected）と実測値（actual）が異なるインスタンスであることを検証する
assertIterableEquals(expected, actual)	期待値（expected）と実測値（actual）が等価なコレクションであることを検証する（ソート順も考慮される）
assertArrayEquals(expected, actual)	期待値（expected）と実測値（actual）が等価な配列であることを検証する（ソート順も考慮される）
assertThrows(Class<T>, Executable)	処理（Executable）の実行により、指定された例外（Class）が送出されることを検証する
assertDoesNotThrow(Executable)	処理（Executable）の実行により、任意の例外が送出されないことを検証する
assertTimeout(Duration, Executable)	処理（Executable）の実行が指定された時間（Duration）内に終了することを検証する
fail()	テストを明示的に失敗させる

　上記の中で多くのAPIが、引数にexpectedとactualを持っていますが、引数expectedは期待値を、引数actualは実測値を、それぞれ表します。

　実測値の取得方法は、検証方法によって異なります。まず出力値ベースの検証の場合は、テスト対象ユニットから返される出力値（戻り値や例外）がそのまま実測値になります。またテスト対象ユニットが出力値を返さない場合は、状態ベースの検証を行いますが、その場合は、副作用によって更新されたテスト対象ユニット内の変数が実測値になります。

　いずれにしてもテスト結果である実測値と、あらかじめ用意された期待値とを、これらのAPIによって比較することで検証を行う、というのが基本的な考え方です。

　この節では以降、これらのAPIについて順番に説明していきますが、assertThrows()、assertDoesNotThrow()、fail()については2.1.8項にて、またassertTimeout()については2.1.9項にて取り上げます。

■ テストの成否

ここではテストの成否がどのように決まるのかを、アサーション API による検証結果との関連も含めて説明します。

まず基本的な仕組みとして、テストメソッドの中から任意のエラーや例外が送出されると、当該のテストは失敗と見なされます。テストメソッドの中でエラーや例外が送出されるケースには、以下のようなものがあります。

- ケース1：アサーション API（Assert○○()）呼び出しによる検証結果が NG のケース
- ケース2：アサーション API の fail() を呼び出すケース
- ケース3：任意のエラーや例外がテストメソッドの外に送出されるケース

上記の中で、ケース1（検証結果NG）やケース2（fail()呼び出し）では、アサーション API によって org.opentest4j.AssertionFailedError というエラーが送出されます。このエラーが送出されるとテストメソッドの処理は中断され、当該のテストは自動的に失敗します。ただし、開発者がこのエラーを意識する必要はありません。

またアサーション API とは無関係に、ケース3（エラー・例外がテストメソッドの外に送出）でもテストは失敗します。

逆に、一度もエラーや例外が送出されることなくテストメソッドの最後までたどり着くと、当該のテストは成功したと見なされます。

なおエラーや例外が発生すると、JUnit のテストランナーによって捕捉されます。その場合テスト結果のレポートには、失敗の原因として、実測値と期待値の差異やスタックトレースなどが出力されます。

▼図2-3　テストが失敗するケース

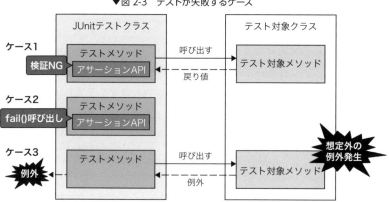

■ 等価性の検証

等価性を検証するアサーションAPI

　それではアサーションAPIを利用したさまざまな検証を、具体的に見ていきましょう。

　アサーションAPIの中で、等価性を検証するために利用されるのが、assertEquals()とassertNotEquals()です。JUnit 5の単体テストクラスを作成する上で、特にこのAPIを利用する機会は非常に多くなるでしょう。

　まず以下に、assertEquals()の具体例を示します。

```java
// 実測値が、期待値と同じ値であること（等価性）を検証する
@Test
void test_Equals() {
    String expected = "foo";
    String actual = "foo";
    assertEquals(expected, actual); // OK
}
```

　assertEquals()は「実際の値と期待される値が等価であること」を検証する最も基本的なAPIです。このコードでは、変数expectedと変数actualに同じ文字列"foo"を代入しています。そしてassertEquals()にexpectedとactualを渡して、二つの変数が等価であることを検証します。第一引数が期待値で、

第二引数が実測値です。

このコードでは二つの変数は等価なので、テストは成功します。

次に、assertNotEquals()の具体例です。

```
// 実測値が、期待値と同じ値でないことを検証する
@Test
void test_NotEquals() {
    String expected = "foo";
    String actual = "bar";
    assertNotEquals(expected, actual); // OK
}
```

assertNotEquals()は「実際の値と期待される値が等価ではないこと」を検証するAPIです。このコードでは、第一引数（期待値）と第二引数（実測値）は等価ではないあるため、テストは成功します。

assertEquals()では、浮動小数点を比較する場合に、第3引数に許容される誤差を指定することも可能です。以下に、その具体例を示します。

```
// 期待値と実測値を比較し、指定された許容誤差の範囲内であることを検証する
@Test
void test_Equals_WithinDelta() {
    double expected = 0.3;
    double actual = 0.1 + 0.2;
    assertNotEquals(expected, actual);
    assertEquals(expected, actual, 1.0); // OK (1.0は許容誤差)
}
```

浮動小数点の演算では誤差が発生するため、同一性の判定を行う場合は、このAPIを利用するとよいでしょう。

等価性の検証とequals()

前述したとおりassertEquals()とassertNotEquals()は、指定された期待値と実測値の等価性を検証します。このとき内部的には、指定されたインスタンスのequals()が呼び出されます。ここで、次のようなPersonクラスがある

ものとします。

📄 pro.kensait.junit5.assertion.Person

```
public class Person {
    private String name; // 名前
    private int age; // 年齢
    private LocalDateTime lastUpdateTime; // 最終更新時間
    ........
}
```

このクラスにはlastUpdateTimeというフィールドがありますが、これが最終更新時間を表すものとすると、生成されたインスタンスごとに値が異なる可能性があります。

したがって、もし以下のようなassertEquals()による検証で、最終更新時間が等価性判定に含まれてしまうと、開発者の意図（nameとageが一致していれば等価と見なしたい）に反して検証はNGになり、テストは失敗してしまいます。

```
@Test
void test_Equals_WithoutLastUpdateTime() {
    Person expected = new Person("Alice", 25, LocalDateTime.now());
    Person actual = // 何らかの振る舞いの結果としてPersonインスタンスを取得する
    assertEquals(expected, actual);
}
```

このような場合は、Personクラスのequals()（およびhashcode()）を適切にオーバーライドし、nameとageのみで等価性を判定されるようにする必要がありますので、注意してください。

■ 真偽値の検証

assertTrue()とassertFalse()は、指定されたboolean値の真偽を検証するためのAPIです。assertTrue()が真であることを検証し、assertFalse()が偽であることを検証します。次にいくつかの具体例を示します。

```java
// 実測値が、指定された値以下であることを検証する
@Test
void test_Less() {
    int actual = 10;
    assertTrue(actual <= 10); // OK
}

// 実測値が、指定した文字で始まることを検証する
@Test
void test_StartsWith() {
    String actual = "foo";
    assertTrue(actual.startsWith("f")); // OK
}
```

このAPIもassertEquals()と並んで、非常に数多くのシーンで利用される
でしょう。

■ null値かどうかの検証

assertNull()とassertNotNull()は、指定された変数がnull値かどうか
を検証するためのAPIです。assertNull()がnull値であることを検証し、
assertNotNull()がnull値でないことを検証します。以下にいくつかの具体例
を示します。

```java
// 実測値が、null値であることを検証する
@Test
void test_IsNull() {
    String actual = null;
    assertNull(actual); // 成功する
}

// 実測値が、null値でないことを検証する
@Test
void test_IsNotNull() {
    String actual = "foo";
    assertNotNull(actual); // OK
}
```

■ インスタンスの型の検証

assertInstanceOf()は、指定されたインスタンスの型が、指定されたクラス型であることを検証するためのAPIです。以下にその具体例を示します。

```
// 実測値が、指定されたクラスの型であることを検証する
@Test
void test_InstanceOf() {
    Integer actual = 10;
    assertInstanceOf(Number.class, actual); // OK
}
```

このコードでは、Integer型変数actualがNumber型かどうかを検証するため、結果はOKとなり、テストも成功します。

■ 同一性の検証

assertSame()とassertNotSame()は、指定された期待値と実測値の同一性を検証するためのAPIです。assertSame()が同一であることを検証し、assertNotSame()が同一でないことを検証します。

ここで言う同一性とは、既出の等価性とは概念が異なり、「同一のインスタンスであること」を意味します。以下にいくつかの具体例を示します。

```
// 実測値が、期待値と同じインスタンスであること（同一性）を検証する
@Test
void test_SameInstance() {
    String expected = "foo";
    String actual = "foo";
    assertSame(expected, actual); // OK 1
}

// 実測値が、期待値と同じインスタンスでないことを検証する
@Test
void test_NotSameInstance() {
    String expected = new String("foo");
    String actual = new String("foo");
    assertNotSame(expected, actual); // OK 2
}
```

JavaのStringクラスには、「同一の文字列リテラルによるString型変数は、同一のインスタンスになる」という特徴があります。したがって **1** におけるassertSame()呼び出しでは、変数expectedとactualは同一と見なされ、テストも成功します。

一方でnew演算子によって生成されたString型変数同士には、この特徴は適用されません。したがって **2** におけるassertNotSame()呼び出しでは、変数expectedとactualは同一ではないと見なされ、テストも成功します。

■ コレクションや配列の検証

コレクションの完全一致を検証するアサーションAPI

アサーションAPIには、コレクションや配列に含まれる個々の要素の等価性を、一度に検証するためのAPIが備わっています。

まずはコレクション（リストやセットなど）です。assertIterableEquals()を利用すると、リストやセットといったjava.lang.Iterableを実装したインタフェースを対象に、（要素数やソート順も含めて）すべての要素が完全に一致しているかを検証することができます。以下に、リストによる具体例を示します。

```java
// 期待値リストと実測値リストを比較し、すべての要素が一致することを検証する
@Test
void test_IterableEquals() {
    List<String> expected = Arrays.asList("foo", "bar", "baz");
    List<String> actual = Arrays.asList("foo", "bar", "baz");
    assertIterableEquals(expected, actual); // OK
}
```

assertIterableEquals()を呼び出すと、期待値リストと実測値リストから要素が順番に取り出され、一つ一つの等価性が評価されます。一つでも不一致があったり、そもそも二つのリストの要素数が異なると、結果はNGになります。

コレクションの部分一致を検証する方法

assertIterableEquals()は、要素の完全一致を検証するためのAPIのため、例えば「実測値の中の一部に、ある要素が部分的に含まれているか」を検証することはできません。そのような場合は、リストが持つcontainsAll()を利用すれば要件を充足可能です。具体的には、以下のコードを見てください。

```java
// 期待値リストのすべての要素が実測値リストの中に含まれていることを検証する
@Test
void test_Some_Match() {
    List<String> expected = Arrays.asList("foo", "bar", "baz");
    List<String> actual = Arrays.asList("baz", "bar", "qux",
                                        "foobar", "foo");
    assertTrue(actual.containsAll(expected)); // OK
}
```

実測値リスト（変数actual）のcontainsAll()を、期待値リスト（変数expected）を引数に呼び出すと、期待値リストのすべての要素が実測値リストの中に含まれているかがboolean値で返されます。したがって、その結果をassertTrue()に渡せば、部分一致を検証することができます。

ソート順を無視して検証する方法

assertIterableEquals()は、たとえ同じ要素を持つリスト同士の検証であっても、ソート順が異なると結果はNGになります。ソート順を無視してリストを検証するためにはいくつかの方法がありますが、いずれもJUnitの特別なAPIは不要です。

まず第一に、期待値リストおよび実測値リストをソート（Collectionsクラスのsort()利用）し、その結果をassertIterableEquals()に渡す、という方法があります。以下にそのコードを示します。

```java
// 期待値と実測値（コレクション）を比較し、すべての要素が一致する（ソート順は無視）ことを検証する
@Test
void test_All_Match_IgnoreSort_1() {
```

```
    List<String> expected = Arrays.asList("foo", "bar", "baz");
    List<String> actual = Arrays.asList("baz", "bar", "foo");
    Collections.sort(expected);
    Collections.sort(actual);
    assertIterableEquals(expected, actual);
}
```

　次に別の方法を紹介します。それは、期待値リストと実測値リストの双方に対してcontainsAll()を呼び出し、それぞれを論理積で演算した結果をassertTrue()に渡す、という方法です。以下にそのコードを示します。

```
// 期待値リストと実測値リストを比較し、すべての要素が一致する（ソート順は無視）ことを
検証する
@Test
void test_All_Match_IgnoreSort_2() {
    List<String> expected = Arrays.asList("foo", "bar", "baz");
    List<String> actual = Arrays.asList("baz", "bar", "foo");
    assertTrue(expected.containsAll(actual) &&
               actual.containsAll(expected)); // OK
}
```

　このように、期待値リストの中に実測値リストが包含され、かつ実測値リストの中に期待値リストが包含されていれば、ソート順を無視した上で、二つのリストは一致している、と見なすことが可能です。

　なおこの項ではリストについて取り上げましたが、セットの場合はソートという概念がないため、そもそもこのような方法を取り入れる必要はありません。

配列を検証するアサーションAPI

　コレクションの次は配列です。

　assertArrayEquals()を利用すると、配列に関してもすべての要素が一致しているかどうかを検証することができます。このAPIは、（コレクションにおけるassertIterableEquals()と同様に）配列内のすべての要素が、要素数や順番を含めて完全に一致していることを検証します。次に具体例を示します。

第 2 章　JUnit 5 による単体テスト

```java
// 期待値と実測値（配列）を比較し、すべての要素が一致することを検証する
@Test
void test_ArrayEquals() {
    String[] expected = {"foo", "bar", "baz"};
    String[] actual = {"foo", "bar", "baz"};
    assertArrayEquals(expected, actual); // OK
}
```

2.1.4　テストコードのドキュメンテーション

■ ドキュメンテーションとしての側面

テストコードは、プロダクションコードのあるべき振る舞いを、開発者自身が記述したものです。これは、テストコードには、プロダクションコードのドキュメンテーションとしての側面がある、ということを意味しています。したがってテストコードは、プロダクションコードのライフサイクルと同期を取って、都度メンテナンスしていく必要があります。

開発者自身や第三者によって後から読まれることを意識して、適切なネーミングを心がけ、可読性の高いテストコードを記述するようにしましょう。

■ テストクラスとテストメソッドのネーミング

本節では、テストにおけるさまざまなネーミングをテーマに取り上げます。

まずテストクラスのネーミングについては、2.1.2項でも解説しましたが、パッケージ名はテスト対象クラスと同じにし、クラス名はテスト対象クラスの名前の後ろに"Test"を付加するのが一般的です。

次にテストメソッドについては、その仕様を表すために、"test"をプレフィックス[注7]にした、以下のようなネーミングが用いられるケースがあります。

* test_{呼び出し先のメソッド}_{前提条件}_{想定する結果}

例えばgetCustomerListSortedBySales()というメソッドがあり、「指定された売上高以上の顧客をデータベースから取得し、売上高の順に並べて返す」

注7　"test"直後にはアンダースコアを入れないケースも多いが、本書では見やすさを重視して入れるものとする。

という機能を持っているものとします。このメソッドのためのテストメソッド
は、上記のルールに則ると以下のようになるでしょう。

- 例：test_GetCustomerListSortedBySales_WithSalesThreshold_
  ReturnsSortedCustomers

　このネーミングは分かりやすいかもしれませんが、冗長すぎるという嫌いも
あります。また、そもそもテスト対象ユニットとは一つの振る舞いであり、メ
ソッドはその入り口に過ぎない点を考慮すると、機械的にメソッド名をテスト
メソッド名に入れる必要はなく、もう一段抽象的なネーミングでも問題ないと
言えます。

　この考え方に従うと、先ほどのメソッドは以下のような名前でも十分でしょ
う。

- 例：test_SortCustomers_BySales_WithThreshold

　テストコードにはドキュメントという側面もあるため、テストメソッドの
ネーミングは重要です。あまり厳格な命名規則を設ける必要はないと思いま
すが、プロジェクト内で大まかな指針を決めておくとよいでしょう。

■ @DisplayNameアノテーション

　@DisplayNameは、テストクラスやテストメソッドに対して分かりやすい
名前（表示名）を付けるためのもので、JUnit 5から導入されました。このアノ
テーションに指定された名前は、具体的には、統合開発環境やビルドツール
からテストコードを実行したときに、テスト結果を表す画面やレポートに出力
されます。

　前述したように、テストメソッド名に分かりやすい名前を付けることも重要
ですが、表現力には限界があります。そこでJUnit 5では、@DisplayName
を使用して、テストメソッドの仕様を表現することが推奨されています。

　このアノテーションを使えば、前項で登場したような、テストメソッドに対
する過剰なネーミングルールに縛られる必要もありません。次に、このアノ
テーションを用いた具体例を示します。

```
@DisplayName("Calculatorを対象にしたテストクラス")
public class CalculatorTest_1 {
    @Test
    @DisplayName("足し算のテスト")
    void test_Add() {
        ........
    }
    @Test
    @DisplayName("引き算のテスト")
    void test_Subtract() {
        ........
    }
}
```

　このテストクラスを実行すると、出力される表示名は「テストクラスの
@DisplayName -> テストメソッドの@DisplayName」という階層になりま
す。具体的には、以下のような階層でレポートが作成されます。

```
Calculatorを対象にしたテストクラス
├─ 足し算のテスト
└─ 引き算のテスト
```

　本書では、以降に登場するテストコードには、基本的にはこのアノテーショ
ンを利用します。

　なお@DisplayNameにテストメソッドの詳細な仕様を記述することも可
能ですが、指定された名前はあくまでもテスト内容を簡潔にレポートする
ためのものなので、長くなりすぎると逆に読みにくくなってしまいます。テ
ストメソッドの仕様を複数行に跨って詳細に記述したい場合は、コメントや
Javadocと併用するとよいでしょう。

2.1.5 テストクラスのライフサイクルとテストフィクスチャ

■ ライフサイクルメソッド

ライフサイクルメソッドのためのアノテーション

一つのテストクラスの中には複数のテストケース（テストメソッド）が記述されますが、個々のテストケースの独立性を高めるためには、共通的な前処理や後処理が必要です（1.2.3項）。このような共通的な処理を、本書ではライフサイクルメソッドと呼びます。

ライフサイクルメソッドには、共通処理の粒度と処理内容という2つの分類の軸があります。まず共通処理の粒度の観点には、テストメソッド呼び出しごとの共通処理と、テストクラス全体の共通処理があります。また共通処理の内容という観点には、前処理と後処理があります。

以上から、ライフサイクルメソッドは、以下の表のように4つに分類されます。またそれぞれのライフサイクルメソッドには、固有のアノテーションが提供されており、効率的に前処理や後処理を実現することができます。

共通処理の粒度	共通処理の内容	具体的な処理	アノテーション
テストメソッド呼び出し	前処理	共通的なテストダブルの初期化や注入、データベースとのコネクション確立、データのクリーンアップや準備など	@BeforeEach
	後処理	データベースとのコネクション切断など	@AfterEach
テストクラス全体	前処理	テスト実行時に接続するデータベースの起動など	@BeforeAll
	後処理	データベースの停止など	@AfterAll

ライフサイクルメソッドを実装するにあたっては、以下のようなルールがあります。

- 戻り値はvoid型とし、引数は基本的に受け取らない[注8]
- アクセス修飾子は、付与する必要はない（パッケージスコープ）

注8　ライフサイクルの拡張機能により、JUnit Jupiter の ExtensionContext を引数として受け取ることができる。本書では割愛。

- 各テストメソッドで共通的な前・後処理（@BeforeEach、@AfterEach）は、インスタンスメソッドにする
- テストクラス全体の前・後処理（@BeforeAll、@AfterAll）は、スタティックメソッドにする
- throws句の指定は任意

ライフサイクルメソッドのネーミングは任意ですが、以下のような名前が使われるケースが多く見られます。

- @BeforeEachを付与したメソッド　　… setUp()、init() など
- @AfterEachを付与したメソッド　　… tearDown()、cleanup() など
- @BeforeAllを付与したメソッド　　… initAll() など
- @AfterAllを付与したメソッド　　… cleanupAll() など

ライフサイクルメソッドの具体例

ライフサイクルメソッドを実装したテストクラスの具体例を、以下に示します。

pro.kensait.junit5.lifecycle.LifeCycleTest

```java
public class LifeCycleTest {
    // テストクラス全体の前処理
    @BeforeAll
    static void initAll() {
        System.out.println("@BeforeAll");
    }
    // 各テストメソッドで共通的な前処理
    @BeforeEach
    void setUp() {
        System.out.println("@BeforeEach");
    }
    // テストケース1
    @Test
    void test_Case_1() {
        System.out.println("@Test [test_Case_1]");
    }
    // テストケース2
```

```java
    @Test
    void test_Case_2() {
        System.out.println("@Test [test_Case_2]");
    }
    // 各テストメソッドで共通的な後処理
    @AfterEach
    void tearDown() {
        System.out.println("@AfterEach");
    }
    // テストクラス全体の後処理
    @AfterAll
    static void cleanupAll() {
        System.out.println("@AfterAll");
    }
}
```

　このコードを実行すると、順番に以下のように処理が実行されることが分かります。

- @BeforeAllを付与したライフサイクルメソッド（テストクラス全体の**前**処理）
- @BeforeEachを付与したライフサイクルメソッド（各テストメソッドで共通的な**前**処理）
- @Testを付与したテストメソッド（test_Case_1()）[9]
- @AfterEachを付与したライフサイクルメソッド（各テストメソッドで共通的な**後**処理）
- @BeforeEachを付与したメライフサイクルソッド（各テストメソッドで共通的な**前**処理）
- @Testを付与したテストメソッド（test_Case_2()）[10]
- @AfterEachを付与したライフサイクルメソッド（各テストメソッドで共通的な**後**処理）
- @AfterAllを付与したライフサイクルメソッド（テストクラス全体の**後**処理）

注9　どのテストメソッドが優先的に実行されるのかは保証されない。
注10　どのテストメソッドが優先的に実行されるのかは保証されない。

■ テストフィクスチャ

テストフィクスチャとは

テストフィクスチャとは、テストを実行する前までに決めておく必要がある、変数（インスタンス）、データ、環境などのことで、具体的には以下のようなものがあります。

- テスト対象クラスのインスタンス
- テスト対象ユニットの引数インスタンス
- テスト対象ユニットの呼び出し先インスタンス
- 検証のための期待値
- ファイルなどの外部リソース
- データベースやREST APIサーバーなどの外部システム

各テストケースでは、テストを実行する前までに（フェーズでは準備フェーズに相当）、テストフィクスチャのセットアップを終えておく必要があります。

テストフィクスチャのセットアップ方法には、いくつかのパターンがあります。その中でも特に代表的なものが、インラインセットアップと暗黙的セットアップです。これ以外にも、テストフィクスチャをパラメータとして定義する方法（パラメータ化テスト）がありますが、このパターンは2.1.7項で詳しく説明します。

インラインセットアップ

インラインセットアップは、テストメソッドの中に直接、テストフィクスチャをセットアップするためのコードを記述する方法です。テストフィクスチャが何らかの変数の場合は、必然的にテストメソッド内で宣言されたローカル変数になります。

このパターンでは、テストメソッドごとに必要なセットアップが自明なため、テストコードの可読性が向上します。ただし、テストメソッドごとに同じようなセットアップコードを記述することになるため、開発効率や保守性の観点では、後述する暗黙的セットアップに劣後します。

次に、インラインセットアップの具体例を示します。

2.1 JUnit 5 のさまざまな機能

```java
public class CalculatorTest_1 {
    @Test
    @DisplayName("足し算のテスト")
    void test_Add() {
        Calculator calc = new Calculator(); // 1
        int actual = calc.add(30, 10);
        assertEquals(40, actual);
    }
    ........
}
```

　このようにインラインセットアップでは、テストフィクスチャである
Calculator（テスト対象クラス）を、テストメソッド内でローカル変数として
宣言します 1 。

暗黙的セットアップ

　暗黙的セットアップは、共通的な前処理を行うためのライフサイクルメソッ
ド（@BeforeEach と @BeforeAll を付与したメソッド）の中で、テストフィク
スチャをセットアップするためのコードを記述する方法です。テストフィクス
チャが何らかの変数の場合は、ライフサイクルメソッドとテストメソッド間で
同じ変数にアクセスするために、必然的にフィールドとして宣言することにな
ります。

　このパターンでは、テストメソッドごとに同じようなセットアップコード
を記述する必要がなくなるため、開発効率や保守性が向上します。ただし、
セットアップコードがさまざまな場所に分散して記述されることになるため、
テストコードの可読性はインラインセットアップにやや劣後します。

　以下に、暗黙的セットアップの具体例を示します。

```java
public class CalculatorTest_2 {
    // テスト対象クラス
    Calculator calc; // 1
    // 各テストメソッドで共通的な前処理
    @BeforeEach
    void setUp() {
        calc = new Calculator(); // 2
```

103

```
    }

    @Test
    @DisplayName("足し算のテスト")
    void test_Add() {
        int actual = calc.add(30, 10); // 3
        assertEquals(40, actual);
    }
    ........
}
```

まずテストフィクスチャであるCalculator（テスト対象クラス）を、フィールドとして宣言します **1**。次に、@BeforeEachを付与したライフサイクルメソッド内で、このテストフィクスチャをセットアップしますが、ここではインスタンス生成を行っています **2**。そしてテストメソッドでは、すでに準備が整ったテストフィクスチャを使用して、テストを実行します **3**。

両者の使い分け

インラインセットアップと暗黙的セットアップは、排他的な関係にあるわけではなく、用途に応じて組み合わせて使います。

基本的な考え方としては、各テストメソッドで共通的なテストフィクスチャは、前処理（@BeforeEachを付与したライフサイクルメソッド）の中で、暗黙的セットアップを行います。また、テストケースごとに異なるテストフィクスチャは、テストメソッド内でインラインセットアップを行うようにします。

2.1.6 テストクラスのグループ化と階層化

■ テストスイート

テストスイートの仕組み

テストスイートとは、複数のテストクラスをグループとして束ね、その単位でテストの実行を管理する仕組みです。JUnitでは、JUnit Platformフレームワークの一環として、この仕組みが提供されます。

具体的な利用方法は、統合開発環境やビルドツールからテストを実行すると

き、テストクラスではなくテストスイートを指定します。すると、そのグループに含まれるテストクラスを一括で実行することができる、というものです。

テストスイートは、メンバーを一つも持たない空のクラスとして作成します。そしてこのクラスに、以下のようなアノテーションを付与することで、テストスイートとしてのメタ情報を設定します。これらのアノテーションは、いずれも org.junit.platform.suite.api パッケージに所属しています。

アノテーション	説明
@Suite	テストスイートのためのクラスであることを明示する
@SelectClasses	このテストスイートに含まれるクラスを、Class クラスで指定する（複数指定可能）
@SelectPackages	このテストスイートに含まれるパッケージ名を指定する（複数指定可能）。サブパッケージも対象に含まれる
@IncludePackages	@SelectPackages で指定されたパッケージの中から、さらに範囲を絞り込みたいパッケージ名を正規表現で指定する
@ExcludePackages	@SelectPackages で指定されたパッケージの中から、除外したいパッケージ名を正規表現で指定する

テストスイートの具定例

それでは前項で説明したアノテーションを使用して、テストスイートを作成する方法を具体的に説明します。以下のコードを見てください。

📄 pro.kensait.junit5.calc.suite.CalcTestSuite

```
@Suite // 1
@SelectClasses({CalculatorTest_1.class, CalculatorTest_2.class}) // 2
public class CalcTestSuite {
        //  このクラスはテストスイートを構成するためだけに使用され、通常は追加のコードは
含まれない
    }
```

テストスイートのためのクラスはこのように、メンバーを一つも持たない空のクラスとして作成し、@Suite を付与します 1 。また @SelectClasses を記述し、このテストスイートに含まれるテストクラスが、CalculatorTest_1 クラスと CalculatorTest_2 クラスの二つであることを指定しています 2 。

ネステッドクラス

ネステッドクラスの機能

ネステッドクラスとは、Java言語の機能であるメンバークラスを利用し、テストクラスを階層化するための機能です。この機能は、テストクラスの中に入れ子となるメンバークラスを記述し、@Nested (org.junit.jupiter.api.Nested) を付与することによって実現します。

特にテストクラスのサイズが大きくなるケースでは、テストクラスをネステッドクラスによって階層化し、テストメソッド (テストケース) のグループを作ると可読性や保守性が向上します。

ネステッドクラスは、以下のような構成になります。

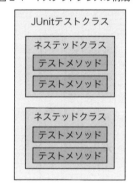

▼図 2-4　ネステッドクラスの構成

ネステッドクラスとライフサイクルメソッド

ここではネステッドクラスと@BeforeEachなどのライフサイクルメソッドが、どのような関係になるのかを整理します。

まず、外側にあたるテストクラスのメンバーとして記述されたライフサイクルメソッドは、テストクラス全体がスコープになります。また、ネステッドクラスのメンバーとして記述されたライフサイクルメソッドは、当該のネステッドクラスがスコープになります。

例えば次の図のように、ネステッドクラスとライフサイクルメソッドが定義されたテストクラスを実行するものとします。

2.1 JUnit 5のさまざまな機能

▼図 2-5　ネステッドクラスとライフサイクルメソッドが定義されたテストクラスの構成

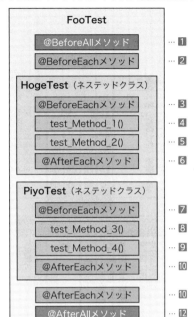

なお、この図における「@BeforeAllメソッド」とは、@BeforeAllが付与されたライフサイクルメソッドを意味するものとします。他のアノテーションについても同様です。

スコープがテストクラス全体のテストフィクスチャ（すべてのテストメソッドで共通的に使う）は ❷ でセットアップし、スコープがネステッドクラス内のテストフィクスチャは ❸ でセットアップすることで、効率的に暗黙的セットアップが可能です。

このテストクラス（FooTest）を実行すると、以下のような順番に処理が行われます。

- ①FooTest全体の@BeforeAllメソッド ❶
- ②FooTest全体の@BeforeEachメソッド ❷
- ③HogeTestの@BeforeEachメソッド ❸
- ④test_Method_1() ❹

107

- ⑤HogeTestの@AfterEachメソッド `6`
- ⑥FooTest全体の@AfterEachメソッド `11`
- ⑦FooTest全体の@BeforeEachメソッド `2`
- ⑧HogeTestの@BeforeEachメソッド `3`
- ⑨test_Method_2() `5`
- ⑩HogeTestの@AfterEachメソッド `6`
- ⑪FooTest全体の@AfterEachメソッド `11`
- ⑫FooTest全体の@BeforeEachメソッド `2`
- ⑬PiyoTestの@BeforeEachメソッド `7`
- ⑭test_Method_3() `8`
- ⑮PiyoTestの@AfterEachメソッド `10`
- ⑯FooTest全体の@AfterEachメソッド `11`
- ⑰FooTest全体の@BeforeEachメソッド `2`
- ⑱PiyoTestの@BeforeEachメソッド `7`
- ⑲test_Method_4() `9`
- ⑳PiyoTestの@AfterEachメソッド `10`
- ㉑FooTest全体の@AfterEachメソッド `11`
- ㉒FooTest全体の@AfterAllメソッド `12`

ネステッドクラスの具定例

それではネステッドクラスの作成方法を具体的に見ていきましょう。

銀行口座を表すAccountクラスがあり、属性として残高を保持しているものとします。そしてこのクラスには、①入金するためのdeposit()、②出金するためのwithdraw()、③残高ゼロかを判定するisBalanceZero()があるものとします。この中で②や③は、残高がゼロ円かどうかで振る舞いが変わります。

このAccountクラスのテストクラスを作成するにあたっては、残高ゼロなのかまたは残高ありなのかの2パターンでセットアップするように、テストケースを分割するのが妥当でしょう。そこで、ネステッドクラスを利用して次のようにテストクラスを作成します。

2.1　JUnit 5 のさまざまな機能

📄 pro.kensait.junit5.account.AccountNestedTest

```java
public class AccountNestedTest {
    // テスト対象クラス
    Account account;

    @Nested // ネステッドクラスを表す 1
    @DisplayName("残高ゼロの口座に対するテスト")
    class BalanceZeroTest {
        // ネステッドクラス内の各テストメソッドで共通的な前処理
        @BeforeEach
        void setUp() {
            account = new Account("00001234", 0); // 2
        }
        @Test
        @DisplayName("入金のテスト")
        void test_Deposite_Balance_Zero() {
            account.deposit(3000);
            assertEquals(3000, account.getBalance());
        }
        @Test
        @DisplayName("出金のテスト")
        void test_Withdraw_Balance_Zero() {
            assertThrows(InsufficientBalanceException.class, () -> {
                account.withdraw(3000);
            });
        }
        @Test
        @DisplayName("残高ゼロチェックのテスト")
        void test_IsBalanceZero_Balance_Zero() {
            assertTrue(account.isBalanceZero());
        }
    }

    @Nested // ネステッドクラスを表す 3
    @DisplayName("残高ゼロ以外の口座に対するテスト")
    class BalanceNonZeroTest {
        // ネステッドクラス内の各テストメソッドで共通的な前処理
        @BeforeEach
        void setUp() {
            account = new Account("00001234", 10000); // 4
        }
```

109

第2章　JUnit 5 による単体テスト

```
@Test
@DisplayName("入金のテスト")
void test_Deposite_Balance_NonZero() {
    ........
}
@DisplayName("出金のテスト")
@Test
void test_Withdraw_Balance_NonZero() {
    ........
}
@Test
@DisplayName("残高ゼロチェックのテスト")
void test_IsNotBalanceZero_Balance_NonZero() {
    ........
}
    }
}
```

　このクラスにおいて、@Nested **1** を付与したBalanceZeroTestが、残高ゼロのテストケースを表します。またもう一つの@Nested **3** を付与したBalanceNonZeroTestが、残高ありのテストケースを表します。

　それぞれのネステッドクラスの中を見ていくと、BalanceZeroTestは残高ゼロでセットアップ **2** し、BalanceNonZeroTestは残高ありでセットアップ **4** しているのが分かります。

　このようにネステッドクラスを利用すると、テストクラスを分かりやすく階層化するだけではなく、ライフサイクルメソッドによるテストフィクスチャの暗黙的セットアップを、効率的に実装することが可能になります。

2.1.7　パラメータ化テスト

■ パラメータ化テスト

　パラメータ化テストとは、一つのテストメソッドに対して、さまざまなテストデータを繰り返し与えて実行する機能です。

　ホワイトボックステストやブラックボックステストなどのテスト技法では、1つのテスト対象ユニットに対して、さまざまな入力値の組み合わせを持つ、

数多くのテストケースが必要です。このとき各テストケースのコードは、「入力値の組み合わせ」と返される「期待値」を除くと、ほとんど同じになります。

　したがって「入力値の組み合わせ」や「期待値」をパラメータ化し、一つのテストメソッドに外部から与えることができれば、テストコードの実装を効率化することができる、というわけです。

▼図2-6　パラメータ化テスト

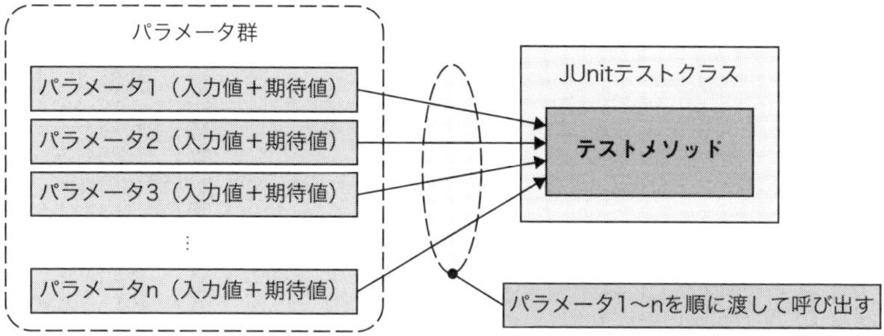

　JUnitには、パラメータ化テストを実現するための機能が備わっています。テストメソッドに対して以下のようなアノテーションを付与することで、パラメータ化テストを実現します。

アノテーション（カッコ内はパッケージ）	説明
@ParameterizedTest （org.junit.jupiter.params）	パラメータ化テスト対象のメソッドを明示するためのアノテーション
@ValueSource （org.junit.jupiter.params.provider）	数値や文字列などのリテラル配列をパラメータ化するためのアノテーション
@CsvFileSource （org.junit.jupiter.params.provider）	パラメータをCSVファイルから読み込むためのアノテーション
@MethodSource （org.junit.jupiter.params.provider）	スタティックメソッドの呼び出し結果をパラメータ化するためのアノテーション

　パラメータ化テストのメソッドには、@Testの代わりに@ParameterizedTestを付与します。このアノテーションのname属性には、{index}（呼び出された順番）や、{arguments}（引数）などのプレースホルダを含む表示名を記述します。パラメータ化テストでは、一つのテストメソッドが異なるパラメー

タで何度も呼び出さるため、このようにして「呼び出しごとの表示名」を指定します。

さてパラメータの取得元には、リテラル配列、CSVファイル、スタティックメソッド呼び出しといった種類がありますが、それぞれに対応するアノテーションが用意されています。

まず、リテラル配列からの取得（@ValueSource）は、単一のパラメータをソースコードに直接埋め込む方法のため、使われるケースは限定的です。

次にCSVファイルからの取得（@CsvFileSource）は、複数のパラメータをソースコードとは切り離して管理できるため、比較的利用頻度は高いでしょう。

最後のスタティックメソッド呼び出し結果からの取得（@MethodSource）は、パラメータをロジックで動的に切り替えたいケースで特に有効です。

■ パラメータ化テストの対象クラス

本節においてパラメータ化テストの対象として取り上げるのは、振込手数料を計算するためのクラスFeeServiceです。この中にcalcFee()という手数料計算のためのメソッドがあり、振込先の銀行と振込金額に応じて、以下のようなロジックで手数料が計算されるものとします。

振込先の銀行	振込金額	手数料
自分の銀行	30000円以上	0円
	30000円未満	100円
他の銀行	40000円以上	200円
	40000円未満	500円

このようなcalcFee()のロジックを網羅し、さらには境界値テストの考え方も取り入れると、「入力値の組み合わせ」とそれに対応する「期待値」は以下の4つになります。

振込先の銀行コード	振込金額	期待値（手数料）
"B001"（自分の銀行）	30000	0
"B001"（自分の銀行）	29999	100
"B999"（他の銀行）	40000	200
"B999"（他の銀行）	39999	500

2.1 JUnit 5 のさまざまな機能

これらの4つのデータをパラメータ化し、リテラル配列、CSVファイル、ス
タティックメソッド呼び出し、といったソースから取得する方法を、以降で順
番に説明します。

■ リテラル配列からのパラメータ取得

ここからは既出のクラスFeeServiceを対象に、パラメータ化テストを実装
する方法を具体的に見ていきます。

まず本項では、パラメータをリテラル配列から取得するパターンです。以
下のコードを見てください。

📄 pro.kensait.junit5.fee.FeeParameterTest_1

```
@DisplayName("振込手数料計算サービスのテストクラス1")
public class FeeParameterTest_1 {
    @ParameterizedTest(name = "順番:{index} ; 引数:{arguments}") // 1
    @ValueSource(strings = {"B001,30000,0", "B001,29999,100",
                            "B999,40000,200", "B999,39999,500"}) // 2
    @DisplayName("リテラル配列からパラメータを取得するテストメソッド")
    void test_CalcFee(String paramStr) { // 3
        String[] param = paramStr.split(","); // 4
        FeeService feeService = new FeeService();
        int actual = feeService.calcFee(param[0],
                        Integer.parseInt(param[1]));
        assertEquals(Integer.parseInt(param[2]), actual);
    }
}
```

前述したようにパラメータ化テストのメソッドには、@ParameterizedTest
が必要です 1 。このアノテーションのname属性には、「呼び出しごとの表示
名」を指定します。

次に、この例ではパラメータをリテラル配列から取得するため、
@ValueSourceを合わせて指定します。このアノテーションには、属性とし
て数値や文字列などの配列を指定可能ですが、ここではstrings属性に文字列
の配列を指定しています 2 。

@ValueSourceでは、指定された配列の要素を引数にテストメソッドが

113

呼び出されます。ここでは配列の要素は4つのため、それぞれの文字列を引数に、test_CalcFee()が4回呼び出されることになります **3**。ただし、@ValueSourceではパラメータを単一のリテラルとして受け取ることしかできないため、カンマ区切りの文字列にして、それをテストメソッド内でsplit()によって分割します **4**。

分割された文字列は、1つ目が銀行コード、2つ目が振込金額、3つ目が期待値（手数料）になります。

パラメータを分割したら、銀行コードと振込金額をcalcFee()に渡し、計算された手数料を受け取ります。そしてassertEquals()によって、期待値と一致しているかを検証します。

なおこのテストクラスを実行すると、出力される表示名は「テストクラスの@DisplayName -> テストメソッドの@DisplayName -> @ParameterizedTestのname属性」という階層になります。

具体的には、以下のような階層でレポートが作成されます。

```
振込手数料計算サービスのテストクラス1
└ リテラル配列からパラメータを取得するテストメソッド
   ├ 順番:1 ; 引数:B001,30000,0
   ├ 順番:2 ; 引数:B001,29999,100
   ├ 順番:3 ; 引数:B999,40000,200
   └ 順番:4 ; 引数:B999,39999,500
```

■ CSVファイルからのパラメータ取得

次に取り上げるのは、パラメータをCSVファイルから取得するパターンです。以下のコードを見てください。

📄 pro.kensait.junit5.fee.FeeParameterTest_2

```java
public class FeeParameterTest_2 {
    @ParameterizedTest(name = "インデックス: {index},
                             引数: {arguments}")
    @CsvFileSource(resources = "/parameter.csv",
                             numLinesToSkip = 1) // 1
    void test_CalcFee(String bankCode, int amount,
```

2.1 JUnit 5のさまざまな機能

```
                    int expectedFee) { // 2
        FeeService feeService = new FeeService();
        int actual = feeService.calcFee(bankCode, amount);
        assertEquals(expectedFee, actual);
    }
}
```

この例では、パラメータをCSVファイルから取得するため、@
CsvFileSourceを指定します 1 。このアノテーションのresources属性に
は、パラメータを取得するためのCSVファイルのパスを文字列で指定します。
ここで指定されたparameter.csvファイルには、以下のようにパラメータを
記述します。

```
bankCode,amount,expectedFee
"B001",30000,0
"B001",29999,100
"B999",40000,200
"B999",39999,500
```

このファイルは、ソースフォルダの"test/resources"下に配置するのが一
般的です。

@CsvFileSourceのnumLinesToSkip属性に1を指定していますが、これ
はCSVファイルの最初の行（通常はヘッダ行）をスキップすることを意味しま
す。

このアノテーションを付与すると、CSVファイルの各行の要素をパラメー
タに、テストメソッドが呼び出されます。CSVファイルの各行は銀行コード、
振込金額、期待値（手数料）を表すため、それぞれが順番にtest_CalcFee()
の引数に渡されます 2 。

test_CalcFee()内を見ていくと、FeeServiceをインラインセットアップし、
calcFee()に銀行コード、振込金額を渡します。そして計算された手数料が期
待値と一致しているかを、assertEquals()によって検証します。

115

第 2 章　JUnit 5 による単体テスト

■ スタティックメソッドからのパラメータ取得

　　最後に、パラメータをスタティックメソッド呼び出しの結果から取得するパターンを説明します。以下のコードを見てください。

📄 pro.kensait.junit5.fee.FeeParameterTest_3

```java
public class FeeParameterTest_3 {
    private static final String OUR_BANK_CODE = "B001"; // 自分の銀行
    private static final String OTHER_BANK_CODE = "B999"; // 他の銀行

    @ParameterizedTest(name = "インデックス: {index},
                                引数: {arguments}")
    @MethodSource("paramProvider") // ①
    void test_CalcFee(FeeParam param) { // ②
        FeeService feeService = new FeeService();
        int actual = feeService.calcFee(param.bankCode,
                    param.amount);
        assertEquals(param.expectedFee, actual);
    }
    // パラメータを提供するスタティックメソッド
    static Stream<FeeParam> paramProvider() { // ③
        return Stream.of(
            new FeeParam(OUR_BANK_CODE, 30999, 0),
            new FeeParam(OUR_BANK_CODE, 29000, 100),
            new FeeParam(OTHER_BANK_CODE, 40000, 200),
            new FeeParam(OTHER_BANK_CODE, 39999, 500)
        );
    }
    // パラメータを表す入れ子クラス ④
    static class FeeParam {
        String bankCode; // 銀行コード
        int amount; // 金額
        int expectedFee; // 期待値 (手数料)
        FeeParam(String bankCode, int amount, int expectedFee) {
            this.bankCode = bankCode;
            this.amount = amount;
            this.expectedFee = expectedFee;
        }
        @Override
        public String toString() {
```

116

```
        ........
      }
    }
  }
```

この例では、パラメータをスタティックメソッドの呼び出し結果から取得するため、@MethodSourceを指定します **1** 。このアノテーションには、パラメータを取得するためのスタティックメソッドの名前を文字列で指定します。ここでは"paramProvider"と指定されていますので、同クラスに定義されたparamProvider() **3** が対象です。

対象となるスタティックメソッドは、パラメータをストリームとして返すように実装します。このテストクラスでは、パラメータは、入れ子クラスであるFeeParamとして定義しています **4** 。

@MethodSourceを付与すると、指定されたスタティックメソッドから返されたストリームの要素をパラメータに、テストメソッドが呼び出されます。ここではストリームの要素は4つのため、それぞれのFeeParamインスタンスを引数に、test_CalcFee()が4回呼び出されることになります **2** 。

FeeParamインスタンスには銀行コード、振込金額が設定されていますので、それらをcalcFee()に渡します。そして計算された手数料が期待値と一致しているかを、assertEquals()によって検証します。

2.1.8 エラー発生有無のテスト

■ エラー発生時のテスト成否

エラー[注11]が発生する可能性のある処理をテストする場合は、「エラーの発生＝テスト失敗」とは限りません。

例えば「残高不足により引き落としができずにエラーが発生」のように、業務仕様として正しくエラーが発生することも、テストの対象になります。また「読み込み先ファイルが存在しないためエラーが発生」のように、環境に不備があった場合に、意図したとおりにエラーが発生することも、テスト対象です。

注11 ここでの「エラー」は広義のエラーであり、例外の概念も包含する。

第 2 章　JUnit 5 による単体テスト

　つまりこのような処理のテストでは、期待値は「意図したとおりに正常終了
すること（エラー発生せず）」だけではなく、「意図したとおりにエラーが発生す
ること」の2種類があることになります。

　前者では、正常終了すればテストは成功と見なし、エラーが発生すればテ
ストは失敗と見なします。また後者はその逆で、正常終了してしまったらテス
トは失敗と見なし、正しくエラーが発生すればテストは成功と見なします。

　まとめるとエラーが発生する可能性がある処理では、テストの成否は以下
のように決まります。

	実際に正常終了した	実際にエラーが発生した
正常終了をテストする	成功	失敗
エラー発生をテストする	失敗	成功

　この節では「掛け算をするための計算機」を表すCalculatorクラス（以下）
を対象に、エラー発生時のテストケースを説明します。

📄 pro.kensait.junit5.calc.exception.Calculator

```java
public class Calculator {
    private static final int LIMIT = 1_000_000; // 極度
    public static final String LIMIT_OVER_ERROR_MESSAGE =
                                "LIMIT OVER OCCURED!";
    // 掛け算を実行する
    public int multiply(int param1, int param2) {
        int result = param1 * param2;
        if (LIMIT < result) {
            // ビジネスロジックでエラー（極度オーバー）が発生
            throw new IllegalArgumentException(
                        LIMIT_OVER_ERROR_MESSAGE);
        }
        return result;
    }
}
```

　このクラスのmultiply()は、受け取った2つの引数から掛け算を行い
ますが、その結果が極度である1000000を超えるとエラーが発生する

118

（IllegalArgumentException例外を送出）、という仕様になっています。

■ fail()による明示的なテスト失敗

アサーションAPIの一つでもあるfail()は、開発者が明示的にテストを失敗させるために利用します。fail()が呼び出されると、その時点でテストは失敗と見なされ、テストメソッドの処理は中断されます。

このメソッドの典型的な利用シーンの一つに、エラー発生有無のテストがあります。以下は、fail()によってCalculatorクラスをテストするためのコードです。

📄 pro.kensait.junit5.calc.exception.CalcExceptionTest_1

```java
public class CalcExceptionTest_1 {
    @Test
    void test_Multiply_No_Exception() { // 1
        Calculator calc = new Calculator();
        try {
            calc.multiply(100_000, 5);
        } catch(IllegalArgumentException iae) {
            fail(); // 失敗させる 2
        }
        // ここまで進んだら成功
    }
    @Test
    void test_Multiply_Exception() { // 3
        Calculator calc = new Calculator();
        try {
            calc.multiply(100_000, 15);
        } catch(IllegalArgumentException iae) {
            return; // 成功 4
        }
        fail(); // 失敗させる 5
    }
}
```

まずtest_Multiply_No_Exception() **1** は、「意図したとおりに正常終了すること（例外送出されず）」を検証するためのものです。ここではCalculator

クラスの multiply() に 100000 と 5 を渡していますので、（掛け算の結果は500000 になるため）例外が送出されないことが期待されます。

　もし期待に反して例外が送出された場合は、catch ブロック内で fail() を呼び出してテストを失敗させます **2**。逆に、例外が送出されることなくメソッドの最後まで処理が進んだ場合は、テストを成功と見なします。

　次に test_Multiply_Exception() **3** は、「意図したとおりに例外が送出されること」を検証するためのものです。ここでは Calculator クラスの multiply() に 100000 と 15 を渡していますので、（掛け算の結果は 1500000 になるため）「極度オーバー」により IllegalArgumentException 例外の送出が期待されます。

　もし期待通りに例外が送出された場合は、catch ブロックに進み、return 文でメソッドを抜けることでテストを成功と見なします **4**。逆に、例外が送出されることなくメソッドの最後まで処理が進んだ場合は、fail() を呼び出してテストを失敗させます **5**。

■ assertThrows() による例外のアサーション
assertThrows() の基本的な利用方法

　assertThrows() は、何らかの処理を実行し、その結果として指定された例外が送出されることを検証するための API です。

　また assertDoesNotThrow() はその逆で、何らかの処理を実行し、その結果として指定された例外が送出されないことを検証するための API です。

　ここでは assertThrows() による例外発生の検証を取り上げます。以下は、既出のクラス Calculator をテストするためのコードです。

📄 pro.kensait.junit5.calc.exception.CalcExceptionTest_2

```
public class CalcExceptionTest_2 {
    @Test
    void test_Multiply_Exception_1() {
        Calculator calc = new Calculator();
        // 例外クラス (IllegalArgumentException) が返されることを検証する
        assertThrows(IllegalArgumentException.class, () -> { // ■1
            calc.multiply(100_000, 15);
```

```
            });
        }
}
```

　test_Multiply_Exception_1()は、「意図したとおりに例外が送出されること」を検証するためのものです。この中でassertThrows()が使われています ■ が、このメソッドの第一引数には送出を期待する例外クラスを、第二引数には実行する処理をラムダ式で指定します。第二引数のラムダ式には、引数を取らず戻り値を返さない関数型インタフェースを実装します。

　ここではラムダ式に、Calculatorのmultiply()に100000と15を渡す処理を実装し、意図的に「極度オーバー」を発生させています。そして期待通りにIllegalArgumentException例外が送出されることを検証しています。

例外メッセージの検証

　前項では「極度オーバー」によるIllegalArgumentException例外の送出を検証しましたが、そもそもこの例外は汎用的な目的で利用されるものです。したがって「極度オーバーによる例外が送出されたこと」を厳格に検証するためには、以下のように例外メッセージまで確認する方がよいでしょう。

```
// 例外 (IllegalArgumentException) が返されることを検証する
IllegalArgumentException thrown =
        assertThrows(IllegalArgumentException.class, () -> {
    calc.multiply(100_000, 15); // ■
});
// 加えて、例外メッセージも検証する
assertEquals(Calculator.LIMIT_OVER_ERROR_MESSAGE,
        thrown.getMessage()); // ■
```

　assertThrows()は、戻り値として送出された例外クラスを返すため、それを変数thrownに格納します ■ 。そして変数thrownから取り出したメッセージと、定数Calculator.LIMIT_OVER_ERROR_MESSAGEが一致していることを、assertEquals()で検証します ■ 。ここまで検証すれば、「極度オーバー」による例外であることが確実です。

なお、プロダクションコードにおいて例外メッセージの修正があると、必然的に、テストコード側もそれに追従する必要があります。このような場合に、テストコードの修正が漏れてしまうことがないように、例外メッセージを定数化しておくことが重要です。

2.1.9 その他の高度なテスト

■ タイムアウトのテスト

既出（1.3.3項）のとおり、パフォーマンステストの一環として業務的なユースケースの粒度で単体性能テストを行い、レスポンスタイムが性能要件を充足しているかを検証することがあります。そのような場合に有効なのが、アサーションAPIの一つであるassertTimeout()です。このメソッドは、何らかの処理を実行し、その実行時間が指定された時間内に終了することを検証します。以下のコードを見てください。

pro.kensait.junit5.assertion4.TimeoutTest

```java
public class TimeoutTest {
    @Test
    void test_Timeout() {
        ComplexService cs = new ComplexService();
        assertTimeout(Duration.ofMillis(3000), () -> { // 1
            cs.process();
        });
    }
}
```

test_Timeout()は、テスト対象クラスであるComplexServiceのレスポンスタイムを検証するためのものです。この中でassertTimeout()が使われています **1** が、このメソッドの第一引数にはタイムアウト時間を、第二引数には実行する処理をラムダ式で指定します。

ここではタイムアウト時間に3000ミリ秒を指定していますので、ComplexServiceクラスのprocess()呼び出しが3000ミリ秒以内に終了すると、テストが成功します。

■ アサンプションAPI

アサンプションAPIの機能

アサンプションとは、テスト実行前に前提条件が充足しているかを判定し、充足していない場合にテストを中断するためのAPIです。いずれもorg.junit.jupiter.api.Assumptionsクラスのスタティックメソッドとして提供されるため、以下のようにスタティックインポートするのが一般的です。

```
import static org.junit.jupiter.api.Assumptions.*;
```

アサンプションAPIには、以下のような種類があります。

アサンプションAPI（メソッド）	説明
assumeTrue(boolean)	渡された引数がtrueの場合にテストを続行する（falseの場合に中断）
assumeFalse(boolean)	渡された引数がfalseの場合にテストを続行する（trueの場合に中断）
assumingThat(boolean, Executable)	第一引数の条件がtrueの場合に限り、第二引数のラムダ式を実行する

それではアサンプションAPIの機能を、具体的に見ていきましょう。以下のコードを見てください。

📄 pro.kensait.junit5.assertion4.AssumptionTest

```java
public class AssumptionTest {
    @Test
    void test_Assumption_WindowsOnly() {
        String osName =
                System.getProperty("os.name").toLowerCase();
        assumeTrue(osName.contains("win")); // 1
        // Windows環境の場合、以降の処理が実行される
        System.out.println("Environment is Windows!");
    }
    @Test
    void test_Assumption_NotWindows() {
        String osName =
                System.getProperty("os.name").toLowerCase();
```

```
        assumeFalse(osName.contains("win")); // 2
        // Windows以外の環境の場合、以降の処理が実行される
        System.out.println("Environment is not Windows!");
    }
}
```

まず test_Assumption_WindowsOnly() は、前提となる条件として、
Windows環境の場合にのみテストを続行するものです。このような場合、
assumeTrue() に、OSがWindowsかどうかの判定結果をboolean型で渡し
ます 1。

この判定結果がtrueの場合、前提条件は充足していると見なされてテスト
は続行されます。逆にfalseの場合、テストは中断されます。このときテスト
ランナーによって作成されるレポートでは、結果はあくまでも"ignored"（無
視）であり、失敗とは見なされない、という点がポイントです。

次に test_Assumption_NotWindows() は、前提となる条件として、
Windows環境以外の場合にのみテストを続行するものです。ここでは
assumeFalse() を使っていますが 2、これはassumeTrue()とは逆に、判定
結果がfalseの場合にテストが続行されます。

アサンプションAPIによるパラメータのフィルタリング

アサンプションAPIの有効な使い方の一つに、パラメータ化テストにおい
て、渡されるパラメータを特定の条件でフィルタリングする、というものがあ
ります。

以下のコードは、パラメータ化テスト（CSVファイルからパラメータを取得
する）のための既出のコードを修正し、アサンプションAPIでパラメータを絞
り込むようにしたものです。

🗒 pro.kensait.junit5.fee.FeeParameterTest_2

```
@ParameterizedTest(name = "順番:{index} ; 引数:{arguments}")
@CsvFileSource(resources = "/parameter.csv", numLinesToSkip = 1)
@DisplayName("CSVファイルからパラメータを取得するテストメソッド")
void test_CalcFee(String bankCode, int amount, int expectedFee) {
    // アサンプションによって、パラメータとして与えられる銀行コードを、
```

```
  // 「自分の銀行」にフィルタリングする
  assumeTrue(bankCode.equals(OUR_BANK_CODE)); // ■1
  // テスト続行
  FeeService feeService = new FeeService();
  int actual = feeService.calcFee(bankCode, amount);
  assertEquals(expectedFee, actual);
}
```

　このコードでは、assumeTrue()に、パラメータとして渡された銀行コードが自分の銀行（OUR_BANK_CODE）かどうかの判定結果を渡しています ■1 。このようにすると、パラメータの値に応じて、テストを続行可否を制御することができます。

　CSVファイルを利用したパラメータ化テストでは、さまざまなバリエーションを加味した大きめのCSVファイルを一つだけ用意し、それをいくつかのテストメソッド間で共有する、というケースが考えられます。

　このようなケースでは、テストメソッド内でアサンプションAPIを使用し、自身にとって想定外のパラメータが含まれていたら、テストを中断するようにするとよいでしょう。

第 2 章　JUnit 5 による単体テスト

2.2 単体テストにおける「依存性注入」とテストダブルの利用

1.2.4項でも触れたとおり、テスト対象ユニットの「依存先インスタンス」には、以下のようなものがあります。

① テスト対象ユニットの引数インスタンス
② テスト対象ユニットの呼び出し先インスタンス

これらはテストを実行する前までにセットアップが必要なので、テストフィクスチャの一種にも位置付けられます（2.1.5項）。このうち①テスト対象ユニットの引数インスタンスは、テストクラスの中でセットアップし、テスト対象ユニットに渡せばテストは実行可能です。では②テスト対象ユニットの呼び出し先インスタンスは、どのようにセットアップしたらよいでしょうか。

本節では呼び出し先インスタンスを、「依存性注入」という設計パターンによって取得する方法を前提にします。そして呼び出し先インスタンスをセットアップする方法を、サンプルとなるサービスのコードによって具体的に説明します。

2.2.1 「荷物配送サービス」の仕様とコード

■ 「荷物配送サービス」の仕様とクラス構成

本節では「荷物配送サービス」（全国から成田空港向け）というサービスを、題材として取り上げます。このサービスは本書の第3章以降でもサンプルとして用いるため、必要に応じてこの節を参照してください。

まずこのサービスの仕様は以下のとおりです。

1. 顧客から、成田空港までの荷物を配送するための注文を受け付けるサービスである
2. 一度の注文で、複数の荷物を配送することが可能

126

3. 配送料は、まず荷物ごとに発送元地域および荷物種別から配送料を計算し、それらを合計することによって求める
4. 荷物には大、中、小の3つの種別がある
5. 荷物が大きいほど、または発送元が遠いほど、連動して配送料は高くなる
6. 顧客には、一般会員、ゴールド会員、ダイヤモンド会員の3つの種別がある
7. 顧客がゴールド会員の場合、配送料は割引されて90%になる（ただし割引後の価格が3000円を下回ることはない）
8. 顧客がダイヤモンド会員の場合、配送料は割引されて75%になる（ただし割引後の価格が2500円を下回ることはない）

このサービスのイメージを図に表すと、以下のとおりです。このように顧客種別・荷物種別・地域種別に応じて、配送料が決まるサービスです。

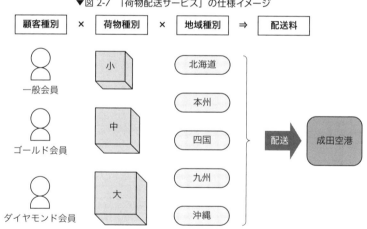

▼図2-7 「荷物配送サービス」の仕様イメージ

次に、このサービスを構成するクラスの一覧を示します（次ページ）。

この中で、ShippingServiceが今回の主役となるテスト対象クラスであり、CostCalculatorが「依存性注入」の対象となる呼び出し先です。一見すると数が多いように感じるかもしれませんが、よく見ていただくとレコードクラスと列挙型が大半を占めますので、全体的な構成はそれほど複雑なものではあ

りません。

- ShippingService
  配送サービス本体を表すクラス（テスト対象クラス）
- CostCalculator
  荷物ごとの配送料計算ロジックを表すクラス（呼び出し先）
- CostCalculatorIF
  荷物ごとの配送料計算ロジックを表すインタフェース（呼び出し先）
- ShippingDAO
  配送データを保存するための疑似的なデータアクセスクラス
- Shipping
  配送データを表すレコードクラス
- Client
  顧客を表すレコードクラス
- ClientType
  顧客種別を表す列挙型（一般会員、ゴールド会員、ダイヤモンド会員の3タイプ）
- Baggage
  荷物を表すレコードクラス
- BaggageType
  荷物種別を表す列挙型（大、中、小の3タイプ）
- RegionType
  発送元の地域種別を表す列挙型（北海道、本州、四国、九州、沖縄の5タイプ）

なお、このサービスのプログラム構成と処理フローは、次の図のようなイメージです。

▼図 2-8 「荷物配送サービス」のプログラム構成と処理フロー

■ ShippingServiceクラスの仕様
フィールド宣言およびコンストラクタの仕様とコード

　ここでは、配送サービス本体を表すShippingServiceのソースコードを示します。このクラスがテスト対象になります。

　このコードはサイズが少し大きいため、2つのパートに分割して説明します。まずはフィールド宣言とコンストラクタまでのパートです。

pro.kensait.java.shipping.ShippingService

```java
public class ShippingService {
    private static final float GOLD_NET_RATE = 0.9F;
                                    // ゴールド会員の割引率
    private static final int GOLD_COST_LIMIT = 3000;
                                    // ゴールド会員の割引後の下限金額
    private static final float DIAMOND_NET_RATE = 0.75F;
                                    // ダイヤモンド会員の割引率
    private static final int DIAMOND_COST_LIMIT = 2500;
                                    // ダイヤモンド会員の割引後の下限金額
    // 荷物ごとの配送料計算ロジックを表すインタフェース
    private CostCalculatorIF costCalculator; // 1
    // コンストラクタ
    public ShippingService(CostCalculatorIF costCalculator) { // 2
        this.costCalculator = costCalculator;
    }
    ........
}
```

第 2 章　JUnit 5 による単体テスト

ShippingService の呼び出し先にあたる CostCalculator については、その
インタフェースである CostCalculatorIF をフィールドとして宣言します **1**。
そしてそのインスタンスは、コンストラクタの中でセットします **2**。

これがまさに「依存性注入」という設計パターンに相当する処理です。要は、
このクラスの中で呼び出し先である CostCalculator を直接生成する (new 演
算子) のではなく、外部からコンストラクタによってセットさせるという点が
特徴です。

メインとなるメソッドの仕様とコード

続いて配送注文を受け付ける orderShipping() のコードです。このメソッド
が、今回のテスト対象ユニットの入り口になります。

📄 pro.kensait.java.shipping.ShippingService の続き

```java
// 配送の注文を受ける
public void orderShipping(Client client, LocalDate receiveDate,
                          List<Baggage> baggageList) {
    // 配送料の合計値
    Integer totalCost = 0;
    // 荷物リストでループし、一つ一つの荷物種別を表す列挙型ごとに配送料を計算
    // → それらを集計し、配送料の合計値を算出する
    for (Baggage baggage : baggageList) { // 3
        Integer shippingCost =
            costCalculator.calcShippingCost(
                baggage.baggageType(), client.originRegion());
                                                            // 4
        totalCost = totalCost + shippingCost;
    }
    // ゴールド会員の場合は、ゴールド会員用の割引率を適用する
    // → ただし定義された「割引後の下限金額」を下回ることは許容されない
    if (client.clientType() == ClientType.GOLD) { // 5
        if (GOLD_COST_LIMIT < totalCost) {
            Integer discountedPrice = Integer.class.cast(
                    Math.round(totalCost * GOLD_NET_RATE));
            totalCost = discountedPrice < GOLD_COST_LIMIT ?
                    GOLD_COST_LIMIT : discountedPrice;
        }
    }
    // ダイヤモンド会員の場合は、ダイヤモンド会員用の割引率を適用する
```

2.2　単体テストにおける「依存性注入」とテストダブルの利用

```
    // → ただし定義された「割引後の下限金額」を下回ることは許容されない
    } else if (client.clientType() == ClientType.DIAMOND) { // 6
        if (DIAMOND_COST_LIMIT < totalCost) {
            Integer discountedPrice = Integer.class.cast(
                Math.round(totalCost * DIAMOND_NET_RATE));
            totalCost = discountedPrice < DIAMOND_COST_LIMIT ?
                DIAMOND_COST_LIMIT : discountedPrice;
        }
    }
    // 配送を表すレコードを生成する
    Shipping shipping = new Shipping(LocalDateTime.now(),
        client, receiveDate, baggageList, totalCost); // 7
    // 配送DAOに配送レコードを保存する
    ShippingDAO.save(shipping); // 8
}
```

　このメソッドでは、まず受け取った荷物のリストでループ処理を行います 3 。ループ処理の中では、荷物ごとにCostCalculatorIFのcalcShippingCost()を呼び出し、荷物ごとの配送料を計算します 4 。荷物ごとの配送料はループの中で足し込まれて、配送料の合計値が求められます。ここで呼び出し先であるCostCalculatorIFは、このクラスを生成するときに、コンストラクタによって外部からセットされている、という点は説明したとおりです。

　次に、顧客種別がゴールド会員だった場合の割引処理を行います 5 。この割引ロジックでは、条件によって以下の3系統に処理が分岐します。

- 分岐1：割引なしの場合（配送料が3000円以下）
- 分岐2：割引対象だが下限である3000円に到達する場合
- 分岐3：割引対象だが下限である3000円に到達しない場合

　この3系統のロジックを具体的に表すと、次の図のようになります。

131

▼図 2-9　ゴールド会員における配送料割引

分岐1：割引なしの場合（配送料が3000円以下）

分岐2：割引対象（90％）だが下限である3000円に到達する場合

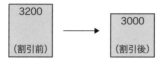

分岐3：割引対象（90％）だが下限である3000円に到達しない場合

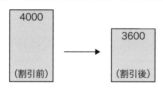

　続けてダイヤモンド会員だった場合の割引処理を行います ６ 。ここの割引ロジックも、ゴールド会員と同様に3系統に分岐します。
　このようにして配送料の割引処理が終わったら、配送データを表すレコードを生成します ７ 。そして、配送データをShippingDAOに渡すことで保存します ８ 。

■ CostCalculatorクラスの仕様

　次に荷物ごとの配送料計算ロジックを表すCostCalculatorのソースコードです。これはテスト対象クラスであるShippingServiceにとって、呼び出し先インスタンス（本物）に相当するものです。

pro.kensait.java.shipping.CostCalculator

```java
public class CostCalculator implements CostCalculatorIF {
    @Override
    public Integer calcShippingCost(BaggageType baggageType,
            RegionType regionType) {
        Float b = baggageType.getWeighting();
        Float r = regionType.getWeighting();
```

2.2 単体テストにおける「依存性注入」とテストダブルの利用

```
        Integer shippingCost = Math.round(BASE_PRICE * b * r); // 1
        return shippingCost;
    }
}
```

CostCalculatorのcalcShippingCost()には、配送料計算ロジックが実装されています。具体的には、ベースとなる価格に、荷物種別と発送元地域種別の「重み」を掛けることで配送料を計算します 1 。要は荷物が大きければ大きいほど、または発送元が遠方であればあるほど、それに応じて「重み」が増すため配送料も膨らむ、という仕様です。

なおCostCalculatorは、以下のようなCostCalculatorIFインタフェースを実装しています。

📄 pro.kensait.java.shipping.CostCalculatorIF

```
public interface CostCalculatorIF {
    // 配送料計算のベースとなる価格
    public static final Integer BASE_PRICE = 1000;
    // 配送料金を計算するメソッド
    Integer calcShippingCost(BaggageType baggageType,
                             RegionType regionType);
}
```

2.2.2 「荷物配送サービス」のテストコード

■ ShippingServiceを対象にしたテストクラス

フィールド宣言と共通的な前処理（@BeforeEach）

ここでは既出のShippingServiceを対象にしたテストクラス（ShippingServiceTest）のコードを、具体的に見ていきます。このコードもサイズが少し大きいため、3つのパートに分割します。

まずはフィールド宣言と、@BeforeEachによって共通的な前処理を行うsetUp()のコードを示します。

133

第 2 章　JUnit 5 による単体テスト

📄 pro.kensait.java.shipping.ShippingServiceTest

```
public class ShippingServiceTest {
    // テスト対象クラス 1
    ShippingService shippingService;
    // テスト対象クラスの呼び出し先 2
    CostCalculatorIF costCalculator;
    //その他のすべてのテストケースで共通的なフィクスチャ
    Baggage baggage;
    LocalDateTime orderDateTime;
    LocalDate receiveDate;
    // 各テストケースで共通的な前処理
    @BeforeEach
    void setUp() {
        // 呼び出し先インスタンスを生成する 3
        costCalculator = new CostCalculator();
        // 呼び出し先インスタンスをテスト対象クラスに注入する 4
        shippingService = new ShippingService(costCalculator);
        // 共通フィクスチャを設定する
        baggage = new Baggage(BaggageType.MIDDLE, false);
                                                // 荷物は中サイズ
        orderDateTime = LocalDateTime.now();
        receiveDate = LocalDate.of(2023, 11, 30);
        // DAOが保持するリストをクリアする (DB利用時はテーブル初期化に相当する)
        ShippingDAO.findAll().clear();
    }
    ........
```

このテストクラスでは、まずテストフィクスチャをフィールドとして宣言します。その中には、テスト対象クラスであるShippingService 1 や、テスト対象クラスの呼び出し先インタフェースであるCostCalculatorIF 2 も含まれています。

setUp()を見ていくと、まずnew CostCalculator()とすることで呼び出し先インスタンスを生成します 3 。次にnew ShippingService()によってテスト対象クラスのインスタンスを生成しますが、このときコンストラクタに、生成済みの呼び出し先インスタンスを渡します 4 。

このようにShippingServiceインスタンスを生成するときに、呼び出し先であるCostCalculatorインスタンスを、コンストラクタによって外部からセッ

トします。ShippingServiceクラスの説明でも既出のとおり、このような設計パターンを「依存性注入」と呼びます。

続けてこのメソッド内では、それ以外のテストフィクスチャのセットアップも行っていきます。

▼図 2-10　ShippingServiceTest からの「依存性注入」

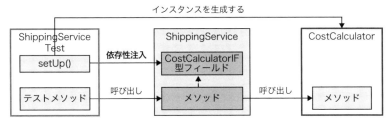

ゴールド会員のテスト

このサービスは、顧客がゴールド会員かダイヤモンド会員かによって割引率が異なるため、ネステッドクラスを利用して、顧客種別ごとにテストケースをグループ分けします。

まず「ゴールド会員のテスト」を表すネステッドクラスのコードを示します。

📄 pro.kensait.java.shipping.ShippingServiceTest の続き

```
@Nested
@DisplayName("ゴールド会員のテスト")
class GoldCustomerTest {
    Client client; // 5
    @BeforeEach
    void setUp() {
        // ゴールド会員のインスタンスを生成する 6
        client = new Client(10001, "Alice", "福岡県福岡市1-1-1",
                ClientType.GOLD, RegionType.KYUSHU);
    }
    @Test
    @DisplayName("割引なしの場合の更新をテストする")
    void test_OrderShipping_NoDiscount() { // 7
        // 引数である荷物リストを生成する (テストケースごとに個数が異なる) 8
        List<Baggage> baggageList = Arrays.asList(baggage);
```

第 2 章　JUnit 5 による単体テスト

```java
        // テスト実行 9
        shippingService.orderShipping(client, receiveDate,
                                      baggageList);
        // DAOが保持するリストから実測値を取得する 10
        Shipping actual = ShippingDAO.findAll().get(0);
        // 期待値を生成する 11
        Shipping expected = new Shipping(orderDateTime,
                client, receiveDate, baggageList, 1600);
        // 期待値と実測値が一致しているかを検証する 12
        assertEquals(expected, actual);
    }
    @Test
    @DisplayName("割引になった場合（ただし下限に到達）の更新をテストする")
    void test_OrderShipping_Discount_ReachLimit() { // 13
        List<Baggage> baggageList = Arrays.asList(baggage,
                                                  baggage);
        shippingService.orderShipping(client, receiveDate,
                                      baggageList);
        Shipping actual = ShippingDAO.findAll().get(0);
        Shipping expected = new Shipping(orderDateTime,
                client, receiveDate, baggageList, 3000);
        assertEquals(expected, actual);
    }
    @Test
    @DisplayName("割引になった場合（下限に到達せず）の更新をテストする")
    void test_OrderShipping_Discount_NoLimit() { // 14
        List<Baggage> baggageList = Arrays.asList(baggage,
                                               baggage, baggage);
        shippingService.orderShipping(client, receiveDate,
                                      baggageList);
        Shipping actual = ShippingDAO.findAll().get(0);
        Shipping expected = new Shipping(orderDateTime,
                client, receiveDate, baggageList, 4320);
        assertEquals(expected, actual);
    }
}
```

　このネステッドクラスは、顧客がゴールド会員の場合のテストケースをグ
ループ化したものなので、フィールドとして宣言された Client 5 に対して、
setUp()内でゴールド会員のインスタンスを生成して代入します 6 。

続いてテストメソッドです。テストメソッドは、テスト対象クラスである ShippingService のカバレッジを意識して、注意深く設計します。ここでは割引ロジックの条件分岐を意識して、以下の3つのテストメソッドを実装します。

- test_OrderShipping_NoDiscount **7**
  ⇒ 分岐1：割引なしの場合（配送料が3000円以下）
- test_OrderShipping_Discount_ReachLimit **13**
  ⇒ 分岐2：割引対象だが下限である3000円に到達する場合
- test_OrderShipping_Discount_NoLimit **14**
  ⇒ 分岐3：割引対象だが下限である3000円に到達しない場合

まず test_OrderShipping_NoDiscount() **7** は、「割引なしの場合」をテストするためのメソッドです。このテストメソッド内では、外側のクラスでセットアップされたテスト対象クラス **1** や呼び出し先インスタンス **2**、そしてネステッドクラスでセットアップされたゴールド会員 **5** といったテストフィクスチャを使い、テストを行います。

では、このテストメソッド内の処理を見ていきましょう。準備して、実行して、検証する、という流れはこれまでと同様です。

まずテストフィクスチャのうち、このテストメソッド固有のものとして荷物リストを作成します **8**。このメソッドは「割引なしの場合」をテストするためのものなので、配送料が3000円（ゴールド会員の割引可否を決める下限金額）を超えないように、荷物の個数で調整する、というわけです。

次にテスト対象ユニットである、ShippingService の orderShipping() を呼び出して、テストを実行します **9**。このメソッドは「配送の注文を受け付ける」処理を行うので、戻り値は返さず、疑似的なデータベースに「新規の配送データを挿入する」という副作用を起こします。

このような場合は、副作用によって更新された「状態」の実測値を何らかの方法で取得し、実測値と期待値が一致しているかを検証します。このような検証を状態ベースの検証と呼びます（1.2.5項）。

まず実測値の取得です。ShippingDAO は疑似的なデータアクセスクラスですが、ここでは十分に品質が確保された信頼できるクラスである、という前

第2章　JUnit 5 による単体テスト

提を置きます。その前提のもと、テストクラス内からShippingDAOを経由して、挿入された配送データを実測値として取得します **10** 。

　次に期待値である配送データを生成します **11** 。ここでは配送料は割引されない前提なので、（ロジックの説明は割愛しますが）計算上は1600円になることが期待されます。

　最後にassertEquals()を呼び出して、期待値と実測値が一致しているかを検証します **12** 。このとき、assertEquals()の引数であるShippingには、正しくequals()を実装しておく必要がある、という点は既出のとおりです。

　それでは、それ以降のメソッドに進みましょう。

　2つ目のtest_OrderShipping_Discount_ReachLimit() **13** は、「割引になった場合（ただし下限に到達）」をテストするためのメソッドです。具体的には、配送料が割引になった結果、ゴールド会員の下限である3000円に到達する、というケースをテストします。

　また3つ目のtest_OrderShipping_Discount_NoLimit() **14** は、「割引になった場合（下限に到達せず）」をテストするためのメソッドです。具体的には、配送料が割引になり、ゴールド会員の下限である3000円にも到達しない、というケースをテストします。

　これら2つ **13** **14** のメソッド内のおける処理は、test_OrderShipping_NoDiscount() **7** と同じ流れのため、ここでは説明を割愛します。

ダイヤモンド会員のテスト

　次に「ダイヤモンド会員のテスト」を表すネステッドクラスのコードを示します。

📄 pro.kensait.java.shipping.ShippingServiceTest の続き

```
    @Nested
    @DisplayName("ダイヤモンド会員のテスト")
    class DiamondCustomerTest {
        Client client; // 15
        @BeforeEach
        void setUp() {
```

2.2 単体テストにおける「依存性注入」とテストダブルの利用

```
            // ダイヤモンド会員のインスタンスを生成する 16
            client = new Client(10001, "Alice", "福岡県福岡市1-1-1",
                    ClientType.DIAMOND, RegionType.KYUSHU);
        }
        @Test
        @DisplayName("割引なしの場合の更新をテストする")
        void test_OrderShipping_NoDiscount() { // 17
            ........
        }
        @Test
        @DisplayName("割引になった場合（ただし下限に到達）の更新をテストする")
        void test_OrderShipping_Discount_ReachLimit() { // 18
            ........
        }
        @Test
        @DisplayName("割引になった場合（下限に到達せず）の更新をテストする")
        void test_OrderShipping_Discount_NoLimit() { // 19
            ........
        }
    }
}
```

　このネステッドクラスは、顧客がダイヤモンド会員の場合のテストケースを
グループ化したものなので、フィールドとして宣言されたClient 15 に対して、
setUp()内でダイヤモンド会員のインスタンスを生成して代入します 16 。

　続いて3つのテストメソッド 17 18 19 ですが、これらはそれぞれ、ゴール
ド会員のネステッドクラスにおける同名メソッドと基本的な処理内容は同じ
（配送料の割引結果が異なるだけ）のため、ここでは割愛します。

2.2.3 テストダブルの利用

■ テストダブルの作成

　2.2.2項で解説したテストコード（ShippingServiceTest）では、「依存性
注入」によって呼び出し先インスタンスをセットしました。ここでセットし
たのはCostCalculatorインスタンス、つまり本物のインスタンスでした
（ShippingServiceTest 3 ）。

139

1.2.4項でも説明したように、「依存性注入」を取り入れると、呼び出し先を本物からテストダブルに置き換えることができます。テストダブルを利用すると本物の呼び出し先への依存が断ち切られるため、テスト対象ユニットを「自身にとって関心のある範囲」（この場合はShippingService）に絞り込むことが可能になります。

実は後述するMockito（第3章）などのモッキングフレームワークを使うと、非常に簡単にテストダブル（モック）を作成可能ですが、ここでは理解促進のために、開発者が自分でゼロからテストダブルを作成するものとします。

そのためには、CostCalculatorIFを実装した、以下のようなクラス（MockCostCalculator）を作成します。

📝 pro.kensait.java.shipping.MockCostCalculator

```java
public class MockCostCalculator implements CostCalculatorIF {
    @Override
    public Integer calcShippingCost(BaggageType baggageType,
            RegionType regionType) {
        return 1600; // 疑似的に常に1600を返す
    }
}
```

このクラスはテストダブルとして作成されたもので、本物のCostCalculatorに代わって疑似的な振る舞いをします。疑似的な振る舞いは、「ShippingServiceの単体テストをしやすくする」という目的に合わせて、ShippingServiceの開発者が自分で仕様を決めます。

メソッドであるcalcShippingCost()を見ていくと、ここではどのような荷物種別、地域種別が渡されても常に1600を返すように実装しています。1600を返すようにすると、配送料は、荷物が1つの場合は1600円、2つの場合は3200円、3つの場合は4800円になるので、以下のようにShippingService内ロジックのカバレッジ確保が容易になります。

- 荷物1個（1600円）→ 分岐1：割引なしの場合（配送料が3000円以下）
- 荷物2個（3200円）→ 分岐2：割引対象だが下限である3000円に到達する場合

- 荷物3個（4800円）→ 分岐3：割引対象だが下限である3000円に到達しない場合

■「依存性注入」によるテストダブルへの置き換え

ここではテストクラスの中で、呼び出し先を本物からテストダブル（前項で作成したMockCostCalculator）に置き換える方法を具体的に見ていきます。そのためには、2.2.2項で既出のテストクラス（ShippingServiceTest）を、以下のように修正します。

📄 pro.kensait.java.shipping.ShippingServiceMockingTest の一部

```java
public class ShippingServiceMockingTest {
    // テスト対象クラス
    ShippingService shippingService;
    // テスト対象クラスの呼び出し先（テストダブル置き換え対象）❶
    CostCalculatorIF costCalculator;
    //その他のすべてのテストケースで共通的なフィクスチャ
    ........
    // 各テストケースで共通的な前処理
    @BeforeEach
    void setUp() {
        // テストダブルを生成する ❷
        costCalculator = new MockCostCalculator();
        // テストダブルをテスト対象クラスに注入する ❸
        shippingService = new ShippingService(costCalculator);
        // 共通フィクスチャを設定する
        baggage = new Baggage(BaggageType.MIDDLE, false);
                                                    // 荷物は中サイズ
        orderDateTime = LocalDateTime.now();
        receiveDate = LocalDate.of(2023, 11, 30);
        // DAOが保持するリストをクリアする（DB利用時はテーブル初期化に相当する）
        ShippingDAO.findAll().clear();
    }
```

まずテスト対象クラスの呼び出し先は、インタフェースであるCostCalculatorIF型でフィールド宣言します ❶ 。この点は既出のテストクラスと変更はありません。

setUp()を見ると、MockCostCalculatorのインスタンスを生成し **2**、ShippingServiceのコンストラクタを経由してセットしています **3** が、この点が修正点です。

▼図2-11 「依存性注入」によるテストダブルへの置き換え

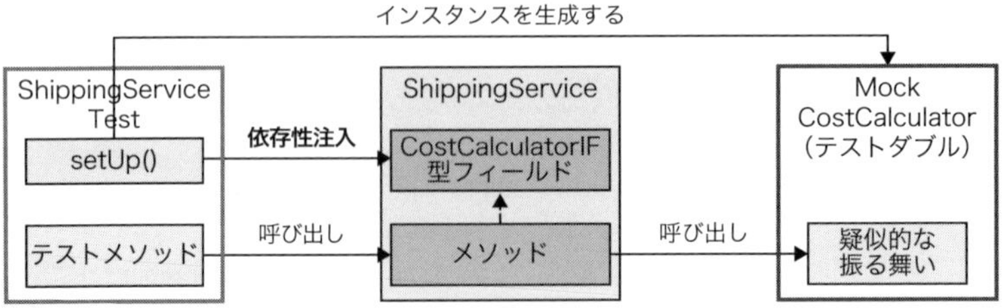

このように「依存性注入」の設計パターンを取り入れると、テストクラスの中で、呼び出し先を容易にテストダブルに置き換えることが可能になる、という点がお分かりいただけたのではないでしょうか。

2.3 JUnitの開発環境

2.3 JUnitの開発環境

既出のとおりJUnitのテストクラスを実行するための方法には、大きく以下の3つがあります。

①統合開発環境（EclipseやVS Codeなど）に組み込まれた機能で実行する
②ビルドツール（GradleやMavenなど）によって実行する
③Javaコマンドによって実行する

この中で、テストを統合開発環境上で実行する（①）か、ビルドツールで実行する（②）かは、その目的や段階によって変わります。

開発者がローカルの統合開発環境でプロダクションコードを作成している段階では、単体テストによってテスト対象クラスの振る舞いを検証しますが、このような場合は統合開発環境の機能で単体テストを実行します。

その一方で、CI/CDのパイプラインの中で単体テストを自動実行する場合（1.5.1項）は、ビルドツールから実行することになります。

本書では、②の方法（Gradleを利用）を取り上げ、以降で説明します。③の方法は、ビルドツールさえあれば②の方法で代替できるため、実際に利用するケースは少ないでしょう。また①の方法は、必要に応じて、EclipseやVS Codeの操作方法に関する別コンテンツを参照してください。

2.3.1 Gradleからのビルドテスト

■ Gradleとは

ビルドツールとは、ソフトウェア開発におけるさまざまなプロセス（コンパイル、テスト、パッケージングなど）を自動化するためのツールで、ライブラリの依存関係を管理するための機能も有しています。Javaの主要なビルドツールにはGradleやMavenなどがありますが、本書ではGradleを取り上げます。

143

第 2 章　JUnit 5 による単体テスト

　Gradleには、それだけで一冊の書籍になってしまうほどの多くの機能があ
りますが、本書のテーマはあくまでもテストなので、Gradleの中でもテスト
に関連する機能を中心に説明します。

　Gradleは通常、統合開発環境 (EclipseやVS Code) のプラグインとしてイ
ンストールします。そしてプロジェクトディレクトリの直下に"build.gradle"
という設定ファイルを作成し、その中にライブラリの依存関係やビルドタスク
に関する定義情報を記述します。

■ GradleとCI/CD

　CI/CDパイプライン (1.5.1項) の中でコンパイル、テスト、パッケージング
などのプロセスを自動化するためには、CI/CDツールからビルドツールを呼び
出す必要があります。そのためには、Gradleの場合は「Gradleラッパー」を
導入するのが一般的です。Gradleラッパーとは、Gradleがインストールされ
ていない環境下において、Gradleのタスクを実行可能にするための仕組みで
す。

　Gradleラッパーを導入するためには、まずGradle組み込みの"wrapper"と
いうタスクによって、Gradleラッパーに必要なファイル群 ("gradlew"コマン
ドなど) を生成します。そしてこれらのファイル群を、ソースコードと一緒に
リポジトリにコミットします。

　CI/CDパイプラインの中では、リポジトリからソースコード一式がチェック
アウトされますが、その中にはGradleラッパーに必要なファイル群が含まれ
ています。

　パイプラインの中では、以下のようにGradleラッパーを呼び出します。

```
./gradlew test
```

　gradlewコマンドの引数にtestを指定して起動すると、所定のテストラン
ナーによって、プロジェクト内のすべてのテストクラスが実行されます。

　なお本書では、Gradleのようなビルドツールのタスクとして行われるテス
トを「ビルドテスト」と呼称します。ビルドテストは、主にCI/CDパイプライ
ンの中で呼び出されます。

144

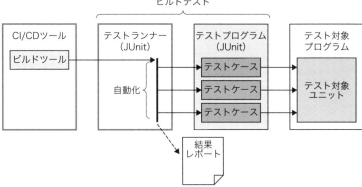
▼図 2-12　ビルドテスト

■ **JUnit Platform の設定方法**

　Gradle では、build.gradle という設定ファイルを作成し、ライブラリの依存関係やビルドタスクに関する定義情報を記述します。

　Gradle にはさまざまなビルドタスクがありますが、その中でも "test" というタスクが、ビルドテストを表します。

　ビルドテストのためのテストランナーとして JUnit Platform を利用する場合は、build.gradle の test タスクを以下のように記述します。

```
test {
    useJUnitPlatform()
}
```

　このように記述すると、テストランナーとして JUnit Platform が選択され、プロジェクト内のすべてのテストクラスが JUnit Platform によって自動的に実行されます。

■ **ログ出力の設定方法**

　Gradle ではログの出力は、build.gradle における test タスク内の testLogging ブロックに指定します。この設定は、JUnit Platform 以外のテストランナー（JUnit 4 や TestNG など）を使用する場合も、共通的に適用されます。

第 2 章　JUnit 5 による単体テスト

```
test {
    testLogging {
        // ビルドテスト時の標準出力と標準エラー出力を表示する
        showStandardStreams true
        // 指定されたイベントを表示する
        events "passed", "failed", "skipped"
        // 例外発生時はすべての情報を表示する
        exceptionFormat "full"
    }
}
```

　このコードにおけるeventsプロパティには、ログ出力対象のテストイベントを指定します。テストイベントには、"started"(テスト開始)、"passed"(成功)、"failed"(失敗)、"skipped"(スキップ)などがあります。

■ レポート出力の設定方法

　Gradleではテスト結果のレポート出力先は、build.gradleにおけるtestタスク内のreportsブロックに指定します。

```
test {
    reports {
        // HTML形式レポートの出力先
        html.outputLocation.set(layout.buildDirectory.dir(
                                        "reports/junit5/html"))
        // XML形式レポートの出力先
        junitXml.outputLocation.set(
                layout.buildDirectory.dir("reports/junit5/xml"))
    }
}
```

JUnit Platformのレポート

　JUnit PlatformによるHTML形式のテストレポートは、パッケージやクラス単位に出力されます。

146

▼図 2-13　Junit Platform のテストレポート表示

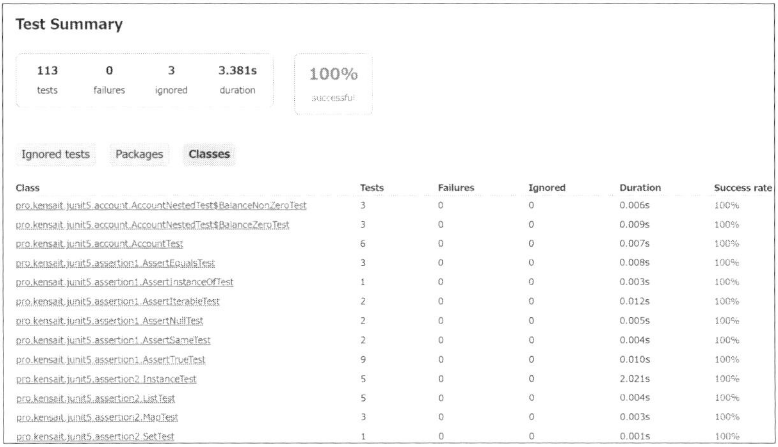
Test Summary

113	0	3	3.381s	100%
tests	failures	ignored	duration	successful

Ignored tests　Packages　Classes

Class	Tests	Failures	Ignored	Duration	Success rate
pro.kensait.junit5.account.AccountNestedTest$BalanceNonZeroTest	3	0	0	0.006s	100%
pro.kensait.junit5.account.AccountNestedTest$BalanceZeroTest	3	0	0	0.009s	100%
pro.kensait.junit5.account.AccountTest	6	0	0	0.007s	100%
pro.kensait.junit5.assertion1.AssertEqualsTest	3	0	0	0.008s	100%
pro.kensait.junit5.assertion1.AssertInstanceOfTest	1	0	0	0.003s	100%
pro.kensait.junit5.assertion1.AssertIterableTest	2	0	0	0.012s	100%
pro.kensait.junit5.assertion1.AssertNullTest	2	0	0	0.005s	100%
pro.kensait.junit5.assertion1.AssertSameTest	2	0	0	0.004s	100%
pro.kensait.junit5.assertion1.AssertTrueTest	9	0	0	0.010s	100%
pro.kensait.junit5.assertion2.InstanceTest	5	0	0	2.021s	100%
pro.kensait.junit5.assertion2.ListTest	5	0	0	0.004s	100%
pro.kensait.junit5.assertion2.MapTest	3	0	0	0.003s	100%
pro.kensait.junit5.assertion2.SetTest	1	0	0	0.001s	100%

このリストの中から特定のクラス名のリンクをクリックすると、以下のようなレポートをテストクラス単位に確認することができます。

▼図 2-14　テストクラス単位のレポート表示

Calculatorを対象にしたテストクラス

all > pro.kensait.junit5.calc.normal > CalculatorTest_1

4	0	0	0.048s	100%
tests	failures	ignored	duration	successful

Tests

Test	Method name	Duration	Result
足し算のテスト	test_Add()	0.001s	passed
足し算のテスト	test_Add()	0.045s	passed
引き算のテスト	test_Subtract()	0.001s	passed
引き算のテスト	test_Subtract()	0.001s	passed

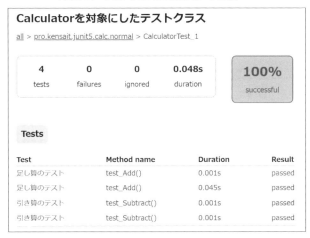

このようにレポートには、@DisplayNameに指定した表示名が使われていることが分かります。またテストメソッドのテーブルには、実行時間や結果("Result")が表示されています。結果には、"passed"(成功)、"failed"(失敗)、

"ignored"（無視）といった種類があります。なお"ignored"は、アサンプション（2.1.9項）によって中断されたテストメソッドを表します。

テスト失敗時のレポート

テスト失敗時には、失敗内容がHTMLレポートとして出力されます。

▼図 2-15　テスト失敗時のレポート表示

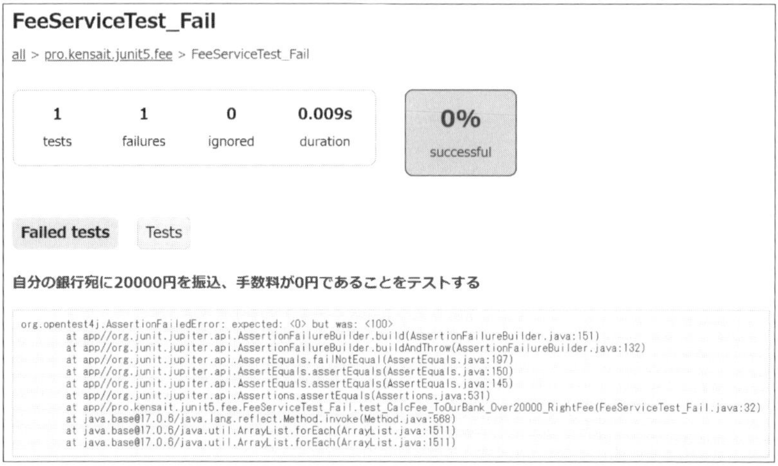

この中でも特に重要なのは"expected: <**0**> but was: <**100**>"という部分です。これは「期待値は0だが実測値は100だった」という意味で、つまりはテストが失敗した理由を表しています。

■ ビルドテストにおけるグループ分け

前述したように、ビルドテストのデフォルトのタスク名は"test"で、パイプラインの中からはGradleラッパーを./gradlew testと呼び出すことでビルドタスクを起動します。ビルドタスクを起動すると、所定のテストランナー（通常はJUnit Platform）によって、プロジェクト内のすべてのテストクラスが実行されます。

CI/CDパイプラインでは、ビルドタスクの対象となるテストクラスをいくつ

かのグループに分け、別々のステップで実行したいケースがあります。特に典型的なのが、単体テスト用テストクラスと、結合テスト用テストクラスへのグループ分けです。

このようにしたい理由は、単体テスト（および結合テストの一部）はソフトウェアをデプロイすることなく実行可能ですが、REST APIのテストのように、結合テストの種類によってはデプロイした後でないと実行できないためです（1.5.1項）。

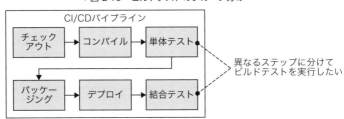

▼図2-16　ビルドテストのグループ分け

ここでは単体テストのためのタスクとして"unitTest"を、それとは別に結合テストのためのタスクとして"integrationTest"を、それぞれ作成するものとします。そしてそれらのタスクの中で、実行対象とするテストクラスをどのようにグループ分けするのか、その方法を2つ紹介します。

タグによるグループ分け

1つ目はJUnitのタグを利用する方法です。

JUnitが提供する@Tag（org.junit.jupiter.api.Tag）をテストクラスに付与すると、Gradle設定ファイルにおけるタスクの指定によって、それらのクラスをテスト対象に含むか含まないかを制御することができます。

まず以下のようにテストクラスに@Tagを付与し、属性としてタグ名を指定します。

```
@Tag("unit")
public class FooTest {
    ........
```

```
}
```

```
@Tag("integration")
public class BarTest {
    ........
}
```

上記コードでは、単体テスト用のクラスであるFooTestには "unit" というタグを、結合テスト用のクラスであるBarTestには "integration" というタグを、それぞれ付与しています。

このときGradle設定ファイルに、単体テスト用のタスク "unitTest" と結合テスト用のタスク "integrationTest" を、以下のように定義します。

```
task unitTest(type: Test) {
    useJUnitPlatform {
        includeTags "unit"
    }
}
task integrationTest(type: Test) {
    useJUnitPlatform {
        includeTags "integration"
    }
}
```

useJUnitPlatformブロックのincludeTags属性を利用すると、テスト対象に含まれるタグを指定することができます。上記コードでは、タスク "unitTest" では "unit" というタグを持つテストクラスのみが対象となり、タスク "integrationTest" では "integration" というタグを持つテストクラスのみが対象になります。パイプラインの中では、./gradlew unitTest、./gradlew integrationTestといった具合に両タスクを呼び分けることが可能です。

なお、特定のタグが付与されたテストクラスを除外したい場合は、excludeTags属性を利用することもできます。

クラス名によるグループ分け

もう1つの方法は、何らかの特別な機能を利用するのではなく、クラス名の

命名ルールによってグループ分けする、というものです。

　例えば結合テストのためのテストクラスには、クラス名の先頭に必ず"IT"を付与するものとしましょう。そしてGradle設定ファイルに、単体テスト用のタスク"unitTest"と結合テスト用のタスク"integrationTest"を、以下のように定義します。

```
task unitTest(type: Test) {
    useJUnitPlatform()
    exclude "**/IT*.class"
}
task integrationTest(type: Test) {
    useJUnitPlatform()
    include "**/IT*.class"
}
```

　exclude属性には除外したいクラスの名前を、include属性には含めたいクラスの名前を、それぞれ指定することができます。

　したがってこのコードのタスク"unitTest"では、先頭が"IT"で始まるテストクラスが対象外となり、逆にタスク"integrationTest"では、先頭が"IT"で始まるテストクラスのみが対象になります。

2.3.2 JaCoCoによるカバレッジレポート

■ JaCoCoの設定

　JaCoCo (Java Code Coverage Library) とは、Javaプログラムのカバレッジを測定するためのツールです。JaCoCoを利用すると、テスト実行時にどの命令や条件分岐が実行されたか、カバレッジのレポートを出力することができます。

　カバレッジ基準には既出 (1.1.3項) のとおり、命令網羅、分岐網羅、条件網羅の3種類がありますが、この中でJaCoCoによって測定可能なのは命令網羅と分岐網羅です。

　JaCoCoは、Gradleのプラグインとしてインストールします。そしてbuild.gradleのtestタスク内に次のように記述することで、JaCoCoのレポート出

力を有効にします。

```
test {
    ........
    // ビルドテスト後に、JaCoCoテストレポートを生成する
    finalizedBy jacocoTestReport
}
```

またjacocoTestReportタスクを追加し、reportsブロックにカバレッジ測定結果のレポート形式と出力先を指定します。

```
jacocoTestReport {
    reports {
        // HTML形式レポートの出力先
        html.outputLocation.set(layout.buildDirectory.dir(
                                    "reports/jacoco/html"))
        // XML形式レポートの出力先
        xml.outputLocation.set(layout.buildDirectory.dir(
                                    "reports/jacoco/xml"))
    }
}
```

■ JaCoCo のレポート

JaCoCoでは、テスト対象クラス単位にカバレッジ測定結果がレポートとして出力されます。以下は、荷物配送サービス (2.2.1項) を対象としたHTMLレポートです。

▼図 2-17　JaCoCo によるレポート

Element	Missed Instructions	Cov.	Missed Branches	Cov.	Missed	Cxty	Missed	Lines	Missed	Methods	Missed	Classes
⊕ Shipping		55%		50%	13	15	4	13	6	8	0	1
⊕ Client		72%		n/a	3	6	0	1	3	6	0	1
⊕ ShippingService		77%		50%	4	11	7	30	0	4	0	1
⊕ Baggage		80%		n/a	1	3	0	1	1	3	0	1
⊕ ShippingDAO		80%		n/a	1	4	1	5	1	4	0	1
⊕ ClientType		100%		n/a	0	1	0	2	0	1	0	1
⊕ BaggageType		100%		n/a	0	3	0	8	0	3	0	1
⊕ RegionType		100%		n/a	0	3	0	10	0	3	0	1
Total	90 of 400	77%	14 of 28	50%	22	46	12	70	11	32	0	8

pro.kensait.junit5.shipping

このページにおける"Missed Instructions"は命令網羅率を表し、"Missed Branches"は分岐網羅率を表します。またこのページからクラス名、メソッド名と順にクリックして進んでいくと、具体的に命令や分岐のどの部分がカバーされたのかを、視覚的に確認することも可能です。

例えば以下は、ShippingService の orderShipping() のレポートを表すページです。

▼図 2-18　テストのカバー範囲を視覚的に確認できる

```
public class ShippingService {
    public static final Integer BASE_PRICE = 1000; // 配送料計算のベースとなる価格
    private static final int GOLD_COST_LIMIT = 3000; // ゴールド会員の割引後の下限金額
    private static final float GOLD_NET_RATE = 0.9F; // ゴールド会員の割引率
    private static final int DIAMOND_COST_LIMIT = 2500; // ダイヤモンド会員の割引後の下限金額
    private static final float DIAMOND_NET_RATE = 0.75F; // ダイヤモンド会員の割引率

    // 配送の注文を受ける
    public void orderShipping(Client client, LocalDate receiveDate, List<Baggage> baggageList) {

        // 配送料の合計値
        Integer totalCost = 0;

        // 荷物リストでループし、一つ一つの荷物種別を表す列挙型ごとに配送料を計算
        // → それらを集計し、配送料の合計値を算出する
        for (Baggage baggage : baggageList) {
            Integer shippingCost =
                calcShippingCost(baggage.baggageType(), client.originRegion());
            totalCost = totalCost + shippingCost;
        }

        // ゴールド会員の場合は、ゴールド会員用の割引率を適用する
        // → ただし定義された「割引後の下限金額」を下回ることは許容されない
        if (client.clientType() == ClientType.GOLD) {
            if (GOLD_COST_LIMIT < totalCost) {
                Integer discountedPrice = Integer.class.cast(
                    Math.round(totalCost * GOLD_NET_RATE)); // 割引率0.90をかける
                totalCost = discountedPrice < GOLD_COST_LIMIT ?
                    GOLD_COST_LIMIT : // 割引後に3000円を下回る場合は、3000を返す
                        discountedPrice; // 下回らない場合は、割引後の数値を返す
            }

            // ダイヤモンド会員の場合は、ダイヤモンド会員用の割引率を適用する
            // → ただし定義された「割引後の下限金額」を下回ることは許容されない
        } else if (client.clientType() == ClientType.DIAMOND) {
            if (DIAMOND_COST_LIMIT < totalCost) {
                Integer discountedPrice = Integer.class.cast(
                    Math.round(totalCost * DIAMOND_NET_RATE)); // 割引率0.75をかける
                totalCost = discountedPrice < DIAMOND_COST_LIMIT ?
                    DIAMOND_COST_LIMIT : // 割引後に2500円を下回る場合は、2500を返す
                        discountedPrice; // 下回らない場合は、割引後の数値を返す
            }
        }
```

このページでは、各行に緑色、黄色、赤色という3つの色が付けられています。緑色は、その行がテストによってカバーされたことを意味します。黄色は、条件分岐の行（if文やswitch文）において、trueまたはfalseのどちらかがテストされていないことを意味します。赤色は、その行がテストによってカバーされなかったことを意味します。

第 2 章　JUnit 5 による単体テスト

　これらのレポートを評価することで、テストコードの分量が十分かどうかを
判断したり、カバーされていない行へのテストコード追加を検討するとよいで
しょう。

第 3 章

モッキング
フレームワークの
活用

第 3 章　モッキングフレームワークの活用

3.1 Mockitoによるモッキング

3.1.1 Mockitoの基本

■ Mockitoの概要

　Mockitoとは、最も広く普及しているJavaのモッキングフレームワークです。Javaのモッキングフレームワークの歴史は古く、2000年以降にEasyMock、JMockit、Mockitoなどが相次いでリリースされてから、長きに渡って群雄割拠の時代が続いていました。

　しかしながら2010年代の後半からはMockitoが頭一つ抜けた形になり、本書執筆時点ではモッキングフレームワークの代表的な存在になっています。なお本書では、Mockitoの最新版であるバージョン"5"を取り上げます。

■ テストダブルとモック

　1.2.4項で解説したように、テストダブルとは、テスト実行時に、テスト対象プログラムの外部依存を置き換えるための疑似的なプログラムを全般的に表す概念です。それに対してモックとは、テストダブルの一種で、テスト対象プログラムが外に向けてコミュニケーションを行い、何らかの副作用を発生させる疑似プログラムです。

　モックと似たような用語にスタブがありますが、これはコミュニケーションの方向がモックとは反対のものを指します。ただしMockitoの文脈では、モックとスタブを識別する必要性はほとんどなく、モックおよびスタブを包含したテストダブルそのものを指して「モック」と呼ぶケースが一般的です。

　したがって本章以降では、「モック」という用語は、前章までのテストダブルと同じ概念を表すために使うものとします。

■ Mockitoによるモッキング手順

　Mockitoは、必ずしもJUnit 5を前提にしているわけではありませんが、本書ではJUnit 5による単体テストを拡張するためのフレームワークと位置付けます。Mockitoによるモッキングの手順は、大きく分けると以下の3段階となります。

①モックの作成
②疑似的な振る舞いの設定
③検証

　この中で①モックの作成と②疑似的な振る舞いの設定は、JUnit 5のテストコードの中ではテストフィクスチャのセットアップの一環と見なされるため、共通的な前処理の中で行います。①と②が終わったら、後は通常のJUnitの処理フローに従ってテストを実行し、JUnit JupiterのアサーションAPIで検証する、という流れになります。

　なお、③検証においてMockitoが提供するのは、コミュニケーションベース検証のための機能です。JUnit 5のアサーションAPIは、主に出力値ベースまたは状態ベースの検証を行うもののため、この手順はMockitoならではと言えます。

▼図3-1　Mockitoによるモッキング手順

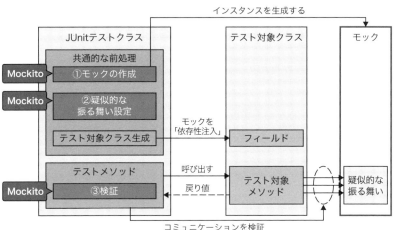

第3章 モッキングフレームワークの活用

■ Mockito の主要な API

Mockito には、以下のような API があります。

①モック作成 API (3.1.2項)

インタフェースやクラスからモックを作成する API です。

②振る舞い設定 API (3.1.2項)

モックの疑似的な振る舞い (引数に応じた戻り値や例外) を設定する API です。この API には、when-then方式と do-when方式があります。

③引数マッチング API (3.1.3項)

モックの振る舞い設定において、きめ細かく引数のマッチングを行うための API です。

④動的な振る舞い設定 API (3.1.3項)

引数に応じた動的な振る舞いを設定する API です。

⑤コミュニケーションベース検証 API (3.1.4項)

モックに対する呼び出し回数や順序を検証するための API です。

⑥スパイ作成 API (3.1.5項)

インタフェースやクラスからスパイを作成する API です。

これらの Mockito の API を利用する場合、以下のようにスタティックインポート文を使用するのが一般的です。

```
import static org.mockito.Mockito.*; // 1
import static org.mockito.ArgumentMatchers.*; // 2
```

まず① (モック化API)、② (振る舞い設定API)、⑤ (コミュニケーションベース検証API)、⑥ (スパイ化API) は、クラス org.mockito.Mockito のスタティックメソッドとして提供されます。Mockito を使うためには、必ず最初にモック化かスパイ化が必要なので、このクラスはスタティックインポートが必須です 1 。

また③ (引数マッチングAPI)、④ (動的な振る舞い設定API) は、クラス org.mockito.ArgumentMatchers のスタティックメソッドとして提供されますので、必要に応じて追加でスタティックインポートしてください 2 。

158

3.1.2 モックの作成と振る舞いの設定

■ モックの作成

これまでの章では開発者が自分でゼロからモックを作成する方法を取り上げましたが、Mockitoのようなモッキングフレームワークを利用すると、きわめて簡単にモックを作成することができます。

自分で作成する場合は、対象クラスをインタフェースと実装に分離し、インタフェースを実装することで疑似的な振る舞いをするクラスを作成する必要がありました。

その点Mockitoでは、インタフェースからモックを作成することも、クラスからモックを作成することも、どちらも可能です。どちらからモックを作っても、挙動に違いはありません。

つまりMockitoを利用しない場合は、「モックを作ること」自体がインタフェースと実装を分離する一つの動機になっていましたが、Mockitoを利用する場合は、純粋にアプリケーション設計の観点でインタフェースの分離を決めることができます。

さてモックを作成するには、主に以下のような方法があります。

1. mock()を呼び出す方法
2. @Mockを使う方法

順番に見ていきましょう。

mock()を呼び出す方法

まず1つ目の方法は、Mockitoクラスのmock()にモック化対象のClassオブジェクトを渡す、というものです。以下は、mock()によってMapインタフェースのモックを作成するためのコードです。

```
Map<Integer, String> mock = mock(Map.class);
```

このようにmock()にMapインタフェースのClassオブジェクトを渡すと、疑似的な振る舞いをするMapオブジェクトを、モックとして受け取ることが

できます。この方法は、モックをインラインセットアップで作成したいケース
で利用します。

@Mockを使う方法

2つ目の方法は、Mockitoが提供する@Mock（org.mockito.Mock）を利
用するものです。以下は、@MockによってMapインタフェースのモックを作
成するためのコードです。

```
@Mock
Map<Integer, String> mock; // 1
@BeforeEach
void setUp() {
    MockitoAnnotations.openMocks(this); // 2
}
```

この方法では、まずモック化対象をフィールドとして宣言し、@Mockを付
与します 1 。次に各テストメソッド共通の前処理メソッド（@BeforeEach）
において、MockitoAnnotations.openMocks(this)を呼び出します 2 。す
ると、@Mockが付与されたすべてのフィールドがモック化されます[注1][注2]。

この方法は、モックを暗黙的セットアップで作成したいケースで利用しま
す。

■ 疑似的な振る舞いを設定するための2つの方式

モックは、作成した直後は「振る舞いの実体を持たない空のインスタンス」
であり、どのようなメソッドを呼び出してもnull値しか返されません。これは
モックの生成元がインタフェースであってもクラスであっても、同様です。

このままではモックをテストに使うことはできませんので、モックに対して
疑似的な振る舞いを設定してあげる必要があります。具体的には、モックのメ
ソッドが受け取る引数の値（またはその組み合わせ）に応じて、どのような値

注1　MockitoAnnotations.openMocks()はAutoCloseableインタフェースを返すため、厳密にはtry-with-resources文
を使うなどしてクローズした方がよい。
注2　MockitoAnnotations.openMocks()の呼び出しの代わりに、テストクラスに@ExtendWith(MockitoExtension.
class)を付与しても、同じ要件を実現可能。

や例外を返すかを設定します。

　振る舞いの設定には、when()からthen○○()をチェーンする方法と、do○○()からwhen()をチェーンする方式があります。本書では便宜上、前者を「when-then方式」、後者を「do-when方式」と呼称します。

　この両者を比較すると、まずコード記述の観点ではwhen-then方式の方が直感的に分かりやすいため、個人的には好んでいます。

　機能性の観点では両者はほとんど同じですが、以下のようなケースではdo-when方式に優位性があるため、意図的な使い分けが必要です。

- 複数の振る舞いにargThat()を指定した場合に、NullPointerExceptionの発生を抑止することができる（3.1.3項）
- doNothing()によって、戻り値がないメソッドに対して「何もしない」という振る舞いを設定することができる（3.1.5項）

■ when-then方式

　when-then方式とは、when()に「モックのメソッド呼び出し方」を指定し、そこからthen○○()にチェーンして「返したい戻り値や例外」を設定するというものです。

　ここではモック化の対象を、java.util.Mapのインスタンス（Mapオブジェクトと呼称）とします。以下にモック化されたMapオブジェクトに対して、この方式で振る舞いを設定するコードを示します。

```
Map<Integer, String> mock = mock(Map.class);
when(mock.get(0)).thenReturn("foo"); // 1
when(mock.get(1)).thenReturn("bar"); // 2
when(mock.get(2)).thenReturn("baz"); // 3
```

　まずモック化されたMapオブジェクトのget()が引数0で呼び出されたら、チェーンしてthenReturn()を呼び出し、文字列"foo"を返すように設定します 1 。続いてget()が引数1で呼び出されたら"bar"を返し 2 、get()が引数2で呼び出されたら"baz"を返す 3 、といった具合にそれぞれ設定します。これにて、モックの振る舞い設定は終了です。

第3章　モッキングフレームワークの活用

続いて、このように疑似的な振る舞いが設定されたモックに対して、実際に
get()を呼び出してみます。すると引数（0、1、2）の値に応じて、設定した戻
り値（"foo"、"bar"、"baz"）が返されることが分かります。

連続した戻り値の設定

thenReturn()には、戻り値を連続して複数設定することができます。以下
のコードを見てください。

```
when(mock.get(2)).thenReturn("baz0", "baz1", "baz2");
```

このようにすると、get(2)と呼び出すたびに、戻り値が"baz0"、"baz1"、
"baz2"という順に返されます。また4回目以降の呼び出しでは、"baz2"が連
続で返されます。

例外の設定

戻り値ではなく例外を送出したい場合は、thenReturn()の代わりに
thenThrow()を呼び出し、対象の例外オブジェクトを指定します。

```
when(mapMock.get(2)).thenThrow(new RuntimeException());
```

このようにすると、get(2)と呼び出したとき、RuntimeException例外が
送出されます。またthenThrow()には、例外を連続して複数設定することが
できます。

```
when(mapMock.get(0)).thenThrow(
        new RuntimeException("1st Exception"),
        new IllegalArgumentException("2nd Exception"),
        new NoSuchElementException("3rd Exception"));
```

このようにすると、get(0)と呼び出すたびに、RuntimeException例外、
IllegalArgumentException例外、NoSuchElementException例外が順に送
出されます。

162

■ do-when方式

do-when方式とは、do〇〇()に「返したい戻り値や例外」を設定し、そこ
からwhen()にチェーンして「モックのメソッド呼び出し方」を指定する、とい
うものです。when-then方式と比べると、「返したい戻り値や例外」の設定と
「モックのメソッド呼び出し方」の指定順序が逆転する点が特徴です。

ここでもモック化の対象を、Mapオブジェクトとします。以下に、モック化
されたMapオブジェクトに対して、この方式で振る舞いを設定するコードを
示します。

```java
Map<Integer, String> mock = mock(Map.class);
doReturn("foo").when(mock).get(0); // 1
doReturn("bar").when(mock).get(1); // 2
doReturn("baz").when(mock).get(2); // 3
```

まずdoReturn()メソッドによって文字列"foo"を返すように設定したら、
チェーンしたwhen()にモック化されたMapオブジェクトを指定します。さら
にチェーンしてget()に引数0を渡すことで、対応するモックの呼び出し方を
指定します 1 。このようにすると、get()が引数0で呼び出されたときに、文
字列"foo"が返されます。

続いて同じようにして、get()が引数1で呼び出されたら"bar"を返し 2 、
get()が引数2で呼び出されたら"baz"を返す 3 、といった具合にそれぞれ設
定します。

このようなモックに対して実際にget()を呼び出すと、when-then方式と同
様に、引数の値 (0、1、2) に応じて、設定した戻り値 ("foo"、"bar"、"baz")
が返されることが分かります。

連続した戻り値の設定

doReturn()には、戻り値を連続して複数設定することができます。以下の
コードを見てください。

```java
doReturn("baz0", "baz1", "baz2").when(mock).get(2);
```

第3章　モッキングフレームワークの活用

このようにすると、get(2)と呼び出すたびに、戻り値が"baz0"、"baz1"、"baz2"という順に返されます。また4回目以降の呼び出しでは、"baz2"が連続で返されます。

例外の設定

戻り値を返すのではなく例外を送出したい場合は、doReturn()の代わりにdoThrow()を呼び出し、送出させたい例外のクラスオブジェクトを指定します。以下のコードを見てください。

```
doThrow(RuntimeException.class).when(mapMock).get(2);
```

このようにすると、get(2)と呼び出したとき、RuntimeException例外が送出されます。

またdoThrow()には、例外を連続して複数設定することができます。

```
doThrow(RuntimeException.class,
        IllegalArgumentException.class,
        NoSuchElementException.class)
    .when(mapMock).get(0);
```

このようにすると、get(0)と呼び出すたびに、RuntimeException例外、IllegalArgumentException例外、NoSuchElementException例外が順に送出されます。

■ スタティックメソッドのモック化

Mockitoでは、スタティックメソッドを持つクラスをモッキングすることができます。

そもそもモックとは疑似的なインスタンスを生成する技術のため、スタティックメソッドのモッキングは、Mockitoの中でも一種の「黒魔術」とも言うべき機能です。

なおスタティックメソッドのモッキングを行うためには、"mockito-inline"と呼ばれるMockitoの拡張機能を、別モジュールとして導入する必要があり

164

ますので、注意してください。

　それでは、具体的にコードで見ていきましょう。まず以下は、モック化の対象となるスタティックメソッドを持つクラス（CalcUtil）です。

📄 pro.kensait.mockito.calc.irregular.CalcUtil

```java
public class CalcUtil {
    public static int compute(int x, int y, int z) {
        int answer = (x + y) * z;
        if (answer < 0) throw new IllegalArgumentException("結果不正");
        return answer;
    }
}
```

　このクラスは、計算処理を行うためのスタティックメソッド compute() を保持しています。

　続いて JUnit のテストクラスの中で、このクラスをモック化し、振る舞いを設定するコードを示します。

📄 pro.kensait.mockito.calc.irregular.CalcTest_Static

```java
@BeforeAll
static void initAll() { // 1
    // CalcUtilクラスのスタティックモックを生成する 2
    MockedStatic<CalcUtil> mock = mockStatic(CalcUtil.class);
    // モックの疑似的な振る舞いをすべて設定する（暗黙的セットアップ）
    mock.when(() -> CalcUtil.compute(5, 10, 3)).thenReturn(50); // 3
    mock.when(() -> CalcUtil.compute(5, 10, -1)).thenThrow(
                            new IllegalArgumentException()); // 4
}
```

　このコードでまず特徴的なのが、スタティックなメソッドをモッキングするので、モック化は @BeforeAll が付与された initAll() 1 の中で一度だけ行う、という点です。では initAll() の中の処理を見ていきましょう。

　まず Mockito クラスの mockStatic() に、モック化対象の Class オブジェクトを渡してモックを作成します 2 。このとき mockStatic() は、MockedStatic<T> という Mockito が提供するインタフェースでモックを返し

第 3 章　モッキングフレームワークの活用

ます。

　次に、このモックに対して、when-then方式で疑似的な振る舞いを設定します 3 ～ 4 。ただしこれまでのwhen-then方式とは、メソッドの記述方法にいくつかの異なる点があります。

　まずmock.when()といった具合に、作成したモック（MockedStatic）に対してwhen()を呼びます。次にwhen()の引数には、「引数を取らないラムダ式」を指定し、その中にスタティックメソッド呼び出しを記述します。このようにwhen()にラムダ式を指定することによって、モッキング対象となるスタティックメソッド呼び出しが特定されます。

　そこから先、thenReturn()やthenThrow()を呼び出して、返す値や送出する例外を指定する点は、これまでのwhen-then方式と同様です。

　このように疑似的な振る舞いが設定されたCalcUtilに対して、実際にスタティックメソッド呼び出しを行ってみましょう。

　まずcompute(5, 10, 3)と呼び出すと、設定されたとおりに戻り値50が返されます。またcompute(5, 10, -1)と呼び出すと、設定されたとおりIllegalArgumentException例外が送出されます。

3.1.3 引数マッチングと動的な振る舞い

■ 引数マッチングAPIとは

　前節までの振る舞い設定は、「決め打ち」された引数の値に対して、それに応じた戻り値や例外を設定する、というものでした。

　モックの振る舞い設定において引数マッチングを利用すると、引数の値を「決め打ち」するのではなく、引数をさまざまなマッチング条件に基づいて柔軟に指定することが可能になります。

　引数マッチングのAPIは、org.mockito.ArgumentMatchersクラスのスタティックメソッドとして提供されますので、通常はスタティックインポートして呼び出します。

　引数マッチングAPIには数多くの種類がありますが、その中から特によく使われるものを、次の表に一覧化して示します。

166

分類	引数マッチングAPI（メソッド）	マッチング条件
任意のオブジェクト	any(Class<T>)	指定された型をもつ任意のオブジェクトであること（null値を含まない）
	nullable(Class<T>)	指定された型をもつ任意のオブジェクトであること（null値を含む）
	isA(Class<T>)	指定された型を実装した任意のオブジェクトであること
任意のプリミティブ型	any○○()	任意のプリミティブ型であること（プリミティブ型ごとに用意）
任意の文字列	anyString()	任意の文字列型であること
任意のコレクション	anyIterable()	任意のIterable型であること
	anyCollection()	任意のCollection型であること
	anyList()	任意のList型であること
	anySet()	任意のSet型であること
	anyMap()	任意のMap型であること
null値	isNull(Class<T>)	null値であること
	isNotNull(Class<T>)	非null値であること
等価性	eq(value)	指定された値との等価性一致（valueはすべてのプリミティブ型に対応）
	eq(T)	指定されたオブジェクトとの等価性一致
	matches(String)	指定された文字列（正規表現可能）との等価性一致
汎用的な条件	argThat(ArgumentMatcher<T>)	指定された条件（ラムダ式）を充足すること

■ 引数マッチングの挙動

モック化対象クラスとモッキングのコード

　この節では、引数マッチングの挙動を具体的に説明するために、計算機を表す次のクラス（Calculator）をモック化の対象とします。

第3章　モッキングフレームワークの活用

📄 pro.kensait.mockito.calc.normal.Calculator

```java
public class Calculator {
    public int compute(Integer x, Integer y, int z) {
        int answer = (x + y) * z;
        if (answer < 0) throw new IllegalArgumentException("結果不正");
        return answer;
    }
}
```

　このクラスのcompute()メソッドは、Integer型、Integer型、int型という3つの引数を取ります。第3引数だけint型にしたのは、プリミティブ型固有のAPIを説明することを意図したものです。

　このメソッドは、受け取った第1引数と第2引数を合算し、第3引数を掛け合わせてその計算結果を返しますが、結果が負の値になるとIllegalArgumentException例外を送出する、という仕様です。

　次にこのクラス（Calculator）を、別のテストクラスでモック化し、引数マッチングによって振る舞いを設定します。ここでは「モックの振る舞い設定は全テストメソッドで共通的である」という前提の下、setUp()（各テストメソッド共通の前処理）の中で、複数の振る舞いを設定するものとします。

　以下にその部分のコードを示します。

📄 pro.kensait.mockito.calc.normal.CalcTest_ArgMatchers

```java
@Mock
Calculator mock;
@BeforeEach
void setUp() {
    MockitoAnnotations.openMocks(this);
    // 振る舞い1
    when(mock.compute(any(Integer.class), nullable(Integer.class),
        anyInt()))
            .thenReturn(100);
    // 振る舞い2
    when(mock.compute(any(Integer.class), nullable(Integer.class),
        eq(2)))
            .thenReturn(200);
    // 振る舞い3
```

168

```
    when(mock.compute(any(Integer.class), isNull(Integer.class),
        eq(3)))
            .thenReturn(300);
}
........
```

このコードでは、Calculatorの疑似的な振る舞いを3つ設定しています。Calculatorのcompute()は3つの引数を取りますが、それぞれの振る舞いでは、3つの引数を引数マッチングAPIで絞り込んでいます。

なお複数の引数を取るメソッドに引数マッチングを使う場合は、すべての引数を対象にする必要がありますので、注意してください (一部の引数にだけ使うことは不可)。

設定された振る舞いの説明

振る舞いが設定されたモックに対して実際に呼び出しが行われると、設定された順に各振る舞いとのマッチングが行われます。

複数の振る舞いを設定した場合、後から設定された振る舞いが優先的にマッチングされるため、注意してください。つまり複数の振る舞いは、マッチングの条件が広い方から狭い方へと、順番を意識してコードを記述する必要がある、というわけです。

それでは先ほどのコードにおいて設定されたそれぞれの振る舞い1〜3を、順番に説明します。

● 振る舞い1

第1引数のany(Integer.class)は「任意のInteger型であること (除くnull値)」を表します。

第2引数のnullable(Integer.class)は少し範囲が広がり、「null値を含む任意のInteger型であること」を表します。

第3引数のanyInt()は「任意のint型であること」を表します。

引数マッチングAPIには、各プリミティブ型に対して、あらゆる値をマッチング対象とするany○○というAPIが用意されていますが、ここではint型のためanyInt()になります。

第 3 章　モッキングフレームワークの活用

結果的に振る舞い1は、「compute()が、第1引数：任意のInteger型、第2
引数：null値を含む任意のInteger型、第3引数：任意のint型、で呼び出さ
れた場合に100を返す」と設定されたことになります。

このように引数マッチングを利用すると、引数ごとにマッチング条件をきめ
細かく指定し、それらの条件に一致した場合の振る舞いを設定することが
可能です。

● 振る舞い2

以下、振る舞い1との差分（マッチング条件が狭くなっている部分）を中心
に見ていきます。

振る舞い2では、第3引数にeq(2)が使われていますが、これは「2と等価
であること」というマッチング条件を表します。

結果的に振る舞い2は、「compute()が、第1引数：任意のInteger型、第2
引数：null値を含む任意のInteger型、第3引数：int型の2、で呼び出され
た場合に200を返す」と設定されたことになります。

● 振る舞い3

ここも振る舞い1との差分（マッチング条件が狭くなっている部分）を中心
に見ていきます。

この振る舞いでは、第2引数にisNull(Integer.class)が使われていますが、
これは「null値であること」というマッチング条件です。「null値を許容する」
のではなく、null値であることを条件に指定しているわけです。

結果的に振る舞い3は、「compute()が、第1引数：任意のInteger型、第2
引数：null値、第3引数：int型の3、で呼び出された場合に300を返す」と
設定されたことになります。

モック呼び出し時のマッチングの挙動

既出のコードにより、モック化されたCalculatorのcompute()に対して、3
つの疑似的な振る舞いが設定されたことになります。ここでは、このモックに
対して実際にさまざまな呼び出しを行い、どのような結果が返されるかを見て
いきましょう。

170

まずmock.compute(0, 0, 1)と呼び出すと、振る舞い1の条件と引数がマッチするため、100が返されます。

同様にmock.compute(0, 0, 2)と呼び出すと、振る舞い2の条件と引数がマッチするため、200が返されます。この呼び出し方をよく見ると、振る舞い1の条件にもマッチしていますが、後から設定された振る舞い2の方が優先されるというのは前述したとおりです。

最後にmock.compute(0, null, 3)と呼び出す場合は、振る舞い3の条件と引数がマッチするため、300が返されます。

■ argThat()による汎用的なマッチング条件指定
argThat()の挙動

前項までは、「あらかじめ決められた条件」を持つ引数マッチングAPIによってマッチングを行ってきました。ただしこの方法では、例えば「引数が0未満であること」や「引数として渡された顧客の種別がゴールド会員であること」といった具合に、個別のマッチング条件を指定することはできません。

引数マッチングAPIの一つであるargThat()を使うと、こういった個別のマッチング条件を、ラムダ式で指定することが可能になります。

既出のコードに、以下のような振る舞い4を追加します。

```
// 振る舞い4
when(mock.compute(argThat(arg -> arg < 0), nullable(Integer.class),
    anyInt()))
        .thenThrow(IllegalArgumentException.class);
}
```

compute()の第1引数に指定されたargThat(arg -> arg < 0)は、「引数（変数arg）を受け取り、マッチング条件をboolean型で返すラムダ式」です。

よってこの振る舞い4は、「compute()が、第1引数：0未満の値、第2引数：null値を含む任意のInteger型、第3引数：任意のint型、で呼び出された場合に、IllegalArgumentException例外を送出する」と設定されたことになります。

それでは実際にこの振る舞いにマッチするような呼び出しをしてみましょ

う。例えばmock.compute(-1, 0, 0)と呼び出すと、振る舞い4の条件と引数がマッチするため、IllegalArgumentException例外が送出されます。

argThat()の注意点1

argThat()は汎用性の高い引数マッチングAPIですが、使用する上ではいくつかの注意点があります。

例えば振る舞い4に加えて、以下のように「第1引数が100超の場合にも例外を送出する」という振る舞い5を追加で設定したとします。

```java
// 振る舞い5
when(mock.compute(argThat(arg -> 100 < arg),
    nullable(Integer.class), anyInt()))
        .thenThrow(IllegalArgumentException.class);
```

実はwhen-then方式による振る舞い設定では、when()の中でcompute()が評価されるため、それまでに設定された振る舞い1〜4が動作してしまいます。

振る舞い1〜3が動作しても特に問題はありませんが、振る舞い4ではcompute()の第1引数にnull値が渡されることになるため、ラムダ式の評価においてNullPointerExceptionが発生してしまうのです。

この問題は、when-then方式をdo-when方式に変更することによって解決することができます。do-when方式では、振る舞い設定の段階では、モックのメソッド呼び出しが行われないためです。

既出の振る舞い4をdo-when方式で記述すると、以下のようになります。

```java
// 振る舞い4
doThrow(IllegalArgumentException.class).when(mock).compute(
        argThat(arg -> arg < 0), nullable(Integer.class), anyInt());
```

このようにargThat()を使う場合には、諸問題を回避するために、機械的にdo-when方式を選択することを推奨します。

argThat()の注意点2

ここでは、argThat()を使用する上での別の注意点を紹介します。

例えば以下のように「第2引数が0未満の場合にも例外を送出する」という振る舞い5を追加で設定したとします。

```
// 振る舞い5
when(mock.compute(any(Integer.class), argThat(arg -> arg < 0),
    anyInt()))
        .thenThrow(IllegalArgumentException.class);
```

この追加設定が「悪さ」をして、既存の呼び出しが動作しなくなる可能性があります。

例えば既出のとおりcompute(0, null, 3)という呼び出しを行う場合は、振る舞い3とのマッチングにより300が返されることを期待します。ところがこのメソッド呼び出し時に、すべての振る舞いとのマッチングが行われるため、振る舞い5では第2引数にnull値が渡されてargThat(arg -> arg < 0)が呼び出されてしまうため、ここでNullPointerExceptionが発生してしまいます。

この問題はモックのメソッド呼び出し時に発生するため、do-when方式に変更しても解決はしません。

このようなケースは、そもそも振る舞い3と振る舞い5を同じsetUp()内で設定していること自体に課題がありますので、テストケースごとに振る舞いをインラインセットアップするように切り替えた方がよいでしょう。

■ Answerによる動的な振る舞い設定

これまで説明してきた振る舞い設定では、引数の組み合わせに応じて返す値を決めていましたが、返す値そのものは静的にコードに埋め込まれたものでした。

Mockitoが提供するインタフェースAnswer (org.mockito.stubbing. Answer) を利用すると、引数の値から動的に返す値を決定することが可能になります。

それでは具体的にコードを見ていきましょう。

第3章　モッキングフレームワークの活用

📄 pro.kensait.mockito.calc.normal.CalcTest_DynamicAnswer

```
Answer<Integer> answer = invocation -> { // 1
    int x = invocation.getArgument(0); // 第1引数 2
    int y = invocation.getArgument(1); // 第2引数 3
    int z = invocation.getArgument(2); // 第3引数 4
    if (z < 0) throw new IllegalArgumentException(); // 5
    return x + y + z; // 6
};
when(mock.compute(any(Integer.class), any(Integer.class),
                  anyInt())).thenAnswer(answer); // 7
```

まず Answer<T> をラムダ式として実装し、変数 answer に代入します **1**。
このとき型パラメータの T は、ラムダ式が返す値の型と連動させます。

このラムダ式の実装を見ていくと、まず呼び出されたメソッドや引数を抽象
化した InvocationOnMock オブジェクトを、引数 (変数 invocation) として受
け取っています。そして invocation の getArgument() にインデックス (引数
の順番) を指定すると、実際にモックが呼び出されたときに渡された引数を取
り出すことができます。このコードでは、第1引数、第2引数、第3引数をそ
れぞれ取り出し **2** ～ **4**、変数 x、y、z に代入しています。

さてこの機能が「動的」たる所以は、モック呼び出し時に渡された引数に応
じて、返す戻り値や例外を決めることができる、という点にあります。

まずここでは、取り出した第3引数 (変数 z) が0未満だった場合に、
IllegalArgumentException 例外を送出しています **5**。そして x、y、z を合
算し、その結果を返すように実装しています **6**。

このようにラムダ式を事前に実装したら、when-then方式、または do-
when方式による振る舞い設定の中で、このラムダ式を使っていきます。具体
的には、when-then方式の場合は、thenAnswer() に変数 answer (ラムダ式)
を渡すことで振る舞いを設定します **7**。ここでは任意の条件で3つの引数を
受け取り、返す値や送出する例外は、すべて Answer の実装によって決まりま
す。

なお先ほどのコードは when-then方式でしたが、do-when方式の場合は、
次のように doAnswer() にラムダ式を渡すことで同じことを実現可能です。

174

```
doAnswer(answer).when(mock).compute(any(Integer.class),
                              any(Integer.class), anyInt());
```

　上記コードは分かりやすさの観点から、ラムダ式を事前に実装して変数に
代入するという方法を採用しましたが、thenAnswer()の引数に直接ラムダ式
を実装することもできます。その場合、コードは以下のようになります。

```
when(mock.compute(any(Integer.class), any(Integer.class),
                  anyInt())).thenAnswer(
        invocation -> {
            int x = invocation.getArgument(0); // 第1引数
            int y = invocation.getArgument(1); // 第2引数
            int z = invocation.getArgument(2); // 第3引数
            if (z < 0) throw new IllegalArgumentException();
            return x + y + z;
        });
```

3.1.4 コミュニケーションベース検証

■ コミュニケーションベース検証の基本

　コミュニケーションベース検証 (1.2.5項) とは、テスト対象ユニットとモッ
クの間に発生したコミュニケーションの内容、すなわち「モックのどのメソッ
ドが何回呼ばれたか」を検証します。

　コミュニケーションベース検証を行うためには、Mockitoクラスのスタ
ティックメソッドであるverify()を使用します。verify()の第1引数には、対
象となるモックインスタンスを指定します。この場合「期待される呼び出し回
数」は1回になりますが、第2引数に「期待される呼び出し回数」を表す各種
API (後述) を指定することも可能です。

　このようにしてverify()が呼び出されると、「実測されたメソッド回数」と「期
待される呼び出し回数」の検証が行われます。そして結果がNGだった場合は、
org.mockito.exceptions.verificationパッケージに所属するエラーが送出さ
れます。このエラーが送出されると、テストメソッドの処理は中断され、当該
のテストは失敗するという点は、JUnitのアサーションAPIと同様です。

第3章　モッキングフレームワークの活用

　それではコミュニケーションベース検証の挙動を、具体的に見ていきましょう。ここでは、まず以下のようにMapインタフェースをモック化し、振る舞いを設定します。

```
Map<Integer, String> mock = mock(Map.class);
when(mock.get(0)).thenReturn("foo");
when(mock.get(1)).thenReturn("bar");
when(mock.get(2)).thenReturn("baz");
```

　このようなモックに対してget(0)を呼び出したときに、そのコミュニケーションを検証します。以下のコードを見てください。

```
verify(mock).get(0);
```

　このようにverify()にモックインスタンスを渡し、チェーンして検証の対象となるモック呼び出しを行います。これでモックのget(0)が、一度だけ呼び出されたことを検証することができます。
　次にこのモックに対してget(0)を3回呼び出すものとします。その場合、検証のコードは以下のようになります。

```
verify(mock, times(3)).get(0);
```

　ここではverify()の第二引数にtimes(3)と指定していますので、get(0)が3回呼び出されたことを検証することができます。
　同様に、もし「最大5回までの呼び出しが行われたこと」を検証したいのであれば、以下のようにatMost()を使用します。

```
verify(mock, atMost(5)).get(0);
```

　同様に、もし「一度も呼び出しが行われていないこと」を検証したいのであれば、以下のようにnever()を使用します。

```
verify(mock, never()).get(1);
```

■ 順番を意識したコミュニケーションベース検証

前項までは「モックのどのメソッドが何回呼ばれたか」を検証しましたが、回数だけではなく、呼び出しの順番を検証することも可能です。そのためには、Mockitoが提供するインタフェースInOrder（org.mockito.InOrder）と、verify()を組み合わせて利用します。

例えば前項でMapインタフェースから作成したモックが、get(0)、get(1)、get(2)という順番に呼び出されたことを検証したい場合は、以下のように記述します。

```
InOrder inOrder = inOrder(mock); // ■1
inOrder.verify(mock).get(0); // ■2
inOrder.verify(mock).get(1); // ■3
inOrder.verify(mock).get(2); // ■4
```

まずinOrder()を呼び出して、InOrderオブジェクトを取得します **1** 。次に取得したInOrderオブジェクトのverify()を呼び出し、さらに検証したいモックへの呼び出しをチェーンします **2** 〜 **4** 。

このようにすると、このモックがget(0)、get(1)、get(2)という順番に呼び出されたことを検証することができます。

3.1.5 スパイの作成と振る舞いの設定

■ スパイとは

スパイとは、もともとの意味では「開発者自身によって作成されるモック」のことですが、Mockitoの文脈では少し意味が異なり、すでに存在するインスタンスのラッパーオブジェクトのことを指します。

スパイとモックを比較すると、モックは作成した直後は「振る舞いの実体を持たない空のインスタンス」ですが、スパイは作成した直後でも実体があります。

スパイを使うと、既存インスタンスの状態や振る舞いを変更することなく、テストの都合に合わせて、特定の振る舞いのみを上書きすることが可能です。スパイ化しても、内部の状態（フィールド）は維持され、上書きされていない

既存の振る舞いもそのまま利用できます。またスパイによって副作用の発生を抑止し、コミュニケーションベース検証で呼び出しを確認するというケースもあります。

■ スパイの作成

スパイはモックと同じように、クラス・インタフェースのどちらから作成することも可能ですが、スパイは実体を伴ったラッパーオブジェクトとして作成することに意味があるため、基本的にはクラスから作成します。

スパイの作成には、モックと同様に以下のような方法があります。

1. spy() を呼び出す方法
2. @Spyを使う方法

順番に見ていきましょう。

spy()を呼び出す方法

まず1つ目の方法は、Mockitoクラスのspy()を使うというものです。spy()にスパイ化対象のClassオブジェクトを渡すと、インスタンスが生成されてスパイとして受け取ることができます。以下に、HashMapクラスのスパイを作成するためのコードを示します。

```
Map<Integer, String> spy = spy(HashMap.class);
```

または、先にインスタンスを生成し、そのインスタンスをspy()に渡すことでもスパイ化することができます。以下にそのコードを示します。

```
Map<Integer, String> map = new HashMap<>();
Map<Integer, String> spy = spy(map);
```

このようにspy()を使う方法は、スパイをインラインセットアップで作成したいケースで利用します。

@Spyを使う方法

2つ目の方法は、Mockitoが提供する@Spy（org.mockito.Spy）を利用するものです。この方法は、スパイを暗黙的セットアップで作成したいケースで利用します。以下は、@SpyによってHashMapクラスのモックを作成するためのコードです。

```
@Spy
HashMap<Integer, String> spy1; // 1
@Spy
Map<Integer, String> spy2 = new HashMap<>(); // 2
@BeforeEach
void setUp() {
    MockitoAnnotations.openMocks(this); // 3
}
```

この方法では、まずスパイ化対象をフィールドとして宣言し、@Spyを付与します。フィールドはクラス型で宣言しても 1 [注3]、インタフェース型で宣言してインスタンスを代入しても 2 、どちらの方法でも同じ結果になります。

次に各テストメソッド共通の前処理メソッド（@BeforeEach）でMockitoAnnotations.openMocks(this)を呼び出し 3 、@Spyが付与されたフィールドをスパイ化します。

■ 振る舞いの設定とスパイの挙動

スパイは実体を伴ったラッパーオブジェクトですが、テストの都合に合わせて、特定の振る舞いのみを上書きして設定することが可能です。振る舞いの設定には、モックと同じようにwhen-then方式とdo-when方式がありますが、ここではwhen-then方式を取り上げます。

次に、HashMapオブジェクトをスパイ化し、一部の振る舞いを上書きするためのコードを示します。

注3　この方法でスパイ化する場合は、暗黙的に引数の無いコンストラクタが呼び出される。

第3章　モッキングフレームワークの活用

```java
Map<Integer, String> map = new HashMap<>(); // 1
map.put(0, "foo"); // 2
map.put(1, "bar"); // 3
map.put(2, "baz"); // 4
Map<Integer, String> spy = spy(map); // 5
when(spy.get(2)).thenReturn("bazbaz"); // 6
```

　まずHashMapオブジェクトを生成し 1 、0："foo"、1："bar"、2："baz" というエントリーを追加します 2 ～ 4 。次にHashMapオブジェクトをスパイ化します 5 。

　スパイを作成したら、このインスタンスに対して、スパイとして振る舞いを上書きします。そのためには、when-then方式によって「get()が引数2で呼び出されたら、"bazbaz"を返す」といった具合に、振る舞いを上書きして設定します 6 。

　さて、このように疑似的な振る舞いが設定されたスパイに対して、実際にget()を呼び出したとき、スパイはどのような挙動をするでしょうか。

　まず引数0、1で呼び出すと、スパイ化のもとになったHashMapオブジェクトの状態は不変なため、"foo"、"bar"がそれぞれ返されます。

　次に引数2で呼び出すと、スパイによって上書きされた疑似的な振る舞いにより、（"baz"ではなく）"bazbaz"が返されます。

■ 副作用の発生抑止と検証

　スパイの目的は前述したように、既存インスタンスの振る舞いを変更することなく、テストの都合に合わせて、特定の振る舞いのみを上書きすることにあります。この目的に即した典型的な用途の一つに、「副作用の発生を抑止しつつ、コミュニケーションベース検証を行いたい」というケースがあります。

　例えば既存インスタンスをそのまま使ってテストを行おうとしているが、そのインスタンスに戻り値を返さない（void型の）メソッドがあり、その中では何らかの副作用が発生しているものとします。

　副作用の結果は、通常は状態ベースの検証で確認しますが、ファイルやデータベースの更新が行われるようなケースでは、検証は容易ではありません。

　そこでスパイを使います。既存インスタンスをスパイ化し、対象メソッドの

振る舞いを、doNothing()によって「何もしない」ように上書きするのです。

それでは、具体的にコードを見ていきましょう。例えば何らかのスパイ化されたインスタンスがあり、process()というメソッド呼び出しにより、何らかの副作用が発生するものとします。このメソッド呼び出しによる副作用の発生を抑止するためには、以下のようにします。

```
doNothing().when(spy).process(); // process()で発生する副作用が抑止される
```

このように記述すると、process()が呼び出されても何も処理が行われないため、必然的に副作用の発生も抑止されます。

さらに、以下のようにverify()を呼び出すコードを追加してもよいでしょう。

```
verify(spy).process();
```

このようにすると、「process()が呼び出されたかどうか」というコミュニケーションベース検証により、検証の精度を確保することができます。

3.1.6 JUnitテストコードにおけるMockitoの活用事例

■ サービスとテストの全体像

本節では「成田空港への荷物配送サービス」を題材に、実際のJUnitテストコードにおいてMockitoをどのように活用するのか、具体例で説明します。このサービスの仕様やコードは、2.2.1項で詳しく取り上げていますので、必要に応じて参照してください。

また本書ではこれまで、このサービスに対するテストコードを、以下のようなステップで説明してきました。

- 2.2.2項 …「荷物配送サービス」に対するモック化前のテストコード
- 2.2.3項 …「荷物配送サービス」に対するモック化後のテストコード（開発者が自分でゼロからモックを作成）
- 3.1.6項 …「荷物配送サービス」に対するMockito導入後のテストコード
  ↑イマココ

第3章　モッキングフレームワークの活用

本節では、Mockito導入によって、2.2.2項または2.2.3項のテストコードと何が変わるのかを中心に見ていきます。

■ Mockito導入前

このサービスにおけるMockito導入前のテストコードは、詳細は2.2.2項および2.2.3項に掲載していますが、この節でも要点を再掲載します。

「荷物配送サービス」のテスト対象クラスはShippingServiceです。このクラスは、呼び出し先であるCostCalculatorIFに依存しているため、単体テストのためにこれをモック化します。モック化のためには、Mockito導入前は、モックを開発者がゼロから作成する必要がありました。以下にそのコードを示します。

📄 pro.kensait.java.shipping.MockCostCalculator

```java
public class MockCostCalculator implements CostCalculatorIF {
    @Override
    public Integer calcShippingCost(BaggageType baggageType,
            RegionType regionType) {
        return 1600; // 疑似的に常に1600を返す
    }
}
```

このクラスのcalcShippingCost()は、どのような荷物種別×地域種別の組み合わせが渡されても、常に1600を返すようにしています。

1600の根拠は2.2.3項でも触れていますが、このようにすると、配送料は、荷物が1つの場合は1600円、2つの場合は3200円、3つの場合は4800円になります。するとShippingServiceにおける割引ロジックの条件分岐が網羅され、カバレッジを確保することができるためです。

次にテストクラスの中では、作成したモックのインスタンスを、コンストラクタを経由してテスト対象クラスであるShippingServiceにセットします。その部分のコードを示します。

3.1 Mockito によるモッキング

📋 pro.kensait.java.shipping..ShippingServiceMockingTest の一部

```
// 各テストケースで共通的な前処理
@BeforeEach
void setUp() {
    // モックを生成する
    costCalculator = new MockCostCalculator();
    // モックをテスト対象クラスに注入する
    shippingService = new ShippingService(costCalculator);
    // 共通フィクスチャを設定する
    baggage = new Baggage(BaggageType.MIDDLE, false);
                                            // 荷物は中サイズ
    ........
```

このような設計パターンは、既出のとおり「依存性注入」と呼ばれています。

■ Mockito 導入後の変更点

フィールド宣言と共通的な前処理（@BeforeEach）

ここからがいよいよMockitoの出番です。前項で開発者が作成したモック（MockCostCalculator）を、Mockitoを使って効率的に作成するように修正します。

まずはフィールド宣言と、@BeforeEachによって共通的な前処理を行うsetUp()のコードを示します。

📋 pro.kensait.java.shipping.ShippingServiceMockingTest

```
public class ShippingServiceMockingTest {
    // テスト対象クラス
    ShippingService shippingService;
    // テスト対象クラスの呼び出し先 (モック化対象) 1
    @Mock
    CostCalculatorIF costCalculator;
    // テスト対象クラスの引数 (モック化対象) 2
    @Mock
    Baggage baggage;
    // その他のモック化対象外の共通的なフィクスチャ
    ........
    // 各テストメソッドで共通的な前処理
```

183

```java
@BeforeEach
void setUp() {
    // モックを初期化する (@Mockが付与されたフィールドをモック化する) 3
    MockitoAnnotations.openMocks(this);
    // モック化されたCostCalculatorの振る舞いを決める 4
    when(costCalculator.calcShippingCost(
            nullable(BaggageType.class),
            nullable(RegionType.class))).thenReturn(1600);
    // モックをテスト対象クラスに注入する 5
    shippingService = new ShippingService(costCalculator);
    // モック化されたBaggageの振る舞いを決める 6
    when(baggage.baggageType()).thenReturn(BaggageType.MIDDLE);
                                            // 荷物は中サイズ
    // その他の共通的なフィクスチャを設定する
    orderDateTime = LocalDateTime.now();
    receiveDate = LocalDate.of(2023, 11, 30);
    // DAOが保持するリストをクリアする (DB利用時はテーブル初期化に相当する)
    ShippingDAO.findAll().clear();
}
```

まずはモック化対象であるCostCalculatorIFをフィールドとして宣言し、@Mockを付与します **1**。

setUp()を見ていくと、最初にMockitoAnnotations.openMocks(this)を呼び出し、@Mockが付与されたフィールドをモック化します **3**。

次にモックの疑似的な振る舞いをセットアップします。ここではwhen-then方式と引数マッチングにより、どのような荷物種別×地域種別の組み合わせであっても、常に1600を返すように設定しています **4**。このあたりは、既出のMockCostCalculatorの仕様と同じです。

モックの振る舞いが決まったら、「依存性注入」によってモックをShippingServiceにセットします **5**。

このようにMockitoを利用すると、開発者自身でモックを作成する必要はなくなり、MockitoのAPIをいくつか呼び出すだけで完結します。

さてこのテストクラスでもう一つ特徴的なのが、ShippingServiceの引数であるBaggageも、モック化対象にしている点です **2**。

引数となるクラス (ここではBaggage) は、一般的にテスト対象クラス (ここではShippingService) の開発者自身が作成するケースが多いものと思われ

ます。そのような場合、引数クラスBaggageは「自身にとって関心のある範囲」に入るため、あえてモック化しない、という選択肢もあります。その場合はbaggage = new Baggage(BaggageType.MIDDLE, false)といった具合に、テストクラスの中で「本物」をインスタンス化して引数に使います。

　ここではあえてBaggageをモック化し、setUp()の中で振る舞いを設定しています　**6**　。

ゴールド会員テスト

　次にゴールド会員のテストに入っていきます。

　以下に、ゴールド会員のテストメソッドをグループ化したネステッドクラス（GoldCustomerTest）のコードを示します。

📄 java:pro.kensait.java.shipping.ShippingServiceMockingTest の続き

```java
@Nested
@DisplayName("ゴールド会員のテスト")
class GoldCustomerTest {
    // テスト対象クラスの引数 (モック化対象) 1
    @Mock
    Client client;
    // GoldCustomerTestクラス内の各テストメソッドで共通的な前処理
    @BeforeEach
    void setUp() {
        // モックを初期化する (@Mockが付与されたフィールドをモック化する)
        MockitoAnnotations.openMocks(this);
        // モック化されたClientの振る舞いを決める(ID:30001のゴールド会員とする) 2
        when(client.id()).thenReturn(30001);
        when(client.clientType()).thenReturn(ClientType.GOLD);
    }
    @Test
    @DisplayName("割引なしの場合の更新をテストする")
    void test_OrderShipping_NoDiscount() { // 3
        // 引数である荷物リストを生成する (テストケースごとに個数が異なる)
        List<Baggage> baggageList = Arrays.asList(baggage);
        // テスト実行
        shippingService.orderShipping(client, receiveDate,
                                      baggageList);
        // DAOが保持するリストから実測値を取得する
```

第 3 章　モッキングフレームワークの活用

```
Shipping actual = ShippingDAO.findAll().get(0);
// 期待値を生成する
Shipping expected = new Shipping(orderDateTime,
        client, receiveDate, baggageList, 1600);
// 期待値と実測値が一致しているかを検証する
assertEquals(expected, actual);
}
```

　Mockito導入前との変更点を中心に見ていきましょう。

　まずテスト対象クラスShippingServiceの引数であるClientを、フィールドとして宣言し、@Mockを付与してモック化対象とします **1**。そしてsetUp()の中で、モック化されたClientの振る舞いを設定します **2**。

　このとき、Baggageと同じように、このクラスが開発者自身が作成したものであれば、モックではなく「本物」をインスタンス化するという選択肢もあります。その場合、Clientは以下のように初期化することになるでしょう。

```
client = new Client(30001, "Alice", "福岡県福岡市1-1-1", ClientType.
GOLD, RegionType.KYUSHU);
```

　ただし、もしこのテストですべての属性が必要ないのであれば、上記コード **2** のようにモック化し、必要な属性（ここではIDと顧客種別）のみに絞り込んで振る舞いを設定した方が、効率的と考えることもできます。

　なおClientをGoldCustomerTestのsetUp()でセットアップしているのは、顧客種別（ゴールド会員またはダイヤモンド会員）をネステッドクラスの種類によって切り替える必要があるためです。

　次にいよいよテストメソッドです。ここでは、ゴールド会員のネステッドクラス内のテストメソッドのうち、test_OrderShipping_NoDiscount()を取り上げます **3**。このメソッドのコードを見ると、実はMockito導入前の同名メソッドと、完全に同じであることが分かります。

　つまりMockito導入による変更点は、モックのセットアップ処理のみであり、モックを暗黙的にセットアップする限り、テストメソッド本体は何ら変更点はない、ということになります。

第 4 章

データベーステストの効率化

4.1 DBUnitによる データベーステスト

DBUnitとは、データベーステストを効率化するためのJUnit拡張ライブラリです。DBUnitのテストでは、JUnitとDBUnitのAPIによってテストクラスを作成し、JUnitのテストランナーからテストを実行します。

4.1.1 DBUnitの基本

■ DBUnitの概要と主要な機能

DBUnitには、主に以下のような機能があります。

1. **初期データセットアップ（4.1.2項）**

   ファイルから初期データを読み込んで、データベースをセットアップすることができます。

2. **ファイルからのデータセット読み込み（4.1.3項）**

   ファイルから期待値となるデータセットを読み込むことができます。

3. **データベースからのデータセット読み込み（4.1.3項）**

   データベースから実測値となるデータセットを読み込むことができます。

4. **アサーション（4.1.3項）**

   期待値と実測値が一致しているかを検証することができます。

■ DBUnitリソースの単位と配置

DBUnitにはデータテーブル、データセットという概念があります。

まずデータテーブルというのは、具体的には社員データ、部署データなどのことで、一つのテーブルやCSVファイルに格納されるテストデータのコレクションを表します。

またデータセットというのは、具体的には初期データや、あるテスト用の期待値データ1、期待値データ2…などのことで、同じ用途で使われるデータ

テーブルのグループを表します。

　DBUnitのデータベーステストでは、開発者はさまざまなリソースファイルを作成する必要があります。リソースファイルは、データテーブルごとに作成します。また、作成したリソースファイルはデータセットごとにグループ化し、所定のフォルダに配置します。

　それでは、具体例で見ていきましょう。Java標準のプロジェクトにおけるのソースフォルダ構成では、DBUnitのリソースファイルは、以下のように配置します。

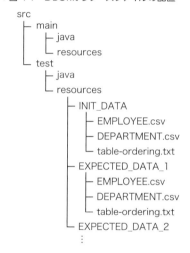

▼図4-1　DBUnitリソースファイルの配置

```
src
├─ main
│   ├─ java
│   └─ resources
└─ test
    ├─ java
    └─ resources
        ├─ INIT_DATA
        │   ├─ EMPLOYEE.csv
        │   ├─ DEPARTMENT.csv
        │   └─ table-ordering.txt
        ├─ EXPECTED_DATA_1
        │   ├─ EMPLOYEE.csv
        │   ├─ DEPARTMENT.csv
        │   └─ table-ordering.txt
        └─ EXPECTED_DATA_2
            ⋮
```

　DBUnitのリソースファイルはテストのためのリソースなので、トップフォルダは"test/resources"になります。この例では"test/resources"の下に、初期データを表す"INIT_DATA"、期待値データを表す"EXPECTED_DATA_1"、"EXPECTED_DATA_2"といった具合に、データセットごとにフォルダを作成します。

　それぞれのフォルダの下には、当該データセットに属する個々のテストデータに名前を付けて、その名前でファイルを配置します。ファイルにはCSVファイル、XMLファイルなどの形式が選択できますが、ほとんどのケースでCSV

ファイルで充足するため、本書ではCSVファイルを前提に説明を進めます。

もしDEPARTMENT、EMPLOYEEという2つのテーブルを対象にするのであれば、"DEPARTMENT.csv"、"EMPLOYEE.csv"という名前でテストデータを記述したCSVファイルを作ります。

また、同じフォルダには必ず"table-ordering.txt"というファイルを格納します。このファイルには、読み込み対象のテストデータを、読み込む順序に従って記述します。例えばDEPARTMENT、EMPLOYEEという2つのテストデータをこの順に読み込むのであれば、以下のように記述します。

```
DEPARTMENT
EMPLOYEE
```

■ DBUnitのテストフィクスチャ

DBUnitの主要なインタフェースには、以下の種類があります。これらのインタフェースはいずれも、DBUnitのためのテストフィクスチャとしてセットアップします。

- IDatabaseTester
  - データベーステストを抽象化したインタフェースで、JDBCに必要なデータベース情報 (URL、JDBCドライバ、ユーザー、パスワード) を与えて初期化する
  - このインスタンスの実装にはほとんどの場合、DBUnitのJdbcDatabaseTesterが使われる
  - このインタフェースは、DBUnitのテストクラスの中では、通常は最初にセットアップする
  - 内部にIDatabaseConnectionを持つ
- IDatabaseConnection
  - データベースとのコネクションを抽象化したインタフェースで、インスタンスはIDatabaseTesterから取得する
  - 内部にJDBCコネクション (java.sql.Connection) を持つ
- IDataSet
  - データセット (同じ用途で使われるデータテーブルのグループ) を表すインタフェース

- ITable
  - データテーブル（一つのテーブルやCSVファイルに格納されるテストデータのコレクション）を表すインタフェース
  - データテーブルには、期待値としてファイルシステムから読み込む期待値テーブルや、実測値としてデータベースから読み込む実測値テーブルがある

まずこの中で、IDatabaseTesterとIDatabaseConnectionは、各テストメソッドで共通的に同じものが使われるので、通常は共通前処理メソッド（@BeforeEach付与）で暗黙的セットアップを行います。

またIDataSetとITableの概念は、以下の図のとおりです。これらはテストケースごとに要件が異なるため、テストメソッド内でインラインセットアップを行います。

▼図4-2 IDataSetとITableの概念

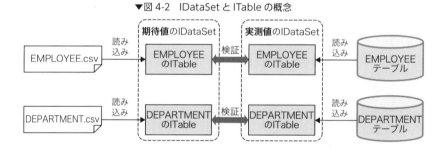

■ テスト対象のDAO

ここではDBUnitによるデータベースを具体的に説明するために、テスト対象としてDAO（データアクセスオブジェクト）を例として取り上げます。DAOとは一般的に、JDBCによってデータベースにアクセスし、CRUD操作の機能を持ったクラスを意味します。

次ページに、社員テーブル（EMPLOYEEテーブル）に対するDAO（EmployeeDAO）のコードを示します。

第 4 章　データベーステストの効率化

📄 pro.kensait.jdbc.compan.EmployeeDAO

```java
public class EmployeeDAO {
    private Connection conn;
    // コンストラクタ 1
    public EmployeeDAO(Connection conn) {
        this.conn = conn;
    }
    // 主キー検索 2
    public Employee selectEmployee(int employeeId) {
        // PreparedStatementに渡すSQL文を定義する
        String sqlStr = "SELECT EMPLOYEE_ID, EMPLOYEE_NAME,
                        DEPARTMENT_NAME, "
                + "ENTRANCE_DATE, JOB_NAME, SALARY FROM EMPLOYEE "
                + "WHERE EMPLOYEE_ID = ?";
        try (PreparedStatement pstmt =
                                conn.prepareStatement(sqlStr)) {
            // パラメータをセットする
            pstmt.setInt(1, employeeId);
            // 検索を実行する
            ResultSet rset = pstmt.executeQuery();
            // 検索結果 (1つ) からEmployeeを生成する
            Employee employee = null;
            if (rset.next()) {
                employee = new Employee(employeeId,
                        rset.getString("EMPLOYEE_NAME"),
                        rset.getString("DEPARTMENT_NAME"),
                        rset.getDate("ENTRANCE_DATE").toLocalDate(),
                        rset.getString("JOB_NAME"),
                        rset.getInt("SALARY"));
            }
            return employee;
        ........
    }
    // 条件検索 (月給の範囲で検索) 3
    public List<Employee> selectEmployeesBySalary(int lowerSalary,
                                            int upperSalary) {
        // PreparedStatementに渡すSQL文を定義する
        String sqlStr = "SELECT EMPLOYEE_ID, EMPLOYEE_NAME,
                        DEPARTMENT_NAME, "
                + "ENTRANCE_DATE, JOB_NAME, SALARY FROM EMPLOYEE "
                + "WHERE ? <= SALARY AND SALARY <= ?";
```

192

4.1 DBUnit によるデータベーステスト

```java
    try (PreparedStatement pstmt =
                            conn.prepareStatement(sqlStr)) {
        // パラメータをセットする
        pstmt.setInt(1, lowerSalary);
        pstmt.setInt(2, upperSalary);
        // 検索を実行する
        ResultSet rset = pstmt.executeQuery();
        ........
    }
}
// 挿入 4
public void insertEmployee(Employee employee) {
    // PreparedStatementに渡すSQL文を定義する
    String sqlStr = "INSERT INTO EMPLOYEE VALUES(
                            ?, ?, ?, ?, ?, ?, ?)";
    try (PreparedStatement pstmt =
                            conn.prepareStatement(sqlStr)) {
        // パラメータをセットする
        pstmt.setInt(1, employee.getEmployeeId());
        pstmt.setString(2, employee.getEmployeeName());
        ........
        // 更新を実行する
        pstmt.executeUpdate();
        ........
    }
}
// 削除 5
public void deleteEmployee(Integer employeeId) {
    // PreparedStatementに渡すSQL文を定義する
    String sqlStr = "DELETE FROM EMPLOYEE WHERE EMPLOYEE_ID = ?";
    try (PreparedStatement pstmt =
                            conn.prepareStatement(sqlStr)) {
        // パラメータをセットする
        pstmt.setInt(1, employeeId);
        // 更新を実行する
        pstmt.executeUpdate();
        ........
    }
}
// 更新 (一括更新) 6
public void updateEmployeeSalary(String departmentName,
                            Integer increase) {
    // PreparedStatementに渡すSQL文を定義する
```

193

```
        String sqlStr = "UPDATE EMPLOYEE SET SALARY = SALARY + ? "
                + "WHERE DEPARTMENT_NAME = ?";
        try (PreparedStatement pstmt =
                                conn.prepareStatement(sqlStr)) {
            // パラメータをセットする
            pstmt.setInt(1, increase);
            pstmt.setString(2, departmentName);
            // 更新を実行する
            pstmt.executeUpdate();
        ........
    }
}
```

　このクラスの詳細な説明は割愛しますが、JDBCによる典型的なDAOの実装です。

　まずインスタンス生成時にコンストラクタでJDBCコネクションをセットし **1**、それをそれぞれのメソッドで使います。メソッドには、EMPLOYEEテーブルに対する主キー検索 **2**、条件検索 **3**、挿入 **4**、削除 **5**、一括更新 **6** という5つがあります。

　これらのメソッドのうち、主キー検索 **2**、条件検索 **3**、挿入 **4** を行うメソッドでは、EmployeeというDTO（データトランスファーオブジェクト）が入出力の役割を担います。

　次項からはこのDAOをテスト対象に、JUnitとDBUnitでどのようにテストコードを実装するかを説明します。

4.1.2 DBUnitテストフィクスチャとデータの初期化

■ DBUnitテストフィクスチャのセットアップ

　ここでは既出のEmployeeDAOを対象にしたテストクラス（Employee DAOTest）のコードを、具体的に見ていきます。このテストクラスはJUnit 5ベースですが、データベーステストを効率化するためにDBUnitを利用しています。このコードはサイズが少し大きいため、いくつかのパートに分割します。

　まずはフィールド宣言と、DBUnitのテストフィクスチャやデータベース

4.1　DBUnit によるデータベーステスト

上のデータを初期化するための共通前処理メソッド（@BeforeEach付与）の
コードを示します。

📄 pro.kensait.jdbc.company.EmployeeDAOTest の一部

```java
public class EmployeeDAOTest {
    // DBUnitのリソースを格納するフォルダ 1
    private static final String INIT_DATA_DIR =
                            "src/test/resources/INIT_DATA";
    private static final String EXPECTED_DATA_DIR_1 =
                            "src/test/resources/EXPECTED_DATA_1";
    private static final String EXPECTED_DATA_DIR_2 =
                            "src/test/resources/EXPECTED_DATA_2";
    private static final String EXPECTED_DATA_DIR_3 =
                            "src/test/resources/EXPECTED_DATA_3";
    // テスト対象クラス 2
    EmployeeDAO employeeDAO;
    // DBUnitのためのテストフィクスチャ 3
    IDatabaseTester databaseTester;
    IDatabaseConnection databaseConnection;
    // DBUnitのテストフィクスチャやデータベース上のデータを初期化する
    @BeforeEach // 4
    void setUpDatabase() throws Exception {
        // プロパティファイルよりデータベース情報を取得する 5
        String driver = getProperty("jdbc.driver");
        String url = getProperty("jdbc.url");
        String user = getProperty("jdbc.user");
        String password = getProperty("jdbc.password");
        // IDatabaseTesterを初期化する 6
        databaseTester = new JdbcDatabaseTester(driver, url, user,
                                                password);
        // IDatabaseConnectionを取得する 7
        databaseConnection = databaseTester.getConnection();
        // MariaDB (MySQL) 用のDataTypeFactoryを設定する 8
        DatabaseConfig config = databaseConnection.getConfig();
        config.setProperty(DatabaseConfig.PROPERTY_DATATYPE_FACTORY,
                        new MySqlDataTypeFactory());
        // IDatabaseConnectionからJDBCコネクションを取り出し、
        // EmployeeDAOを初期化する 9
        employeeDAO = new EmployeeDAO(
                    databaseConnection.getConnection());
```

195

第4章　データベーステストの効率化

```
    // 初期データをセットアップする 10
    initData();
}
```

　最初にこのテストクラスで必要な定数を宣言しています。具体的には、DBUnitのリソースファイルを格納するフォルダを目的ごとに決めて、各定数に設定します **1** 。これらの定数は、後述する初期データのセットアップや、次項以降のテストメソッド内で使用されます。

　次にテスト対象クラスであるEmployeeDAOと、DBUnitのためのテストフィクスチャであるIDatabaseTesterとIDatabaseConnectionを、フィールドとして宣言します **2** 、**3** 。

　DBUnitのテストフィクスチャやデータベース上のデータは、テストメソッドごとに初期化する必要があるため、@BeforeEachを付与した共通的な前処理メソッド（ここではsetUpDatabase()）を宣言します **4** 。setUpDatabase()の中を見ていくと、IDatabaseTesterの初期化のために必要なデータベース情報を、プロパティファイルから取得しています **5** 。これは、このテストで便宜上このように実装しただけであり、特に方法を問うものではありません。

　次にJdbcDatabaseTesterのコンストラクタにデータベース情報を渡して、IDatabaseTesterを初期化します **6** 。そしてIDatabaseConnectionインスタンスをIDatabaseTesterから取得し、代入します **7** 。

　続いて、アクセスするRDBの種類に合わせて、DataTypeFactoryというインスタンスを設定します。今回の例では、RDBの種類をMariaDB（MySQL）にしているため、それに合わせたDataTypeFactoryを選択してセットしています **8** 。

　次に、テスト対象DAOがコンストラクタで使うJDBCコネクションをセットアップします **9** 。

　最後にデータベース上で、初期データのセットアップを行います。この処理は、setUpDatabase()内に記述してもよいのですが、ここでは便宜上、privateなメソッドinitData()に分離して呼び出しています **10** 。initData()の内容は、次項で取り上げます。

196

■ 初期データのセットアップ

CRUD操作別の初期データ

データベースに対する読み込みや書き込みは、一般的にCRUD操作（検索／挿入／削除／更新）と呼ばれます。CRUD操作の中には、主キーで行うものもあれば、条件を指定するものもあります（挿入以外）。

ここでは、これらの操作をテストする上で、初期データはどうあるべきかを整理してみましょう。

- 主キー検索

  主キー検索では、対象となるデータが1件でもあれば、テストは成立します。

- 条件検索

  条件検索とは、主キー以外の属性や、複合的な条件で検索を行うことです。この場合は、条件検索の仕様を踏まえて、データのバリエーションを意識した初期データが必要です。

- 挿入

  挿入では初期データは不要と思われがちですが、一意制約違反の挙動を確認するために、数件の初期データを用意しておいた方がよいでしょう。

- 削除（主キー）

  主キーによる削除では、対象となるデータが1件でもあれば、テストは成立します。

- 一括削除

  主キー以外の指定による一括削除では、データのバリエーションを意識した初期データが必要です。

- 更新（主キー）

  主キーによる更新では、対象となるデータが1件でもあれば、テストは成立します。

- 一括更新

  主キー以外の指定による一括更新では、データのバリエーションを意識した初期データが必要です。

第4章　データベーステストの効率化

　データベーステストではこのように、CRUD操作の特性を踏まえて初期データをセットアップします。

　ただし、書き込み系の操作（挿入／削除／更新）を実行すると、副作用によってデータが書き換わってしまいます。したがって、テストメソッド同士が相互に干渉しないようにするために、初期データのセットアップは（テストクラス全体ではなく）各テストメソッドの前処理で行う必要があります。

セットアップの種類と方法

　DBUnitには、初期データを容易にセットアップする機能が備わっています。具体的には、IDatabaseTesterのsetSetUpOperation()に、DatabaseOperation列挙型を渡すことで実現します。

　DatabaseOperationには、以下のような列挙子があります。

列挙子	説明
INSERT	対象テーブルに、読み込んだデータセットを挿入する
UPDATE	対象テーブルに対して、読み込んだデータセットとキーが一致するデータを更新する
DELETE	対象テーブルから、読み込んだデータセットとキーが一致するデータを削除する
DELETE_ALL	対象テーブルのデータを全件削除する（ロールバック可能）
CLEAN_INSERT	対象テーブルのデータが全件削除され、読み込んだデータセットを挿入する（DELETE_ALL→INSERT）
TRUNCATE_TABLE	対象テーブルのデータを全件削除する（ロールバック不可）

　この中で、単体テストにおける初期データのセットアップで比較的よく使われるのは、CLEAN_INSERTとTRUNCATE_TABLEでしょう。また結合テストにおいて、対象テーブルに事前にデータが存在している場合は、INSERTやUPDATEを選択することもあります。

　本書では、これらの中からCLEAN_INSERTとTRUNCATE_TABLEによる初期データのセットアップ方法を、具体的に見ていきます。

CLEAN_INSERT

まずは、CLEAN_INSERTです。これを選択すると、対象テーブルからデータが全件削除され、CSVファイルから読み込んだデータセットが挿入されます。特に単体でのデータベーステストでは、ほとんどのケースにおいて、この方法で要件を充足するでしょう。

この処理は前項で取り上げたEmployeeDAOTestでも、初期化のためのinitData()で使われています。以下に、当該メソッドのコードを示します。

📄 pro.kensait.jdbc.company.EmployeeDAOTest の一部

```
private void initData() throws Exception {
    // CSVファイルから初期データを読み込む ❶
    IDataSet dataSet = new CsvDataSet(new File(INIT_DATA_DIR));
    // データベースの対象テーブルから全件削除し、読み込んだ初期データを挿入する ❷
    databaseTester.setDataSet(dataSet);
    databaseTester.setSetUpOperation(
                                DatabaseOperation.CLEAN_INSERT);
    databaseTester.onSetup();
}
```

ここではまず、CsvDataSetのコンストラクタに、データ初期化のためのCSVファイルを配置したフォルダを指定することで、IDataSetを初期化します ❶。

指定したフォルダ ("src/test/resources/INIT_DATA") には、テーブル名と同じ名前で、以下のようなCSVファイル (EMPLOYEE.csv) を配置しておきます。

📄 EMPLOYEE.csv

```
EMPLOYEE_ID,EMPLOYEE_NAME,DEPARTMENT_NAME,ENTRANCE_DATE,JOB_
NAME,SALARY
10001,Alice,SALES,2015-04-01,MANAGER,500000
10002,Bob,PLANNING,2015-04-01,MANAGER,450000
10003,Carol,HR,2015-04-01,CHIEF,350000
10004,Dave,SALES,2015-04-01,LEADER,400000
10005,Ellen,SALES,2017-04-01,CHIEF,300000
```

第4章　データベーステストの効率化

次にIDatabaseTesterのsetDataSet()に読み込んだデータセットを渡し、続いてsetSetUpOperation()にDatabaseOperation.CLEAN_INSERTを指定します **2**。このようにすると、CSVファイル名から対象テーブルの名前が自動的に決まり（この例ではEMPLOYEE）、まずデータが全件削除されます。

次に上記CSVファイルから読み込んだテストデータが、対象テーブルに挿入されます。

TRUNCATE_TABLE

次に、TRUNCATE_TABLEです。これを選択すると、対象テーブルからデータが全件削除されます。以下に、当該メソッドのコードを示します。

pro.kensait.jdbc.company.EmployeeDAOTest の一部

```java
private void initData() throws Exception {
    // 空のデータセットを生成する 1
    IDataSet emptyDataSet =
                new DefaultDataSet(new DefaultTable("EMPLOYEE"));
    // データベースの対象テーブルを初期化（全件削除）する 2
    databaseTester.setDataSet(emptyDataSet);
    databaseTester.setSetUpOperation(
                            DatabaseOperation.TRUNCATE_TABLE);
    databaseTester.onSetup();
}
```

ここではまず、DefaultDataSetのコンストラクタにDefaultTableインスタンスを渡すことで、IDataSetを空の状態で初期化します **1**。このとき対象テーブルの名前を、DefaultTableのコンストラクタに指定する必要があります。

次にIDatabaseTesterのsetDataSet()に空のデータセットを渡し、続いてsetSetUpOperation()にDatabaseOperation.TRUNCATE_TABLEを指定します **2**。このようにすると、指定されたテーブル（この例ではEMPLOYEE）から、データが全件削除されます。

4.1.3 CRUD操作のテスト

前項では、テストフィクスチャや初期データのセットアップまでを取り上げました。本項では、前項で登場したテストクラスEmployeeDAOTestの続きとして、CRUD操作のためのテストメソッドの実装方法を、読み込み系と書き込み系に分けて説明します。

■ 読み込み系操作（検索）のテスト

主キー検索のテスト

まずは主キー検索のテストです。このテストにおけるテスト対象ユニットは、EmployeeDAOのselectEmployee()です。このメソッドは、渡された社員IDでEMPLOYEEテーブルを検索し、その結果をEmployee（DTO）で返します。以下に、当該テストメソッドのコードを示します。

📄 pro.kensait.jdbc.company.EmployeeDAOTest の一部

```java
@Test
void test_SelectEmployee() {
    // テストを実行し、実測値を取得する 1
    Employee actual = employeeDAO.selectEmployee(10001);
    // 期待値を生成する 2
    Employee expected = new Employee(10001, "Alice", "SALES",
            LocalDate.of(2015, 4, 1), "MANAGER", 500000);
    // 期待値と実測値が一致しているかを検証する 3
    assertEquals(expected, actual);
}
```

このテストメソッドでは、すべてのテストフィクスチャは暗黙的にセットアップ済みなので、テスト実行から行います。ここではEmployeeDAOのselectEmployee()に社員ID10001を渡し、その検索結果を実測値（Employeeインスタンス）として受け取ります 1 。

次に期待値（Employeeインスタンス）を生成します 2 。ここで期待される振る舞いは、初期データとしてセットアップしたデータが正しく返されることにあるので、期待値は必然的に初期データと同じになります。

第 4 章 データベーステストの効率化

実測値と期待値がそろったら、JUnitのアサーションAPIである
assertEquals()によって、両者の一致を検証します。

このように主キー検索のテストでは、特にDBUnitのAPIを使う必要はあり
ません。

条件検索のテスト

次に条件検索のテストです。このテストにおけるテスト対象ユニットは、
EmployeeDAOのselectEmployeesBySalary()です。このメソッドは、渡
された月給の下限と上限からEMPLOYEEテーブルを検索し、その結果を
Employee (DTO) のリストとして返します。以下に、当該テストメソッドの
コードを示します。

📄 pro.kensait.jdbc.company.EmployeeDAOTest の一部

```java
void test_SelectEmployeesBySalary() throws Exception {
    // テストを実行し、実測値リストを取得する 1
    List<Employee> actualList =
                employeeDAO.selectEmployeesBySalary(300000, 400000);
    // 期待値リストを生成する 2
    List<Employee> expectedList = List.of(
            new Employee(10003, "Carol", "HR" ,
                    LocalDate.of(2015, 4, 1), "CHIEF", 350000),
            new Employee(10004, "Dave", "SALES" ,
                    LocalDate.of(2015, 4, 1), "LEADER", 400000),
            new Employee(10005, "Ellen", "SALES" ,
                    LocalDate.of(2017, 4, 1), "CHIEF", 300000));
    // 実測値リストをソートする 3
    Collections.sort(actualList, (e1, e2) -> {
        if (e1.getEmployeeId() < e2.getEmployeeId()) return -1;
        if (e1.getEmployeeId() > e2.getEmployeeId()) return 1;
        return 0;
    });
    // 期待値リストと実測値リストが一致しているかを検証する
    assertIterableEquals(expectedList, actualList);
}
```

このテストメソッドも、すべてのテストフィクスチャは暗黙的にセットアッ

プ済みなので、テスト実行から行います。

このテストにおけるテスト対象ユニットは、EmployeeDAOの selectEmployeesBySalary()です。このメソッドに300000と400000を渡すと、「月給が30万円以上、40万円以下」という条件で検索が行われ、その結果が実測値リスト（Employeeリスト）として返されます **1**。

次に期待値リスト（Employeeリスト）を生成します **2**。期待値リストは、初期データの中から「月給が30万円以上、40万円以下」という条件に合致する社員を選択して生成します。ここでは、実測値リストと期待値リストのソート順を無視して検証するため、実測値リストをソートします **3**。

実測値リストと期待値リストがそろったら、JUnitのアサーションAPIであるassertIterableEquals()によって、両リストが完全一致していることを検証します。

このように条件検索のテストも、基本的にはJUnitのAPIのみで完結します。

■ 書き込み系操作（挿入／削除／更新）のテスト

書き込み系操作のテストにおけるアサーション

書き込み系の操作（挿入／削除／更新）を実行すると、データベース上のデータが書き換わります。データが期待したとおりに書き換わったかどうかを検証するためには、DBUnitのアサーションAPIを利用すると効率的です。このAPIは、クラスorg.dbunit.AssertionのAPIとして提供されます。

いくつかあるAPIの中でも、特によく使われるのがassertEquals()です。このAPIは、期待値となるデータテーブルと、実測値となるデータテーブルの2つを引数に取り、両テーブルの行と列が一致していることを検証するものです。

このAPIは、クラスorg.dbunit.Assertionのスタティックメソッドなので、通常は以下のようにスタティックインポートします。

```
import static org.dbunit.Assertion.assertEquals;
                          // これを先にimportすることが重要！
import static org.junit.jupiter.api.Assertions.assertEquals;
```

JUnit Jupiter のアサーション API と名前が重複していますので、DBUnit の方が優先されるように、必ず先にインポートするようにしてください。

挿入のテスト

挿入のテストにおけるテスト対象ユニットは、EmployeeDAO の insert Employee() です。このメソッドに Employee（DTO）のインスタンスを渡すと、そのデータが EMPLOYEE テーブルに挿入されます。以下に、当該テストメソッドのコードを示します。

📄 pro.kensait.jdbc.company.EmployeeDAOTest の一部

```java
@Test
void test_InsertEmployee() throws Exception {
    // テストを実行する 1
    Employee employee = new Employee(10006, "Frank", "SALES",
                        LocalDate.of(2019, 10, 1), null, 380000);
    employeeDAO.insertEmployee(employee);
    // DBUnitのAPIで、期待値テーブルをCSVファイルから取得する
    IDataSet expectedDataSet = new CsvDataSet(
                            new File(EXPECTED_DATA_DIR_1)); // 2
    ITable expectedTable = expectedDataSet.getTable("EMPLOYEE");
                                                            // 3
    // DBUnitのAPIで、実測値テーブルをデータベースから取得する
    IDataSet databaseDataSet = databaseConnection.createDataSet();
                                                            // 4
    ITable actualTable = databaseDataSet.getTable("EMPLOYEE"); // 5
    // DBUnitのAPIで、期待値テーブルと実測値テーブルが一致しているかを検証する 6
    assertEquals(expectedTable, actualTable);
}
```

このテストメソッドも、すべてのテストフィクスチャは暗黙的にセットアップ済みなので、テスト実行から行います。

まず Employee インスタンスを生成し、EmployeeDAO の insertEmployee() に渡すことによって、データを挿入します 1 。

続いて検証の前段階として、期待値と実測値を、それぞれデータテーブル（DBUnit の ITable）として取得します。

まず期待値です。DBUnitのアサーションでは、期待値はCSVファイルとして用意します。そのために、CsvDataSetのインスタンスを生成し、CSVファイルからデータセット (IDataSet) を取得します ❷。そして、IDataSetのgetTable()にテーブル名"EMPLOYEE"を渡して、期待値テーブル (ITable) を読み込みます ❸。

次に実測値です。DBUnitのアサーションでは、実測値はデータベースからAPIで取り出します。そのために、IDatabaseConnectionのcreateDataSet()によって、データベースからデータセット (IDataSet) を取得します ❹。そして、期待値と同様にIDataSetのgetTable()にテーブル名"EMPLOYEE"を渡して、実測値テーブル (ITable) を読み込みます ❺。

期待値テーブルと実測値テーブルがそろったら、最後にDBUnitのassertEquals()に、それらを渡します ❻。このとき、期待値テーブルと実測値テーブルは、下図のように検証が行われます。

▼図4-3　挿入のテスト

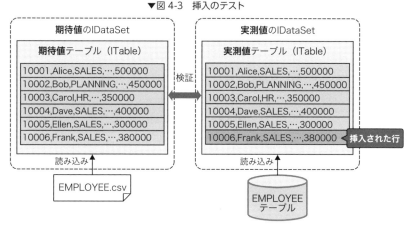

削除のテスト

次に削除のテストです。このテストにおけるテスト対象ユニットは、EmployeeDAOのdeleteEmployee()です。このメソッドに主キーである社員IDを渡すと、その社員がEMPLOYEEテーブルから削除されます。以下に、当該テストメソッドのコードを示します。

📄 pro.kensait.jdbc.company.EmployeeDAOTest の一部

```
@Test
void test_DeleteEmployee() throws Exception {
    // テストを実行する 1
    employeeDAO.deleteEmployee(10004);
    // DBUnitのAPIで、期待値テーブルをCSVファイルから取得する
    IDataSet expectedDataSet = new CsvDataSet(
                                   new File(EXPECTED_DATA_DIR_2));
    ITable expectedTable = expectedDataSet.getTable("EMPLOYEE");
    // DBUnitのAPIで、実測値テーブルをデータベースから取得する
    IDataSet databaseDataSet = databaseConnection.createDataSet();
    ITable actualTable = databaseDataSet.getTable("EMPLOYEE");
    // DBUnitのAPIで、期待値テーブルと実測値テーブルが一致しているかを検証する 2
    assertEquals(expectedTable, actualTable);
}
```

　このテストメソッドの処理フローは、既出のテストメソッドtest_InsertEmployee()とほとんど同じです。

　ここではEmployeeDAOのselectEmployee()に社員ID10004を渡し、当該の社員を削除します 1 。

　DBUnitのassertEquals() 2 では、下図のように、期待値テーブルと実測値テーブルの一致を検証します。

▼図 4-4　削除のテスト

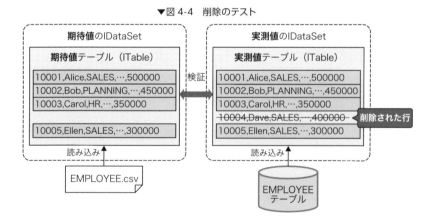

一括更新のテスト

最後に一括更新のテストです。このテストにおけるテスト対象ユニットは、EmployeeDAOのupdateEmployeeSalary()です。このメソッドに部署名と金額を渡すと、その部署に所属する社員の月給が、指定された分だけ増額されて更新されます。以下に、当該テストメソッドのコードを示します。

📄 pro.kensait.jdbc.company.EmployeeDAOTest の一部

```
@Test
void test_UpdateSalary() throws Exception {
    // テストを実行する 1
    employeeDAO.updateEmployeeSalary("SALES", 3000);
    // DBUnitのAPIで、期待値テーブルをCSVファイルから取得する
    IDataSet expectedDataSet = new CsvDataSet(
                                    new File(EXPECTED_DATA_DIR_3));
    ITable expectedTable = expectedDataSet.getTable("EMPLOYEE");
    // DBUnitのAPIで、実測値テーブルをデータベースから取得する
    IDataSet databaseDataSet = databaseConnection.createDataSet();
    ITable actualTable = databaseDataSet.getTable("EMPLOYEE");
    // DBUnitのAPIで、期待値テーブルと実測値テーブルが一致しているかを検証する 2
    assertEquals(expectedTable, actualTable);
}
```

このテストメソッドの処理フローも、既出のテストメソッドtest_UpdateSalary()とほとんど同じです。

ここではEmployeeDAOのupdateEmployeeSalary()に"SALES"と3000を渡し、部署"SALES"に所属する社員の月給を3000円増額します **1** 。

DBUnitのassertEquals() **2** では、次ページの図のように、期待値テーブルと実測値テーブルの一致を検証します。

▼図 4-5　一括更新のテスト

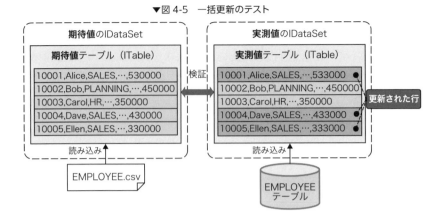

データテーブルに対するカラム除外とソート

　DBUnitによるデータベーステストでは、APIを利用することによって、データテーブル（ITable）をCSVファイルやデータベースから簡単に読み込むことができます。

　このとき、テーブルの特定のカラムのみを検証対象から除外したいというケースがあります。例えば「最終更新時間」などのカラムは、事前に期待値を決めることができないため、検証のときには除外が必要です。またデータテーブルを取得するときに、特定のキーでソートをしたい、という要件もあります。

　ここでは、DBUnitのAPIによってデータベースからデータテーブルを読み込むとき、特定のカラムを除外したり、ソートしたりする方法を紹介します。

　まずは以下のコードを見てください。

📄 pro.kensait.jdbc.company.EmployeeDAOFilterSortTest の一部

```
@Test
void test_InsertEmployee() throws Exception {
    // テストを実行する
    Employee employee = new Employee(10006, "Frank", "SALES",
            LocalDate.of(2017, 10, 1), null, 380000);
    employeeDAO.insertEmployee(employee);
    // ENTRANCE_DATE列を検証の対象外にするために、配列を用意する ■
```

4.1　DBUnit によるデータベーステスト

```java
        String[] excludedColumns = new String[]{"ENTRANCE_DATE"};
        // DBUnitのAPIで、期待値テーブルをCSVファイルから取得する
        // （ENTRANCE_DATE列除く）
        IDataSet expectedDataSet = new CsvDataSet(
                                        new File(EXPECTED_DATA_DIR_1));
        ITable expectedTable = DefaultColumnFilter.excludedColumnsTable(
                expectedDataSet.getTable("EMPLOYEE"), excludedColumns);
                                                                // 2
        // DBUnitのAPIで、実測値テーブルをデータベースから取得する
        // （ENTRANCE_DATE列除く）
        IDataSet databaseDataSet =
                        databaseTester.getConnection().createDataSet();
        ITable actualTable = DefaultColumnFilter.excludedColumnsTable(
                databaseDataSet.getTable("EMPLOYEE"), excludedColumns);
                                                                // 3
        // DBUnitのAPIで、実測値テーブルをソートする（必要に応じて）
        String[] columns = {"EMPLOYEE_ID"}; // 4
        ITable sortedActualTable = new SortedTable(actualTable, columns);
                                                                // 5
        // DBUnitのAPIで、期待値テーブルと実測値テーブルが一致しているかを検証する
        assertEquals(expectedTable, sortedActualTable); // 6
    }
```

　このテストコードは、「挿入のテスト」において既出のテストメソッドを修正
し、カラムの除外とソートを追加したものです。

　まずはカラムの除外を行います。そのためには、除外するカラムの名前を、
文字列の配列として用意します **1** 。ここでは、ENTRANCE_DATE というカ
ラムのみを指定しています。

　特定のカラムを除外してデータテーブル（ITable）を読み込むためには、
DBUnit が提供するクラス DefaultColumnFilter の excludedColumnsTable()
という API を利用します。期待値テーブルを CSV ファイルから読み込む場合
は、この API を呼び出し、引数として作成済みの除外カラム配列を指定しま
す **2** 。また同じように、実測値テーブルをデータベースから読み込む場合に
も、この API に除外カラム配列を渡します **3** 。

　次に実測値テーブルのソートです。そのための準備として、ソートのキー
となるカラムの名前を、文字列の配列として作成します **4** 。ここでは、

第4章　データベーステストの効率化

EMPLOYEE_IDというカラムでソートするものとします。

　続いてDBUnitが提供するクラスSortedTableのコンストラクタに、すでに読み込み済みの実測値テーブルと、ソートカラムの配列を渡してデータテーブルを生成します **5**。するとこのデータテーブルは、EMPLOYEE_IDでソートされた状態になっています。

　このようにして生成した期待値テーブルと実測値テーブルをassertEquals()に渡せば **6**、特定のカラムを除外し、データテーブルをソートした上で、検証を行うことが可能になります。

4.1.4　DBUnitの活用事例

■ サービスとテストの全体像

　本項では「成田空港への荷物配送サービス」を題材に、DBUnitをどのように活用するのか、具体例で説明します。

　このサービスの仕様やコードは2.2.1項で詳しく取り上げていますが、データベースについては、これまでは疑似的な処理を行っていました。

　本項では本物のデータベースへのアクセスを行うように、一部のクラスを修正します。具体的には、配送データを保存するためのShippingDAOを、以下のように修正します。

　pro.kensait.java.shipping.ShippingDAO

```java
public class ShippingDAO {
    ........
    public static void save(Shipping shipping) {
        // PreparedStatementに渡すSQL文を定義する
        String sqlStr = "INSERT INTO SHIPPING "
                + "(ORDER_DATE_TIME, CLIENT_ID, RECEIVE_DATE, "
                                    BAGGAGE_COUNT, TOTAL_PRICE) "
                + "VALUES(?, ?, ?, ?, ?)";
        try (
                // データベースに接続し、Connectionを取得する
                Connection conn = DriverManager.getConnection(
                                        url, user, password);
                // PreparedStatementを生成する
```

210

```java
        PreparedStatement pstmt =
                        conn.prepareStatement(sqlStr)) {
    //  パラメータをセットする
    pstmt.setTimestamp(1, Timestamp.valueOf(
                        shipping.orderDateTime()));
    pstmt.setInt(2, shipping.client().id());
    pstmt.setDate(3, Date.valueOf(shipping.receiveDate()));
    pstmt.setInt(4, shipping.baggageList().size());
    pstmt.setInt(5, shipping.totalPrice());
    //  更新を実行する
    pstmt.executeUpdate();
........
    }
}
```

さて本書ではこれまで、このサービスに対するテストコードを、以下のようなステップで説明してきました。

- 2.2.2項 …「荷物配送サービス」に対するモック化前のテストコード
- 2.2.3項 …「荷物配送サービス」に対するモック化後のテストコード（開発者が自分でゼロからモックを作成）
- 3.1.6項 …「荷物配送サービス」に対するMockito導入後のテストコード
- 4.1.4項 …「荷物配送サービス」に対するDBUnit導入後のテストコード
  ↑イマココ

本項では、DBUnit導入によって、これまでのテストコードと何が変わるのかを中心に見ていきます。

フィールド宣言と共通的な前処理（@BeforeEach）

「荷物配送サービス」のShippingDAOが、本物のデータベースにアクセスするようになったことに伴い、これまでのテストクラスをDBUnitを使って修正します。

まずはフィールド宣言と、@BeforeEachによって共通的な前処理を行うsetUp()のコードを示します。

第 4 章　データベーステストの効率化

📄 pro.kensait.java.shipping.ShippingServiceDBTest の一部

```java
public class ShippingServiceDBTest {
    // DBUnitが使用するデータ格納フォルダ
    private static final String EXPECTED_DATA_DIR =
                            "src/test/resources/EXPECTED_DATA";
    // DBUnitのためのフィクスチャ 1
    IDatabaseTester databaseTester;
    IDatabaseConnection databaseConnection;
    ....変更点なし....
    // 各テストメソッドで共通的な前処理
    @BeforeEach
    void setUp() {
        ....変更点なし....
    }
    // DBUnitのテストフィクスチャやデータベース上のデータを初期化する
    @BeforeEach
    void setUpDatabase() throws Exception { // 2
        // プロパティファイルよりデータベース情報を取得する
        String driver = getProperty("jdbc.driver");
        String url = getProperty("jdbc.url");
        String user = getProperty("jdbc.user");
        String password = getProperty("jdbc.password");
        // IDatabaseTesterを初期化する
        databaseTester = new JdbcDatabaseTester(driver, url, user,
                                                password);
        // DatabaseConnectionを取得する
        databaseConnection = databaseTester.getConnection();
        // MariaDB (MySQL) 用のDataTypeFactoryを設定する
        DatabaseConfig config = databaseConnection.getConfig();
        config.setProperty(DatabaseConfig.PROPERTY_DATATYPE_FACTORY,
                            new MySqlDataTypeFactory());
        // 初期データをセットアップする
        initData();
    }
    // 初期データをセットアップする
    private void initData() throws Exception { // 3
        // 空のデータセットを生成する
        IDataSet emptyDataSet = new DefaultDataSet(
                            new DefaultTable("SHIPPING"));
        // データベースの対象テーブルを初期化 (全件削除) する
        databaseTester.setDataSet(emptyDataSet);
```

4.1 DBUnit によるデータベーステスト

```
        databaseTester.setSetUpOperation(
                                DatabaseOperation.TRUNCATE_TABLE);
        databaseTester.onSetup();
    }
```

これまでのテストコードとの違いを中心に見ていきます。

まず、DBUnitのためのテストフィクスチャを、フィールドとして宣言しています **1** 。そして、DBUnit固有の共通前処理メソッドとしてsetUpDatabase()を記述し、その中でこれらのテストフィクスチャをセットアップしています **2** 。

また、setUpDatabase()から呼び出されるinitData()の中で、初期データをセットアップしています **3** 。ここではIDatabaseTesterのsetSetUpOperation()に、DatabaseOperation.TRUNCATE_TABLEを渡すことで、対象テーブルからデータを全件削除しています。

ゴールド会員テスト

次にゴールド会員のテストです。以下に、ゴールド会員のテストメソッドをグループ化したネステッドクラス（GoldCustomerTest）のコードを示します。

📄 pro.kensait.java.shipping.ShippingServiceDBTest の続き

```
    @Nested
    class GoldCustomerTest {
        .... 変更点なし ....
        @Test
        void test_OrderShipping_NoDiscount() throws Exception {
            // モック化されたCostCalculatorの振る舞いを決める
            when(costCalculator.calcShippingCost(
                    any(BaggageType.class),
                    any(RegionType.class))).thenReturn(1600);
            // 引数である荷物リストを生成する (テストメソッドごとに個数が異なる)
            List<Baggage> baggageList = Arrays.asList(baggage);
            // テストを実行する 1
            shippingService.orderShipping(client, receiveDate,
                                    baggageList);
            // ORDER_DATE_TIME列を検証の対象外にするために、配列を用意する 2
```

213

第4章　データベーステストの効率化

```
            String[] excludedColumns = new String[]
                                          {"ORDER_DATE_TIME"};
            // DBUnitのAPIで、期待値テーブルをCSVファイルから取得する
            // （ORDER_DATE_TIME列除く）❸
            IDataSet expectedDataSet =
                    new CsvDataSet(new File(EXPECTED_DATA_DIR));
            ITable expectedTable =
                        DefaultColumnFilter.excludedColumnsTable(
                    expectedDataSet.getTable("SHIPPING"),
                    excludedColumns);
            // DBUnitのAPIで、実測値テーブルをデータベースから取得する
            // （ORDER_DATE_TIME列除く）❹
            IDataSet databaseDataSet =
                            databaseConnection.createDataSet();
            ITable actualTable =
                        DefaultColumnFilter.excludedColumnsTable(
                    databaseDataSet.getTable("SHIPPING"),
                    excludedColumns);
            // DBUnitのAPIで、期待値テーブルと実測値テーブルが一致しているか
            // を検証する❺
            assertEquals(expectedTable, actualTable);
        }
    }
}
```

ここでも、これまでのテストコードとの違いを中心に見ていきます。

このテストメソッドのテスト対象ユニットは、ShippingServiceクラスの orderShipping()なので、それを呼び出します❶。

ここでは、orderShipping()の中で呼び出されているShippingDAOが本物のデータベースにアクセスするようになったため、必然的に検証方法も変わります。すなわちDBUnitを使って、正しくデータが挿入されたことを検証します。

まずORDER_DATE_TIMEはテストするたびに値が変わるカラムのため、検索対象から除外するために配列を用意します❷。

次にDBUnitのAPIで、"SHIPPING"という期待値テーブルを、CSVファイルから読み込みます❸。このとき、ORDER_DATE_TIMEは対象カラムから除外します。

214

続いてDBUnitのAPIで、"SHIPPING"という実測値テーブルを、データベースから読み込みます **4**。このときも期待値テーブルと同様に、ORDER_DATE_TIMEは対象カラムから除外します。

そして期待値テーブルと実測値テーブルがそろったところで、DBUnitのassertEquals()にそれらを渡し、両者が一致していることを検証します **5**。

第 **5** 章

Spring Boot
アプリケーションの
単体テスト

第5章　Spring Boot アプリケーションの単体テスト

5.1 Spring Boot Testによる単体テスト

この章では、Spring Bootアプリケーションの単体テストを、Spring Boot Testというフレームワークによって行う方法を紹介します。

なお、本章の内容はSpring Boot本体について、ある程度の知識を有していることを前提にしています。もし前提知識が不足していると感じた場合は、他のSpring Bootを扱ったコンテンツで補っていただくようお願いします。

5.1.1 Spring BootとSpring Boot Test

■ Spring Bootとは

本書はSpring Bootの解説書ではないため、概要だけを簡単に紹介します。

Spring Bootとは、Javaによるアプリケーション開発を効率化するためのフレームワークです。Javaのフレームワークとしてはスタンダードの地位を築いており、企業システムはもちろんのこと、Webサービスにも広く普及しています。

Spring Bootは、Spring Frameworkという重厚なフレームワークをベースにしていますが、素のSpring Frameworkよりも複雑さが大幅に軽減されているため、学習コストが低く、容易な開発を可能にしています。

またSpring Bootは素のSpring Frameworkとは異なり、「Webアプリケーションサーバー」と呼ばれるミドルウェア製品を必要としません。単独で軽量のプロセスとして起動するため、コンテナやマイクロサービスとの親和性が高い、という特徴があります。

まずSpring Bootの根幹をなす「コア機能」が、「DI＋AOP＋コンテキスト管理」です。この機能は、フレームワークがさまざまなコンポーネント（依存先クラスやリソースなど）をコンテキストとして管理し、対象となるクラスに対して注入する、というものです。このときコンポーネントが注入されることを「インジェクション」、そしてこの仕組みを指して「DI（Dependency

218

Injection)」と呼びます。DIの仕組みによって、クラスとクラスが緩やかに結び付けられ、単体テストの容易性が向上します。

1.2節では手動で依存性を注入する形で解説していましたが、Spring Boot アプリケーションでは、DIの仕組みによって自動的に依存性が注入されます。

このようなコア機能を中心に、Spring Bootには企業システム開発に必要な、数多くの汎用的な機能が提供されます。以下にその代表的なものを列挙します。

- MVCフレームワーク（Spring Web）
- テンプレートエンジン（Themeleaf）
- バリデーション（Spring Bean Validation）
- 認証・認可（Spring Security）
- REST API（Spring Web）
- REST API呼び出し（RestTemplate）
- トランザクション管理（Spring Transaction）
- JPAを利用したDBアクセス（Spring Data JPA）
- MyBatisを利用したDBアクセス（MyBatis Spring）

Spring Bootでは、これら一つ一つの機能がモジュールとして提供されます。そして必要な機能を取捨選択し、当該のモジュールを組み合わせることでアプリケーションを構築します。

■ Spring BootによるWebアプリケーションのシステム構成

一般的にWebアプリケーションはプレゼンテーション層、ビジネス層、データアクセス層という3つのレイヤーに分割してクラスを作成しますが、Spring BootによるWebアプリケーションも同様です。

第 5 章　Spring Boot アプリケーションの単体テスト

▼図 5-1　本書が前提にする Spring Boot による Web アプリケーションのレイヤー構成

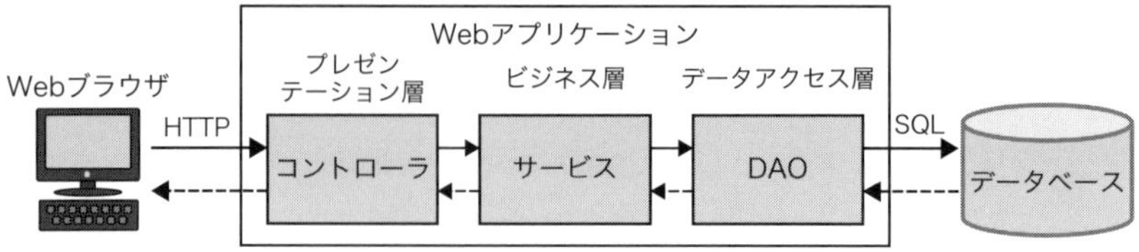

　まずプレゼンテーション層では、Spring Web というモジュールを利用します。このモジュールでは MVC パターン[注1]に従って機能を分割しますが、その中でも中心となるのが「コントローラ」と呼ばれるクラスです。

　コントローラは、Web ブラウザからの入力値を受け取り、ビジネス層を呼び出した後、その結果に応じて画面遷移する、という機能を担います。

　次にビジネス層では、「サービス」と呼ばれるクラスにビジネスロジックを実装します。サービスからは必要に応じてデータアクセス層を呼び出し、その結果を受け取ります。

　またデータアクセス層には、DB へのアクセス処理を実装します。この層のクラスは、選択する DB アクセスフレームワークによって呼び方が異なります[注2]が、本書ではフレームワークを問わない抽象的な表現として、第 4 章に倣って「DAO」と呼びます。

　Spring Boot では、開発者はコントローラ、サービス、DAO といったクラスを作成します。これらのクラスは「Spring Bean」と呼ばれ、Spring Boot によってライフサイクルが管理されます。

　Spring Bean は基本的に、「POJO (Plain Old Java Object)」をベースに、Spring Boot が提供するアノテーションを付与して作成します。POJO とは、特定のクラスやインタフェースの継承を強制しないシンプルなクラスのことで、new 演算子によってインスタンスを生成可能という特徴があります[注3]。

　本書では、テスト対象クラスとしてサービス（5.1.2 項）とコントローラ（5.1.3 項）を取り上げます。

注 1　MVC パターンとは、Web アプリケーション全体をビジネスロジック（モデル）、画面の生成（ビュー）、入力に応じた処理の振り分け（コントローラ）という 3 つの責務を持ったコンポーネントに分割するアーキテクチャパターン。
注 2　DB アクセスのフレームワークとして JPA を選択する場合は「リポジトリ」、MyBatis を選択する場合は「マッパー」と呼ぶ。
注 3　例えばサーブレットは、直接インスタンス生成できないため POJO ではない。またデータベース、ファイル、ネットワークとの入出力があるクラスも一般的には POJO の範疇を超える。

Spring Boot Testの概要と主要な機能

Spring Boot Testは、Spring BootアプリケーションのテストをサポートするためのJUnit拡張ライブラリです。Spring Bootのテストでは、JUnitとSpring Boot TestのAPIによってテストクラスを作成し、既出のテスティングフレームワークと同様に、JUnitのテストランナーからテストを実行します。

Spring Boot Testには、主に以下のような機能があります。

1. Spring Bootコア機能の動作

Spring Bootのコア機能（DI＋AOP＋コンテキスト管理）を、JUnitからの起動時に動作させる仕組み。この仕組みによって、テスト時にもすべてのSpring Beanへの依存が自動的に解決される。

2. Spring Beanのモッキング（5.1.2 〜 5.1.4項）

Spring Beanをモック / スパイ化する機能。サービスやコントローラの単体テストでは、この機能によって外部依存にあたるSpring Beanをモッキングする。

3. MockMVCによる疑似的なMVC（5.1.3 〜 5.1.4項）

MockMVCとは、疑似的にMVCパターンを動作させる仕組みで、コントローラのテストを効率化する。

4. テスト用プロファイルやテスト用プロパティへの切替（5.1.5項）

テスト用にプロファイルやプロパティを個別に用意しておき、テスト実行時に切り替える機能。

Spring Boot Testが提供するアノテーション

Spring Boot Testには、以下のようなアノテーションが提供されています。

- @SpringBootTest（org.springframework.boot.test.context. SpringBootTest）
- @WebMvcTest（org.springframework.boot.test.autoconfigure. web.servlet.WebMvcTest）
- @MockBean（org.springframework.boot.test.mock.mockito. MockBean）

- @SpyBean (org.springframework.boot.test.mock.mockito. SpyBean)

　これらの中で、まず@SpringBootTestはサービスの単体テストで、@WebMvcTestはコントローラの単体テストで、それぞれ利用します。@SpringBootTestをテストクラスに付与すると、JUnitのテストランナーからテストを起動したとき、Spring Bootのコア機能が作動します。同様に@WebMvcTestをテストクラスに付与すると、JUnitのテストランナーからテストを起動したとき、MockMVCを利用することが可能になります。

　次に@MockBeanと@SpyBeanは、外部依存をモッキングのためのアノテーションで、テストクラスの中で利用します。フィールドとして宣言されたSpring Beanに対してこれらのアノテーションを付与すると、@MockBeanの場合はモック化、@SpyBeanの場合はスパイ化することができます。いずれのアノテーションも、@SpringBootTestや@WebMvcTestと一緒に使われることで有効化されます。

　@MockBeanと@SpyBeanの大きな特徴は、第3章で取り上げたMockitoと統合されている点にあります。モック/スパイ化されたSpring Beanには、MockitoのAPIによって、疑似的な振る舞いを設定したり、検証したりすることが可能です。

　これら4つのアノテーションの具体的な使用方法は、次項以降で取り上げます。

5.1.2 サービスの単体テスト

■ サービスの単体テスト概要

　ここではSpring BootによるWebアプリケーションにおいて、サービスを単体でテストするための方法を説明します。

　Spring Bootにおけるサービスは既出のとおりPOJOのため、直接インスタンスを生成することができます。したがって本書でこれまで取り上げてきた方法（JUnit＋Mockito）で、単体テストを行うことが可能です。

　ただし、サービスの中でSpring Bootの次のような機能の恩恵に預かって

いる場合は、素のJUnit＋Mockitoによる単体テストには限界があります。

①Spring Bootでは、さまざまなリソースをコンテキストとして管理し、サービスに対してインジェクション可能（管理対象となるリソースは、プロパティファイル、メッセージソース、環境変数など）
②Spring Bootでは、設定用に作成されたSpring Bean[注4]をコンテキストとして管理し、サービスに対してインジェクション可能
③Spring Bootのサービスでは、（Spring Transactionの導入により）トランザクション管理を実現可能

サービスの中で①や②の機能が使われている場合、素のJUnit＋Mockitoによる単体テストでは、リソースや設定用Spring Beanへの依存を解決しようとすると、実装には相応の負担が必要です。

そもそも①のリソースや②の設定用Spring Beanは、必ずしもサービスにとっての外部依存とは限らないため、Spring Boot Testの力を借りて自動的にインジェクションしてしまった方が、サービスの単体テストとしては効率的です。

▼図5-2　Spring Boot Testによるインジェクション

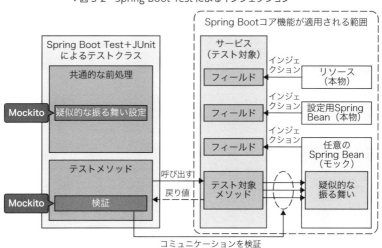

注4　設定用Spring Beanには、@Configurationを付与する。

第 5 章　Spring Boot アプリケーションの単体テスト

また③、すなわちトランザクション管理の挙動をテストする場合は、DAO
をモッキングするのではなく、「本物」のDAOをデータベース接続してテス
トを行う必要があります（分類上は結合テスト）。このような場合もSpring
Bootのコア機能によってクラス同士を結び付けた方が、テスト効率は向上し
ます。

テスト対象サービスクラス

この項では、サービスであるPersonServiceというクラスを対象に、
Spring Boot Testによるテストを説明します。

まず以下に、PersonServiceのコードの主要な処理を示します[5]。

📄 pro.kensait.spring.person.service.PersonService

```java
@Service
public class PersonService {
    // DAO（インジェクション）
    @Autowired
    private PersonDAO personDao;
    // コンストラクタ
    public PersonService(PersonDAO personDao) {
        this.dao = personDao;
    }
    // サービスメソッド：人物を取得する
    public Person getPerson(int personId) {
        Person person = personDao.find(personId);
        return person;
    }
    // サービスメソッド：全人物を取得する
    public List<Person> getPersonsAll() {
        List<Person> personList = personDao.findAll();
        return personList;
    }
    // サービスメソッド：人物を検索する（年齢下限をキーに）
    public List<Person> getPersonsByLowerAge(int lowerAge) {
        List<Person> personList = personDao.findByLowerAge(lowerAge);
        return personList;
```

注5　ソースコードの完全版は、筆者の GitHub リポジトリを参照のこと。
　　　https://github.com/KenyaSaitoh/learn_java_testing

```
    }
    // サービスメソッド：人物を追加する
    public Person createPerson(Person person) {
        int maxPersonId = personDao.getMaxPersonId();
        person.setPersonId(maxPersonId + 1);
        personDao.save(person);
        return person;
    }
    ........
}
```

このクラスには、Person（人物）を操作するためのさまざまなサービスメ
ソッド（ビジネスロジック）が実装されています。各サービスメソッドは、デー
タアクセス層のDAOであるPersonDAOに依存しています。

このサービスはDAOを経由してデータベースにアクセスするだけのシン
プルな処理を行っており、前述した2つの機能（リソースのインジェクショ
ン、トランザクション管理）は利用していません。そういう意味ではJUnit＋
Mockitoでも十分に単体テストが可能ですが、ここではあえてSpring Boot
Testを利用してテストを行うものとします。

■ サービス単体テストの具体例

Spring Boot Testを利用したサービスの単体テストでは、JUnitのテスト
クラスに@SpringBootTestを付与します。前述したようにこのアノテーショ
ンを付与すると、テストクラスを実行したときSpring Bootのコア機能が作
動します。

前項のPersonServiceを対象にしたテストクラスのコードを、以下に示し
ます。

📄 pro.kensait.spring.person.service.PersonServiceTest

```
@SpringBootTest // 1
public class PersonServiceTest {
    // テスト対象クラス（インジェクション）2
    @Autowired
    private PersonService personService;
```

第5章　Spring Boot アプリケーションの単体テスト

```java
// テスト対象クラスの呼び出し先（モック化対象） 3
@MockBean
private PersonDao personDao;
@BeforeEach
void setUp() {
    // モック化されたPersonDaoの振る舞いを設定する 4
    Person alice = new Person(1, "Alice", 25, "female");
    Person bob = new Person(2, "Bob", 35, "male");
    Person carol = new Person(3, "Carol", 30, "female");
    List<Person> all = Arrays.asList(alice, bob, carol);
    when(personDao.find(anyInt())).thenReturn(alice);
    when(personDao.findAll()).thenReturn(all);
    when(personDao.findByLowerAge(anyInt())).thenAnswer(i -> {
        int age = i.getArgument(0);
        return all.stream().filter(p -> age <=
                    p.getAge()).collect(Collectors.toList());
    });
    when(personDao.save(any(Person.class))).thenReturn(4);
    ........
}
@Test
@DisplayName("PersonService#getPerson()のテスト")
void test_GetPerson() {
    // テスト実行し、実測値を取得する
    Person actual = personService.getPerson(1);
    // 期待値を生成する
    Person expected = new Person(1, "Alice", 25, "female");
    // 期待値と実測値が一致しているかを検証する
    assertEquals(expected, actual);
}
@Test
@DisplayName("PersonService#getPersonAll()のテスト")
void test_getPersonsAll() {
    // テスト実行し、実測値を取得する
    List<Person> actual = personService.getPersonsAll();
    // 期待値を生成する
    Person alice = new Person(1, "Alice", 25, "female");
    Person bob = new Person(2, "Bob", 35, "male");
    Person carol = new Person(3, "Carol", 30, "female");
    List<Person> expected = Arrays.asList(alice, bob, carol);
    // 期待値と実測値が一致しているかを検証する
```

5.1 Spring Boot Test による単体テスト

```java
        assertIterableEquals(expected, actual);
    }
    @Test
    @DisplayName("PersonService#getPersonsByLowerAge()のテスト")
    void test_getPersonsByLowerAge() {
        // テスト実行し、実測値を取得する
        List<Person> actual = personService.getPersonsByLowerAge(27);
        // 期待値を生成する
        Person bob = new Person(2, "Bob", 35, "male");
        Person carol = new Person(3, "Carol", 30, "female");
        List<Person> expected = Arrays.asList(bob, carol);
        // 期待値と実測値が一致しているかを検証する
        assertIterableEquals(expected, actual);
    }
    @Test
    @DisplayName("PersonService#createPerson()のテスト")
    void test_createPerson() {
        // テスト実行する
        Person dave = new Person(4, "Dave", 23, "male");
        personService.createPerson(dave);
        // モックの指定されたメソッド呼び出しが一度だけ行われたことを検証する
        verify(personDao).save(dave);
    }
    ........
}
```

まずテストクラスに対して、@SpringBootTestを付与します ■ 。テスト
対象クラスであるPersonServiceは、素のJUnitテストではnew演算子でイ
ンスタンス生成する必要がありますが、Spring Boot Testではインジェク
ションによって取得します。

Spring BootのDIではインジェクション先に@Autowiredを付与しま
す ② が、この機能はSpring Boot本体側の機能に包含されるため詳細は割
愛します。

テスト対象であるPersonServiceは、Spring BeanであるPersonDaoに
依存しているため、PersonDaoをフィールドとして宣言し、@MockBean
を付与します ③ 。前述したように@MockBeanを付与すると、依存先の
Spring Beanをモック化することができます。

227

第 5 章　Spring Boot アプリケーションの単体テスト

　　ここではモック化されたPersonDaoの疑似的な振る舞いを、共通前処理メ
ソッド (@BeforeEach) の中で設定しています 4 。疑似的な振る舞いの設定
には、MockitoのAPIがそのまま利用可能です。

　　これで主なテストフィクスチャのセットアップは、終了です。各テストメ
ソッドを見ていくと、インジェクションされたPersonServiceのサービスメ
ソッド (ビジネスロジック) を呼び出しています。そしてその結果をJUnitや
Mockitoのアサーション APIによって検証していますが、詳細はここでは割愛
します。

5.1.3 MockMVCによるコントローラの単体テスト

■ MockMVCの概要と主要な機能

　　MockMVCは、Spring Bootのコントローラのテストに特化したフレーム
ワークとして、Spring Boot Testに内包されています。MockMVCは、MVC
(Webアプリケーション) におけるコントローラはもちろんのこと、REST API
におけるコントローラもテストすることができますが、本書ではWebアプリ
ケーションに限定します。

　　MockMVCは疑似的なリクエストを送信することにより、実際のサーバー
を起動することなく、テスト対象となるコントローラを呼び出します。そして
生成されたレスポンスを検証します。

　　MockMVCには、主に以下のような機能があります。

1. 疑似的なリクエストの送信実行 (主にクラスMockMvc が担当)
2. 疑似的なリクエストの構築 (主にクラスMockMvcRequestBuilder が担当)
3. レスポンス検証の実行 (主にクラスResultActions が担当)
4. レスポンス検証項目の設定 (主にクラスMockMvcResultMatcher が担当)

▼図5-3 MockMVCの主な機能と処理フロー

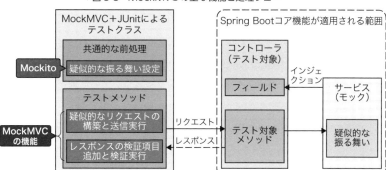

■ MockMVCによるテストクラスの構造

ここではMockMVCによるテストクラスの構造を、コードを用いて説明します。

テストクラスの全体像

以下は、PersonControllerというコントローラに対するテストクラスの全体像です。

pro.kensait.spring.person.web.PersonControllerTest

```
@WebMvcTest(PersonController.class) // 1
public class PersonControllerTest {
    @Autowired // 2
    private MockMvc mockMvc;
    @MockBean // 3
    private PersonService personService;

    // テストメソッド
    @Test
    void test_○○() throws Exception {
        ........
    }
}
```

まずMockMVCを利用するためには、前述したようにテストクラスに

@WebMvcTestを付与し、対象となるコントローラのClassオブジェクトを指定します **1**。

MockMVCによるテストでは、クラスMockMvc（org.springframework.test.web.servlet.MockMvc）が処理の起点になります。このクラスのインスタンスは、テストクラスの中でインジェクションによって取得します **2**。

またコントローラが何らかのサービスに依存している場合、通常は当該サービスをフィールドとして宣言し、@MockBeanを付与してモック化します。ここではPersonServiceをモック化しています **3**。ここまでがテストクラス全体の構造です。

各テストメソッド内の処理

次に、各テストメソッドの中を見ていきましょう。以下に、テストメソッドの典型的なコードを示します。

▼図5-4　テストメソッドのコードの例

```
@Test
void test ○○() throws Exception {          ◀----- 1
    mockMvc.perform(post("/foo"))            ◀----- 3              4
        .param("param1", "bar")
        .param("param2", "baz")
        ........
        .contentType(MediaType.APPLICATION_FORM_URLENCODED))
        .andExpect(status().isOk())★------------
        .andExpect(view().name("HogePage"))★----- 6
        .andExpect(model().hasNoErrors())★
        ........;
}
```

（図中のラベル **2** は mockMvc.perform の行、**5** は andExpect の行に対応）

ここでは処理内容ではなく、メソッド処理の構造に注目してください。

テストメソッドの宣言では、メソッド内で呼び出すMockMVCのAPIが例外を送出する仕様のため、throws Exceptionを宣言するようにします **1**。

テストメソッドの中では、まずMockMvcのperform()を呼び出します **2**。perform()呼び出しの中では、MockMvcRequestBuilderによって疑似的なリクエストを構築します。

メソッド内では最初に必ず、HTTPメソッドとURLを設定するためのAPIを呼

び出します **3** 。次にそこからチェーンして、パラメータ、リクエストボディ、
HTTPヘッダーを設定します **4** 。

これで疑似的なリクエストの構築は終了です。このようにして構築されたリ
クエストは、perform()呼び出しによって「送信」されます。

次に（クラスResultActionsの）andExpect()メソッドをチェーンしま
す **5** 。このメソッド内には、クラスMockMvcResultMatcherによって
提供されるAPIによって、レスポンスを検証する処理を記述します **6** 。
andExpect()メソッドをチェーンして記述することで、複数のレスポンス検証
ロジックを設定することができます。

なお、MockMvcRequestBuilderとMockMvcResultMatcherのAPIは、
それぞれのクラス名の最後に"s"を付けたクラスのスタティックメソッドとし
て提供されるため、以下のようにスタティックインポートしておくとよいで
しょう。

```
import static org.springframework.test.web.servlet.request
                  .MockMvcRequestBuilders.*;
import static org.springframework.test.web.servlet.result
                  .MockMvcResultMatchers.*;
```

以降では、各APIの具体的な使用方法を説明します。

■ 疑似的なリクエストの構築

ここではperform()呼び出しの中で、APIをチェーンすることによって疑似
的なリクエストを構築する方法を説明します。

HTTPメソッドとURL

perform()の中では、まず以下のAPIによって、HTTPメソッドとURLを指
定してリクエストを構築します。

API	説明
get(String)	指定されたURLへのGETメソッドのリクエストを構築する
post(String)	指定されたURLへのPOSTメソッドのリクエストを構築する

231

API	説明
put(String)	指定されたURLへのPUTメソッドのリクエストを構築する
delete(String)	指定されたURLへのDELETEメソッドのリクエストを構築する
patch(String)	指定されたURLへのPATCHメソッドのリクエストを構築する
head(String)	指定されたURLへのHEADメソッドのリクエストを構築する
options(String)	指定されたURLへのOPTIONSメソッドのリクエストを構築する

パラメータ、リクエストボディ、HTTPヘッダー

続いて以下のようなAPIをチェーンし、構築したリクエストに対してパラメータ、リクエストボディ、HTTPヘッダーを設定します。

API	説明
param(String, String)	指定されたキーと値をパラメータに追加する
params(MultiValueMap<String, String>)	複数のパラメータを追加する
queryParam(String, String)	指定されたキーと値をクエリパラメータに追加する
queryParams(MultiValueMap<String, String>)	複数のクエリパラメータを追加する
content(String)	指定された値を持つリクエストボディを設定する
header(String, Object)	指定されたキーと値をHTTPヘッダーに追加する
headers(HeaderResultMatchers)	複数のHTTPヘッダーを検証する
redirectedUrl(String)	指定されたリダイレクトされたURLを検証する

以下に、既出のコードから疑似的なリクエストを構築している部分を抜粋します。

```
mockMvc.perform(post("/foo") // 1
        .param("param1", "bar") // 2
        .param("param2", "baz") // 3
        ........
        .contentType(MediaType.APPLICATION_FORM_URLENCODED)) // 4
        ........;
```

このようにperform()の中では、最初にHTTPメソッドとURLを指定してリクエストを構築します。ここではHTTPメソッドにPOSTを選定し、URLに"/foo"を指定しています **1** 。

次に2つのフォームパラメータ"param1"と"param2"に、値としてそれぞれ"bar"と"baz"を設定します **2** 、**3** 。

そしてコンテンツタイプに、フォームURLエンコーデッド形式を設定しています **4** 。

セッション属性とフラッシュ属性

Spring Bootがコンテキスト情報を保持するための記憶領域を、スコープと呼びます。スコープには、リクエストスコープ、セッションスコープ、フラッシュスコープといった種類があります。各スコープには、キー・バリュー形式で任意のデータを格納したり、取り出したりすることができます。それぞれのスコープに格納されるデータを「属性」と呼びます。

コントローラでは、これらの属性に値を設定したり、取得したりする処理が高い頻度で登場します。リクエストスコープはパラメータから属性が自動的に設定されるため固有のAPIは必要ありませんが、セッションスコープとフラッシュスコープについては、属性を追加するためのAPIが用意されています。

API	説明
sessionAttr(String, Object)	指定されたキーと値で、セッション属性を追加する
sessionAttrs(Map<String, ?>)	複数のセッション属性を追加する
flashAttr(String, Object)	指定されたキーと値で、フラッシュ属性を追加する
flashAttrs(Map<String, ?>)	複数のフラッシュ属性を追加する

以下に具体例を示します。

```
mockMvc.perform(post("/foo")
        .sessionAttr("barSession", bar))
        ........
```

第 5 章　Spring Boot アプリケーションの単体テスト

　このコードでは、セッションスコープに "barSession" という名前で変数 bar を追加しています。

■ レスポンス検証項目の設定

　疑似的なリクエストを構築し、perform() によって「送信」したら、andExpect() にチェーンし、コントローラから返されたレスポンスを検証します。

　このとき、レスポンスのさまざまな項目を検証の対象に設定することができます。具体的には、レスポンスのステータスコード、HTTPヘッダー、レスポンスボディなどです。またSpring Bootが管理するビュー、モデル、セッションスコープなどに設定された属性も、検証の対象にすることができます。

　まずレスポンスの検証項目を設定するためのAPIを、以下に示します。

API（メソッド）	説明
status()	レスポンスのステータスコードを取得する（チェーンして検証する）
view()	使用されたビューを取得する（チェーンして検証する）
model()	モデルを取得する（チェーンして検証する）
request()	リクエストを取得する（チェーンして検証する）
content()	レスポンスボディを取得する（チェーンして検証する）
jsonPath(String)	指定されたJSONパスからレスポンスボディを取得する（チェーンして検証する）
header(String, Object)	指定されたHTTPヘッダーの値を検証する
headers(HeaderResultMatchers)	複数のHTTPヘッダーを検証する
redirectedUrl(String)	指定されたリダイレクトされたURLを検証する

　この中で上から5つ目までのAPIは、呼び出して終わりではなく、チェーンして検証項目を設定します。

234

ステータスコード

まずステータスコードの検証です。status()からのチェーンで、以下のAPIを呼び出して設定します。

API（メソッド）	説明
is(int)	指定されたステータスコードと一致することを検証する
isOk()	ステータスコードが200 ("OK") であることを検証する
is1xxInformational()	100番台のステータスコードであることを検証する
is2xxSuccessful()	200番台のステータスコードであることを検証する
is3xxRedirection()	300番台のステータスコードであることを検証する
is4xxClientError()	400番台のステータスコードであることを検証する
is5xxServerError()	500番台のステータスコードであることを検証する

ビュー

Spring BootによるWebアプリケーションでは、ビューの機能は通常、Themeleafというテンプレートエンジンが担います。コントローラの各メソッドは文字列を返しますが、これはテンプレートエンジンによって作成されたページファイルの論理名（通常はパス）を表します。

view()からチェーンして以下のAPIを呼び出すと、ビューの論理名を検証項目に追加できます。

API（メソッド）	説明
name(String)	指定された論理名であることを検証する

モデル

「モデル」という用語は文脈によってさまざまな意味を持ちますが、ここでのモデルとは、Spring Boot固有の機能を意味します。

モデルはコントローラの中で、主にサービス呼び出しの結果として返されたデータを、ビューに受け渡すための記憶空間として利用します。モデルに追加された属性はリクエストスコープ上で保持されるため、ページが表示されてリクエストが完了すると自動的に消去されます。

コントローラの呼び出し結果は、ビュー（ページファイル）の論理名が文字列として返されますが、副作用としてモデルやセッションスコープが更新されるため、必要に応じてこれらも検証の対象に追加します。

model()からチェーンして以下のAPIを呼び出すと、モデルおよびモデルが内包する属性を、検証項目に設定可能です。

API（メソッド）	説明
hasNoErrors()	エラーを含んでいないことを検証する
hasErrors()	エラーを含んでいることを検証する
errorCount(int)	指定された値のエラーを含んでいることを検証する
attribute(String, Object)	指定されたキーを持つ属性の値を検証する
attributeExists(String)	指定されたキーを持つ属性が存在するか検証する
attributeHasNoErrors(String...)	指定された属性がエラーを含んでいないことを検証する
attributeHasErrors(String...)	指定された属性がエラーを含んでいることを検証する
attributeHasFieldErrors(String, String...)	指定されたキーを持つ属性（第一引数）に含まれるフィールド名（配列）が、すべてエラーであることを検証する

以下に、既出のコードからステータスコード、ビュー、モデルを検証している部分を抜粋します。

```
mockMvc.perform(post("/foo")
        ........
        .andExpect(status().isOk()) // 1
        .andExpect(view().name("HogePage")) // 2
        .andExpect(model().hasNoErrors()) // 3
        ........;
}
```

このコードでは、次の3点を検証しています。

- ステータスコードが200 ("OK") であること **1**
- ビューの論理名が"HogePage"であること **2**
- モデルがエラーを含んでいないこと **3**

セッション属性

既出のとおりコントローラ呼び出しの結果、副作用としてセッションスコープが更新される場合は、セッション属性を検証の対象にするとよいでしょう。そのためには、request()からのチェーンで、以下のAPIを呼び出します。

API (メソッド)	説明
sessionAttribute(String, Object)	指定されたキーを持つセッション属性の値を検証する
sessionAttributeDoesNotExist(String...)	指定された複数のキーを持つセッション属性が存在しないことを検証する

レスポンスボディ

レスポンスボディ本体や、そのコンテンツタイプや文字コードなどを検証対象にすることも可能です。そのためにはcontent()を呼び出し、以下のAPIをチェーンします。

API (メソッド)	説明
contentType(String)	指定されたコンテンツタイプであることを検証する
encoding(String)	指定された文字コードであることを検証する
string(String)	レスポンスボディが指定された文字列と一致することを検証する
json(String)	レスポンスボディが指定されたJSONと一致することを検証する
xml(String)	レスポンスボディが指定されたXMLと一致することを検証する

ただしWebアプリケーションの場合、レスポンスボディの生成は、コントローラというよりはテンプレートエンジンの責務です。そのため、レスポンスボディそのものの内容の検証は、第7章で解説するSeleniumなどのUIテストツールを利用する方が効率的でしょう。

レスポンスボディ（JSON形式）

　レスポンスボディがJSON形式の場合は、jsonPath()にJSONパスを指定して文字列を抽出します。そして以下のAPIにチェーンすることで、抽出した文字列を検証することができます。

API（メソッド）	説明
value(String)	指定された文字列と一致していることを検証する

　本書はWebアプリケーションのテストを前提にしていますが、MockMVCでRest APIのテストを行う場合は、このAPIを利用することになるでしょう。

5.1.4　MockMVCによるテストクラス実装の具体例

■ テスト対象アプリケーションのページ遷移

　この項では、Spring BootによるWebアプリケーション（名前は"spring-mvc-person"）を対象に、MockMVCによってテストクラスをどのように実装するのかを説明します。

　"spring-mvc-person"は人物を管理する（一覧表示、新規作成、編集、削除）ためのWebアプリケーションで、下図のようなページ遷移で構成されます。

▼図 5-5　"spring-mvc-person" のページ遷移

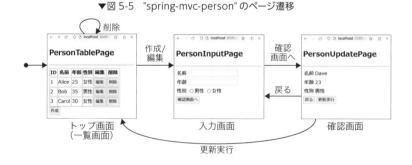

テスト対象コントローラクラス

ここでは、テスト対象コントローラであるPersonControllerのコードを示します。このクラスには、MVCパターンのコントローラとしての機能が実装されています。また一部のメソッドは、既出のPersonServiceに依存しています。

📄 pro.kensait.spring.person.web.PersonController

```
@Controller
@SessionAttributes("personSession")
public class PersonController {
    // サービス（インジェクション）1
    @Autowired
    private PersonService personService;
    // メッセージソース（インジェクション）2
    @Autowired
    private MessageSource messageSource;
    // セッションを初期化する
    @ModelAttribute("personSession")
    public PersonSession initSession(){
        return new PersonSession();
    }
    // トップ画面に遷移する 3
    @GetMapping("/")
    public String index() {
        return "redirect:/viewList";
    }
    // 人物リストを表示する 4
    @GetMapping("/viewList")
    public String viewList(Model model) {
        List<Person> personList = personService.getPersonsAll();
        model.addAttribute("personList", personList);
        return "PersonTablePage";
    }
    // 入力画面に遷移する 5
    @PostMapping("/toCreate")
    public String toCreate(SessionStatus sessionStatus) {
        // セッションスコープに格納されたpersonSessionに削除マークを付ける
        // （すぐに削除はされない）
        sessionStatus.setComplete();
```

第 5 章　Spring Boot アプリケーションの単体テスト

```
            return "PersonInputPage";
    }
    // 確認画面に遷移する 6
    @PostMapping("/toConfirm")
    public String toConfirm(@Validated PersonSession personSession,
            BindingResult errors, Model model) {
        if (errors.hasErrors()) {
            // メッセージソースよりエラーメッセージを取得し、Modelに格納する
            String errorMessage = messageSource.getMessage(
                            "error.occured", null, Locale.JAPANESE);
            model.addAttribute("errorMessage", errorMessage);
            return "PersonInputPage";
        }
        return "PersonUpdatePage";
    }
    ........
}
```

　先にフィールドを見ると、PersonServiceとMessageSourceが宣言され
ています。PersonServiceはこのコントローラが依存するサービスで、イン
ジェクションによって取得します **1**。またメッセージソースも同じようにイ
ンジェクションします **2**。

　次にメソッドです。本来このコントローラには多くのメソッドが宣言されて
いますが、ここでは主に3つのユースケースに絞って説明します[注6]。

　まず「トップ画面への遷移」です。GETメソッドでURL"/"にリクエスト
されると、index()が呼び出されます **3**。このメソッドでは直ちにURL"/
viewList"にリダイレクトされ、viewList()が呼び出さます **4**。

　今度はviewList()を見ていくと、PersonServiceのgetPersonsAll()を呼び
出しによってすべての人物を取得し、それをモデル属性に"personList"とい
う名前で追加しています。処理が終わったら、トップ画面（一覧画面と同じ）
であるPersonTablePageに遷移します。

　次に「入力画面への遷移」です。トップ画面からボタン「作成」が押下される
と、URL"/toCreate"にリクエストされてtoCreate() **5** が呼び出されます。そ

注6　ソースコードの完全版は、筆者の GitHub リポジトリを参照のこと。
　　　https://github.com/KenyaSaitoh/learn_java_testing

して、人物を新規作成するための入力画面 (PersonInputPage) に遷移します。

最後に「新規人物作成と確認画面への遷移」です。この画面で「名前」「年齢」「性別」を入力し、ボタン「確認画面へ」を押下すると、URL"/toConfirm"へのアクセスにより、toConfirm() が呼び出されます **6** 。

このときそれぞれの入力項目に対して、さまざまなバリデーションが定義されています (詳細は割愛)。入力エラー (バリデーション違反) がなければ確認画面 (PersonUpdatePage) へ遷移しますが、入力エラーがあると元の入力画面 (PersonInputPage) に戻って再入力を促します。

次項では、このような仕様のWebアプリケーションを対象に、テストクラスの具体的な実装方法を見ていきます。

■ MockMVCを利用したテストクラス

ここでは、前項で取り上げたコントローラPersonControllerをテスト対象に、MockMVCによるテストコード作成方法を説明します。以下、当該のテストクラス (PersonControllerTest) のコードを、PersonControllerでの掲載に合わせて一部に絞り込んで掲載します。

クラスの全体像とフィールド

まずはクラスの全体像とフィールドです。

📄 pro.kensait.spring.person.web.PersonControllerTest

```
@WebMvcTest(PersonController.class) // 1
public class PersonControllerTest {
    // MockMvcをインジェクションする 2
    @Autowired
    private MockMvc mockMvc;
    // テスト対象クラスの呼び出し先 (モック化対象) 3
    @MockBean
    private PersonService personService;

    // この後にテストメソッドが記述される
    ........
}
```

まずテストクラスに@WebMvcTestを付与し、属性としてテスト対象である PersonControllerのClassオブジェクトを指定しています **1**。

次にフィールドを見ていくとMockMvcが宣言されていますが、このフィールドには@Autowiredを付与して宣言し、インジェクションによって取得します **2**。

続いてPersonControllerが依存するPersonServiceをフィールド宣言し、@MockBeanを付与してモック化します **3**。

トップ画面への遷移

それではテストメソッドを見ていきましょう。まず「トップ画面への遷移」を検証するためのテストメソッドを、以下に示します。

📄 pro.kensait.spring.person.web.PersonControllerTest の続き

```
@Test
@DisplayName("トップ画面への遷移をテストする")
void test_ViewPersonList() throws Exception {
    // モック化されたPersonServiceの振る舞いを設定する 1
    Person alice = new Person(1, "Alice", 25, "female");
    Person bob = new Person(2, "Bob", 35, "male");
    Person carol = new Person(3, "Carol", 30, "female");
    List<Person> personList = Arrays.asList(alice, bob, carol);
    when(personService.getPersonsAll()).thenReturn(personList);
    mockMvc.perform(get("/")) // リダイレクト前 2
            .andExpect(status().is3xxRedirection()) // 3
            .andExpect(redirectedUrl("/viewList")); // 4
    mockMvc.perform(get("/viewList")) //リダイレクト後 5
            .andExpect(status().isOk()) // 6
            .andExpect(view().name("PersonTablePage"))// 7
            .andExpect(model().attributeExists("personList"))// 8
            .andExpect(model().attribute("personList",
                                         personList));// 9
}
........
```

「トップ画面への遷移」における PersonController の挙動を振り返ると、まず index() が呼び出され、そこからリダイレクトによって viewList() が呼び出される、というものでした。viewList() の中では、PersonService の getPersonsAll() が呼び出されるため、ここでは Mockito の API によって、getPersonsAll() の疑似的な振る舞いを設定しておきます **1**。

このテストメソッド内では、MockMvc の perform() 呼び出しが 2 回行われています。

まず最初の perform() 呼び出しにより、GET メソッドで URL"/"にリクエストし、PersonController の index() を呼び出します **2**。この perform() 呼び出しでは、リダイレクト前までの処理が行われますので、返されたレスポンスに対して正しくリダイレクトが行われたことを検証します。リダイレクトの場合は、ステータスコードが 300 番台であることを検証したり **3**、リダイレクト後の URL を検証したり **4** します。

続いてもう 1 回 perform() を呼び出し、GET メソッドで "/viewList" にリクエストすることで、リダイレクト後の処理を行います **5**。今度は PersonController の viewList() が呼び出されるので、返されるレスポンスを検証します。ここでは、以下の 4 点を検証しています。

- ステータスコードが 200 ("OK") であること **6**
- ビューの論理名が "PersonTablePage" であること **7**
- モデルが "personList" という名前の属性を含んでいること **8**
- モデル内の属性 "personList" が、変数 personList と一致していること **9**

新規人物作成と確認画面への遷移

次に「新規人物作成と確認画面への遷移」を検証するためのテストメソッドのコードです。このユースケースでは、POST メソッドで URL"/toConfirm"にリクエストすることにより、PersonController の toConfirm() が呼び出されます。

この処理には、正しく確認画面へと遷移した場合と、入力エラーが発生し

第 5 章　Spring Boot アプリケーションの単体テスト

て元の入力画面に戻る場合の２ケースがありますので、それぞれに対してテスト
トメソッドを実装します。

pro.kensait.spring.person.web.PersonControllerTest の続き

```
@Test
@DisplayName("新規人物作成と確認画面への遷移をテストする")
void test_toConfirm() throws Exception { // 1
    PersonSession personSession = new PersonSession(
                                        "Dave", 23, "male");
    mockMvc.perform(post("/toConfirm")
            .param("personName", "Dave")
            .param("age", "23")
            .param("gender", "male")
            .contentType(MediaType.APPLICATION_FORM_URLENCODED))
            .andExpect(status().isOk())
            .andExpect(view().name("PersonUpdatePage"))
            .andExpect(model().hasNoErrors()) // 2
            .andExpect(request().sessionAttribute(
                    "personSession", personSession)); // 3
}
@Test
@DisplayName("新規人物作成における入力エラーをテストする")
void test_toConfirm_ValidationError() throws Exception { // 4
    mockMvc.perform(post("/toConfirm")
            .param("personName", "DaveDaveDaveDaveDaveDave")
                                                // 20字超 5
            .param("age", "10") // 20未満 6
            .param("gender", "") // 空文字 7
            .contentType(MediaType.APPLICATION_FORM_URLENCODED))
            .andExpect(status().isOk())
            .andExpect(view().name("PersonInputPage"))
            .andExpect(model().attributeHasFieldErrors(
                    "personSession", "personName", "age",
                                            "gender")); // 8
}
........
}
```

244

まず正しく確認画面へと遷移した場合のテストです **1**。

レスポンスの検証では、ステータスコードやビューの論理名に加えて、入力エラーが発生していないことを検証項目に追加しています **2**。また、PersonControllerのtoConfirm()を呼び出すと、副作用としてセッションスコープが更新されるために、追加された属性を検証しています **3**。

次に、入力エラーが発生して元の入力画面に戻る場合のテストメソッドです **4**。このWebアプリケーションには、項目"personName"は20文字以内、"age"は20以上、"gender"は空文字非許容、という入力条件が設定されているため、それぞれに違反するような値を意図的に入力しています **5** **6** **7**。

このときバリデーションによってエラーの発生が期待されるので、attributeHasFieldErrors()を呼び出して検証します **8**。このAPIの第一引数には、対象の属性名 ("personSession") を指定します。そして第二引数以降には、エラー発生を期待するフィールド名 ("personName", "age", "gender") を配列で指定します。

5.1.5 テスト用プロファイルとプロパティ

この項では、テストを効率化するためにSpring Boot Testに備わっている、設定を切り替えるための便利な機能を紹介します。

■ テスト用プロファイルの切り替え

Spring Bootにはプロファイルという機能があります。プロファイルを利用すると、ローカル開発環境、結合テスト環境、本番環境など、環境に応じてアプリケーションの設定を切り替えることが可能です。切り替えが可能なのは、環境依存の設定情報や、設定用Spring Beanの有効化／無効化[注7]などです。

Spring Bootには、デフォルトで"application.yml"または"application.properties"という名前を持つ設定ファイルがあります。この設定ファイルに

注7 @Configuration を付与した Spring Bean において、@Profile も併せて付与することによって有効化／無効化を切り替える。

は、サーバーの設定、データベース接続先、ログ出力など、主に環境に依存する情報を定義します。

プロファイルを利用する場合、"application-{profile}.yml"または"application-{profile}.properties"といったネーミングにすることで、プロファイルに応じて読み込まれる設定ファイルが自動的に切り替わります。

例えば、"local"というプロファイル名で、"application-local.yml"という設定ファイルを作成するものとします。このとき、テストクラスに@ActiveProfilesを付与し、以下のようにプロファイル名"local"を指定すると、当該の設定ファイルを読み込むことが可能になります。

```
@SpringBootTest
@ActiveProfiles("local")
```

■ テスト用プロパティの設定

Spring Bootには、特定のプロパティファイルから値を読み込む機能[注8]があります。

前項で取り上げた設定ファイル ("application.yml") が環境に依存する情報を切り替えるための仕組みだったのに対して、プロパティファイルに定義するのは、どちらかというと業務的な仕様に基づく値 (例えば消費税率など) です。

この機能を利用すると、ソースコードにハードコードしたくない値をプロパティファイルでまとめて管理することにより、アプリケーションの保守性を高めることが可能になります。テストを実行するときに、このようなプロパティ情報を本番用から切り替えることができると、テストが効率化されることがあります。

Spring Boot Testに備わっている@TestPropertySourceを利用すると、テスト用のプロパティを設定することができます。次のコードを見てください。

注8　Spring Bean に @PropertySource を付与し、読み込み先プロパティファイル名を指定する。

```
@SpringBootTest
@TestPropertySource(properties = {
        "property.value.1 = 100"
})
```

　このようにテストクラスに@TestPropertySourceを付与し、properties
属性にプロパティ情報を記述します。このようにすると、プロパティファイル
から読み込まれた値を、テスト時に上書きすることができます。
　次に、以下のコードを見てください。

```
@SpringBootTest
@TestPropertySource(locations = "classpath:config-test.properties")
```

　先の例と同じようにテストクラスに@TestPropertySourceを付与し、
locations属性にプロパティファイルへのパスを指定します。このようにする
と、このテストクラスを実行した場合に限って、指定されたプロパティファイ
ルが読み込まれます。

第 **6** 章

REST API の
テスト

6.1 RestAssuredによるREST APIのテスト

　REST APIとは、通信プロトコルとしてHTTPを利用するアプリケーション連携方式の一種です[注1]。

　本書では、REST APIを提供するプログラムをRESTサービス、REST APIを呼び出すプログラムをRESTクライアントと呼称します。

　Javaでは通常、RESTサービスはJAX-RSという規格によって作成します。

　テストという観点では、一つのRESTサービスがテスト対象クラスになります。また、RESTサービスが内包するメソッド（個々のREST API）がテスト対象ユニットに相当します。

▼図6-1　REST APIのテスト

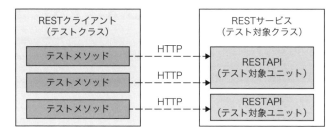

注1　本書では「REST API」というキーワードを、文脈に応じて、アプリケーション連携方式の意味で使ったり、個々のAPIの意味で使ったりしている。これは言葉の定義が「揺れ」ているのではなく、分かりやすさを重視した意図的なものであることを補足しておく。

6.1.1 RestAssuredの基本

■ RestAssuredの概要と主要なAPI

　本項で取り上げるRestAssuredは、REST APIのためのテストライブラリです。RestAssuredによって作成されたテストクラスはRESTクライアントとなり、HTTP通信を行うことによって、テスト対象となるREST APIを呼び出します。そして、返されたステータスコードやボディを検証します。

　このようなRestAssuredによるテストは、外部プロセスとしてテスト対象クラスと実際に通信を行うため、テストとしては結合テストまたはシステムテストに分類されます。

　さてRestAssuredは必ずしもJUnitを前提にはしていませんが、JUnitと組み合わせてテストを自動化するケースが一般的です。またJUnitのアサーションAPIを利用することで、より効率的にREST APIのテストを実装できます。

　RestAssuredには、主に以下のような機能を持つAPIがあります。

1. リクエストの設定 … Given（前提条件）に対応
2. テスト対象RESTサービスへのリクエスト送信 … When（実行）に対応
3. レスポンスの検証と抽出 … Then（検証）に対応

▼図6-2　RestAssuredの主な機能と処理フロー

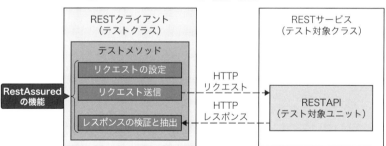

　RestAssuredの主要なAPIは、クラスio.restassured.RestAssuredのスタティックメソッドとして提供されるため、次のようにスタティックインポートするのが一般的です。

```
import static io.restassured.RestAssured.*;
```

RestAssuredでは、このクラス（RestAssured）のスタティックメソッド
呼び出しを起点に、さまざまなクラスのAPIをチェーンしてテストコードを実
装します。

本項では以降、RestAssuredのさまざまなAPIを一覧形式で紹介しますが、
そこにはメソッド名しか記載していません。その理由は、これらのAPIがスタ
ティックメソッドだったりチェーンして使ったりするのが基本であり、クラス
名を意識することはほとんどないためです。

次項からは、JUnitのテストクラスにおいて、RestAssuredのAPIを利用す
るための具体的な方法を説明します。

■ テスト対象RESTサービスのURL設定（全体）

RestAssuredによるテストでは、テスト対象RESTサービスとのHTTP通
信に必要なURLは、共通的なテストフィクスチャの一種です。テストクラス
全体でベースとなるURLが同一の場合、@BeforeAllが付与された前処理メ
ソッドの中で、io.restassured.RestAssuredのスタティックフィールドに値
を設定します。

以下に、URLに関連する各種変数に値を設定するコードを示します。

```
// テストクラス全体の前処理
@BeforeAll
static void initAll() {
    RestAssured.baseURI = "http://localhost"; // ベースURI
    RestAssured.port = 8080; // ポート番号
    RestAssured.basePath = "/calc"; // ベースパス
}
```

このようにすると、ベースURI、ポート番号、ベースパスが合成されたパス
が、テスト対象RESTサービスにおけるURLの起点として設定されます。つ
まりこのテストクラスでは、http://localhost:8080/calcが起点です。

なお、もしテストメソッドごとに個別にURLを切り替えたい場合は、後述
する準備フェーズのAPIによって、URLを上書きすることも可能です。

6.1.2 RestAssuredとGiven-When-Thenパターン

■ Given-When-Thenパターン

テストケースが前提条件（Given）、実行（When）、結果（Then）という3つの構造を持つ場合、これをGiven-When-Thenパターンと呼びます。

RestAssuredのテストではこのパターンに則り、まずgiven()を呼び出して前提条件を設定し、次にwhen()を呼び出してテストを実行し、最後にthen()を呼び出して検証します。これらのAPIをチェーンして呼び出し、最後はHTTPレスポンスが格納されたResponse（io.restassured.response. Response）インスタンスを取得する、というのが基本的な処理フローです。

なおGiven-When-Thenパターンは、既出のAAAパターン（1.2.3項）と基本的な考え方はよく似ており、"Given"が準備フェーズ、"When"が実行フェーズ、"Then"が検証フェーズに相当します。

■ リクエストの設定（Given）

RestAssuredによるテストでは、一番最初にgiven()を呼び出し、そこからチェーンしてさまざまな前提条件を設定します。

前提条件の一環として、テスト対象RESTサービスのURLを各テストメソッドごとに設定することができます。以下にそのためのAPIを示します。

API（メソッド）	説明
baseUri(String)	ベースURIを指定された値に設定する
basePath(String)	ベースパスを指定された値に設定する
port(int)	ポート番号を指定された値に設定する

また次のようなAPIで、各種リクエストの設定を行います。

第6章　REST APIのテスト

API（メソッド）	説明
queryParam(String, Object)	クエリパラメータを指定されたキーと値で追加する
formParam(String, Object)	フォームパラメータを指定されたキーと値で追加する
body(Object)	指定された値を持つリクエストボディを設定する
header(String, Object)	指定されたキーと値をHTTPヘッダーに設定する
contentType(ContentType)	指定された値をContent-Typeヘッダーに設定する
accept(ContentType)	指定された値をAcceptヘッダーに設定する
cookie(String, Object)	指定されたキーと値をクッキーに設定する

これらのAPIの使い方を、具体例をもとに説明します。

まず以下は、クエリパラメータを設定するためのコードです。

```
given()
        .queryParam("param1", 30.0)
        .queryParam("param2", 10.0) // 以降チェーンが続く
```

次に以下は、コンテンツタイプにフォームURLエンコーデッド形式を指定し、フォームパラメータを設定するためのコードです。

```
given()
        .contentType(ContentType.URLENC)
        .formParam("param1", 30.0)
        .formParam("param2", 10.0) // 以降チェーンが続く
```

次に以下は、コンテンツタイプにJSON形式を指定し、リクエストボディを設定するためのコードです。

```
Person person = new Person(personId, "Frank", 36, "male");
given()
        .contentType(ContentType.JSON)
        .body(person) // 以降チェーンが続く
```

このようにすると、RestAssuredによって、Personインスタンスが自動的にJSON形式に変換されます。

254

■ テスト対象RESTサービスへのリクエスト送信 (When)

given()からの一連のAPI呼び出しで前提条件の設定が終わったら、when()にチェーンし、テスト対象RESTサービスにリクエストを送信します。リクエスト送信のためのAPIには、HTTPメソッドの種類に応じて以下の種類があります。

API（メソッド）	説明
get(String)	指定されたパスへのGETメソッド呼び出しを実行する
post(String)	指定されたパスへのPOSTメソッド呼び出しを実行する
put(String)	指定されたパスへのPUTメソッド呼び出しを実行する
delete(String)	指定されたパスへのDELETEメソッド呼び出しを実行する
patch(String)	指定されたパスへのPATCHメソッド呼び出しを実行する
options(String)	指定されたパスへのOPTIONSメソッド呼び出しを実行する
head(String)	指定されたパスへのHEADメソッド呼び出しを実行する

これらAPIの中から一つを選び、パスを指定して呼び出すと、テスト対象RESTサービスにリクエストが送信されます。

以下に、テスト対象RESTサービスをGETメソッドで呼び出すためのコードを示します。

```
given()
        .queryParam("param1", 30.0)
        .queryParam("param2", 10.0)
        .when()
        .get("/add1")  // 以降チェーンが続く
```

RESTサービスがパスパラメータを持つ場合は、リクエストを設定するときに、pathParam()によってパスパラメータを指定します。そしてリクエスト送信のAPIを呼び出すときに、プレースホルダー { } によって、パラメータをパスに埋め込みます。次に、その例を示します。

第6章 REST API のテスト

```
given()
        .pathParam("personName", "Alice")
        .when()
        .get("/hello/{personName}") // 以降チェーンが続く
}
```

■ レスポンスの検証と抽出（Then）

レスポンスの検証

when() からの API 呼び出しでリクエストを送信したら、then() にチェーンし、テスト対象 REST サービスから受信したレスポンスを検証します。

レスポンス検証のための API には、以下のような種類があります。

API（メソッド）	説明
statusCode(int statusCode)	レスポンスのステータスコードを検証する
statusLine(String)	レスポンスのステータスラインが指定された値と一致するか検証する
contentType(ContentType)	レスポンスのコンテンツタイプが指定された値と一致するか検証する
cookie(String)	レスポンスに指定された名前のクッキーが存在するか検証する

以下に、受信したレスポンスのステータスコードが200（"OK"）であることを検証するためのコードを示します。

```
given()
        .queryParam("param1", 30.0)
        .queryParam("param2", 10.0)
        .when()
        .get("/add1")
        .statusCode(200);
```

DELETE メソッドなどボディを受け取らない REST サービスの場合は、ステータスコードの検証までで十分ですが、GET メソッドなどボディを受け取る REST サービスの場合は、その内容まで検証する必要があります。RestAssured には body() という API があり、Hamcrest というライブラリと

256

組み合わせることで、レスポンスボディの検証を行うことができます。

　ただし、JUnit JupiterのアサーションAPIを使う方法（後述）の方が柔軟性が高いため、本書では検証にはJUnitのアサーションAPIを利用するものとします。

レスポンスの抽出

　レスポンスボディをアサーションAPIを使って検証するためには、extract()、response()とチェーンし、Response (io.restassured.response.Response)を戻り値として受け取る必要があります。

　Responseを受け取るまでのコードを、以下に示します。

📄 pro.kensait.spring.calc.rest.test.CalcApiTest

```
Response response = given()
        .queryParam("param1", 30.0)
        .queryParam("param2", 10.0)
        .when()
        .get("/add1")
        .then()
        .statusCode(200)
        .extract()
        .response();
```

　このようにして受け取ったResponseには、以下のようなAPIがあります。

API（メソッド）	説明
asString()	レスポンスボディをStringとして抽出する
asByteArray()	レスポンスボディをbyte配列として抽出する
asInputStream()	レスポンスボディをInputStreamとして抽出する
as(Class<T>)	レスポンスボディをパースし、指定されたクラスのインスタンスに変換する
jsonPath()	レスポンスボディをJSONとして解析するためのJsonPathを取得する
xmlPath()	レスポンスボディをXMLとして解析するためのXmlPathを取得する
getStatusCode()	レスポンスのHTTPステータスコードを取得する

API（メソッド）	説明
getStatusLine()	レスポンスのステータスラインを取得する
getContentType()	レスポンスのContent-Typeヘッダーの値を取得する
getHeader(String)	指定された名前のレスポンスヘッダーの値を取得する
getHeaders()	レスポンスの全ヘッダーを取得する
getCookie(String)	指定された名前のクッキーの値を取得する
getCookies()	レスポンスの全クッキーを取得する
getTime()	応答時間をミリ秒単位で取得する
getTimeIn(TimeUnit)	指定した時間単位で応答時間を取得する

　この中でも代表的なasString()は、レスポンスボディを文字列として抽出するためのものです。

　文字列の抽出までをRestAssuredのAPIで行ったら、後は以下のコードのように、JUnitのアサーションAPIで検証するだけです。

```
assertEquals("40.0", response.asString());
```

JSONのパース

　レスポンスボディが特定のクラスを表す場合は、as()を呼び出して当該のクラス型に変換します。このAPIが呼び出されると、レスポンスのContent-Typeヘッダーからパース方式が自動的に決定され、当該クラスへの変換が行われます。例えば、Content-Typeヘッダーがapplication/jsonであれば、JSON形式でパースします。

　以下は、JSON形式のレスポンスボディをPerson型オブジェクトに変換し、JUnitのアサーションAPIで検証するためのコードです。

```
// レスポンスボディをPerson型に変換する
Person actualPerson = response.as(Person.class);
// JUnitのアサーションAPIで検証する
Person expectedPerson = new Person(1, "Alice", 25, "female");
assertEquals(expectedPerson, actualPerson);
```

JSON配列のパース

レスポンスボディがJSON形式の配列となる場合は、リストへの変換が
必要です。このような場合は、まずResponseのjsonPath()を呼び出して、
JsonPathオブジェクト（io.restassured.path.json.JsonPath）を取得します。

このクラスのgetList()を呼び出し、第1引数にパス、第2引数にクラス型
を指定すると、当該クラスのリストに変換することができます。

例えば、RESTサービスから以下のようなJSON形式のボディが返されたも
のとします。

```
[
    {
        "personId": 2,
        "personName": "Bob",
        "age": 35,
        "gender": "male"
    },
    {
        "personId": 3,
        "personName": "Carol",
        "age": 30,
        "gender": "female"
    },
    {
        "personId": 5,
        "personName": "Ellen",
        "age": 33,
        "gender": "male"
    }
]
```

このとき以下のようにすると、上記のレスポンスボディをList<Person>型
に変換することができます。

```
List<Person> actualList = response.jsonPath()
        .getList("", Person.class);
```

6.1.3 RestAssuredによるテストクラス実装の具体例

この項では、JUnitとRestAssuredによってRESTサービスのテストクラスをどのように実装するのか、具体例をもとに説明します。

テスト対象となるのは、Person（人物）というリソースに対するRESTサービスで、以下のようなREST APIを持つものとします。

- GETメソッドによる主キー検索API
- GETメソッドによる条件検索API
- POSTメソッドによる新規作成API
- PUTメソッドによる置換API
- DELETEメソッドによる削除API

■ GETメソッドによる主キー検索APIのテスト

ここではRestAssuredによって、「GETメソッドによって、Personの主キー検索を行うREST API」をテストするためのコードを取り上げます。このREST APIでは、主キーであるPersonIDをパスパラメータに指定し、検索の結果ヒットしたPersonをJSON形式で返すという仕様です。以下に、そのためのコードを示します。

📄 pro.kensait.spring.person.rest.test.PersonApiTest の一部

```
@Test
void test_GetPerson() {
    // 期待値を生成する
    Person expectedPerson = new Person(1, "Alice", 25, "female");
    Integer personId = 1; // テスト対象のpersonId
    // RestAssuredを使用してRESTサービスを呼び出す
    Response response = given()
            .pathParam("personId", personId) // パスパラメータを設定する
            .when()
            .get("/{personId}") // GETメソッドでサーバーを呼び出す
            .then()
            .statusCode(200) // ステータスコードが200であることを検証する 1
            .extract()
            .response(); // レスポンスを抽出する
    // レスポンスボディをPerson型で取り出す 2
```

```
    Person actualPerson = response.body().as(Person.class);
    // レスポンスボディを検証する 3
    assertEquals(expectedPerson, actualPerson);
}
```

このREST APIでは、主キー検索に成功するとステータスコード200
("OK") が返されるため、まずはそれを検証します **1** 。また、返された
JSON形式のレスポンスボディは、as() によってパースし、Person型に変換
します **2** 。そしてJUnitのアサーションAPIであるassertEquals()によって、
取得した実測値と期待値との一致を検証します **3** 。

■ GETメソッドによる条件検索APIのテスト

　ここではRestAssuredによって、「GETメソッドによって、Personの条件
検索を行うREST API」をテストするためのコードを取り上げます。このREST
APIは、クエリパラメータに指定された年齢以上のPersonを検索し、その結
果ヒットした複数のPersonを、JSON配列の形式で返すという仕様です。
　以下に、このようなREST APIのテストコードを示します。

📄 pro.kensait.spring.person.rest.test.PersonApiTest の一部

```
@Test
void test_QueryByLowerAge() throws Exception {
    // 期待値リストを生成する
    List<Person> expectedList = List.of(
            new Person(2, "Bob", 35, "male"),
            new Person(3, "Carol", 30, "female"),
            new Person(5, "Ellen", 33, "male"));
    Integer lowerAge = 30; // テスト対象の年齢
    // RestAssuredを使用してRESTサービスを呼び出す
    Response response = given()
            .queryParam("lowerAge", lowerAge) // クエリパラメータを設定する
            .when()
            .get("/query_by_age") // GETメソッドでサーバーを呼び出す
            .then()
            .statusCode(200) // ステータスコードが200であることを検証する 1
            .extract()
            .response(); // レスポンスを抽出する
```

```
    // レスポンスボディをList<Person>型で取り出す 2
    List<Person> actualList = response.jsonPath().getList("",
                                                 Person.class);
    // レスポンスボディを検証する 3
    assertIterableEquals(expectedList, actualList);
}
```

このREST APIでは、条件検索に成功するとステータスコード200 ("OK")
が返されるため、まずはそれを検証します 1 。

また、返されたJSON配列形式のレスポンスボディは、jsonPath()によっ
てパースし、List<Person>型（実測値リスト）に変換します 2 。

そしてJUnitのアサーションAPIであるassertIterableEquals()によって、
取得した実測値リストと期待値リストとの一致を検証します 3 。

■ POSTメソッドによる新規作成APIのテスト

ここではRestAssuredによって、「POSTメソッドによって、Personの新
規作成を行うREST API」をテストするためのコードを取り上げます。この
REST APIは、リクエストボディに設定したJSON型のデータが、新規リソー
スとして作成されるという仕様です。

以下に、このようなREST APIのテストコードを示します。

📄 pro.kensait.spring.person.rest.test.PersonApiTest の一部

```
@Test
void test_CreatePerson() {
    // リクエストボディを生成する
    Person person = new Person("Frank", 36, "male");
    // RestAssuredを使用してRESTサービスを呼び出す
    given()
            .contentType(ContentType.JSON) // コンテンツタイプにJSONを
                                           // 設定する
            .body(person) // リクエストボディを設定する
            .when()
            .post() // POSTメソッドでRESTサービスを呼び出す
            .then()
            .statusCode(201); // ステータスコードが201であることを検証する
}
```

このREST APIでは、新規作成に成功するとステータスコード201 ("Created") が返されるため、それを検証します。

■ PUTメソッドによる置換APIのテスト

ここではRestAssuredによって、「PUTメソッドによって、Personの置換を行うREST API」をテストするためのコードを取り上げます。このREST APIでは、主キーであるPersonIDはパスパラメータに指定し、対象データはJSON型でリクエストボディに設定します。もし同一のキーでリソースがすでに存在していれば更新し、なければ新規作成します。置換された結果（最新のリソース）は、JSON形式で返されます。

以下に、このようなREST APIのテストコードを示します。

📄 pro.kensait.spring.person.rest.test.PersonApiTest の一部

```
void test_ReplacePerson() {
    // リクエストボディを生成する
    Integer personId = 6; // テスト対象のpersonId
    Person person = new Person(personId, "Frank", 36, "male");
    // RestAssuredを使用してRESTサービスを呼び出す
    Response response = given()
            .contentType(ContentType.JSON) // コンテンツタイプにJSONを
                                           // 設定する
            .body(person) // リクエストボディを設定する
            .pathParam("personId", personId) // パスパラメータを設定する
            .when()
            .put("/{personId}") // PUTメソッドでRESTサービスを呼び出す
            .then()
            .statusCode(200) // ステータスコードが200であることを検証する 1
            .extract()
            .response(); // レスポンスを抽出する
    // レスポンスボディをPerson型で取り出す 2
    Person actualPerson = response.as(Person.class);
    // レスポンスボディを検証する 3
    assertEquals(person, actualPerson);
}
```

このREST APIでは、置換に成功するとステータスコード200 ("OK") が返

第6章 REST APIのテスト

されるため、まずはそれを検証します **1**。

また、返されたJSON形式のレスポンスボディは、as()によってパースし、Person型に変換します **2**。

そしてJUnitのアサーションAPIであるassertEquals()によって、取得した実測値と期待値との一致を検証します **3**。

■ DELETEメソッドによる削除APIのテスト

ここではRestAssuredによって、「DELETEメソッドによって、Personの削除を行うREST API」をテストするためのコードを取り上げます。このREST APIでは、主キーであるPersonIDはパスパラメータに指定する仕様です。

以下に、このようなREST APIのテストコードを示します。

pro.kensait.spring.person.rest.test.PersonApiTest の一部

```
@Test
public void test_DeletePerson() {
    Integer personId = 6; // テスト対象のpersonId
    // RestAssuredを使用してRESTサービスを呼び出す
    given()
            .pathParam("personId", personId) // パスパラメータを設定する
            .when()
            .delete("/{personId}") // DELETEメソッドでRESTサービスを呼び出す
            .then()
            .statusCode(200); // ステータスコードが200であることを検証する
}
```

このREST APIでは、削除に成功するとステータスコード200 ("OK") が返されるため、それを検証します。

6.2 WireMockによるモックサーバー構築

　WireMockとは、HTTPによるモックサーバーを効率的に作成するためのライブラリです。

　WireMockは、主に「仮想システム結合テスト」(1.3.1項)で利用します。「仮想システム結合テスト」とは、結合テストフェーズにおいて、「本物」の他システムと接続する前に、自システム内にモックサーバーを構築して行うテストを意味します。

　このようなテストを行う理由は、モックサーバーを自システム内に構築した方が、自分たちで振る舞いや返すデータを制御することにより、効率的に結合テストを進めることが可能になるからです。

▼図6-3　WireMockによる「仮想システム結合テスト」

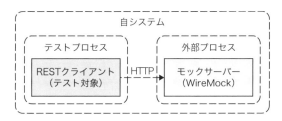

　WireMockでは、簡易的な実装によって、リクエスト(HTTPメソッド、URL、パラメータ、ボディ)に応じた疑似的な振る舞いを設定可能です。また返すレスポンスは、JSON形式、XML形式、HTML形式など、任意のフォーマットで生成することができます。

　なおこのライブラリを使えば、一般的なWebアプリケーションのモックも比較的簡単に作れますが、本書ではREST APIのためのモックサーバーを構築するために利用するものとします。

第 6 章　REST API のテスト

6.2.1　WireMockによるHTTPサーバーのモッキング

■ WireMockの基本的なクラス構成

　ここでは、WireMockによるモックサーバーの基本的なクラス構成を説明します。モックサーバーは、以下のようにmain()を持つメインクラスとして作成します。

```java
public class WireMockApp {
    public static void main(String[] args) {
        WireMockServer server = new WireMockServer(8080); // 1
        server.start(); // 2

        // 振る舞い1を設定する 3
        stubFor(........);
        // 振る舞い2を設定する 4
        stubFor(........);
    }
}
```

　main()の中では、まずWireMockServer (com.github.tomakehurst.wiremock.WireMockServer) のコンストラクタに、ポート番号を指定してインスタンスを生成します 1 。そしてstart()を呼び出すことで、サーバーを起動します 2 。

　続いてstubFor()を呼び出します。stubFor()の中には、マッチングの条件と、条件に一致した場合の振る舞いを設定していきます 3 4 。

　stubFor()は、1〜複数回呼び出すことができます。複数の振る舞いを設定した場合、後から設定された振る舞いが優先的にマッチングされるため、注意してください。

　つまり、複数の振る舞いは、マッチングの条件が広い方から狭い方へと、順番を意識してコードを記述する必要がある、というわけです。

■ WireMockの主要なAPI

　WireMockのAPIには、次のような種類があります。

266

- HTTPメソッドの条件設定API
- URLの条件設定API
- パラメータやボディの条件設定API
- パラメータやボディのためのマッチングAPI
- レスポンス生成API

WireMockの主要なAPIは、クラスcom.github.tomakehurst.wiremock.client.WireMockのスタティックメソッドとして提供されるため、以下のようにスタティックインポートするのが一般的です。

```
import static com.github.tomakehurst.wiremock.client.WireMock.*;
```

WireMockでは、このクラス（WireMock）のstubFor()呼び出しを起点に、さまざまなAPIをネストまたはチェーンして振る舞いを設定します。

本項では以降、WireMockのさまざまなAPIを一覧形式で紹介しますが、そこにはメソッド名しか記載していません。その理由は、これらのAPIがスタティックメソッドだったりチェーンして使ったりするのが基本であり、クラス名を意識することはほとんどないためです。

それぞれの種類のAPIについて、以降で順番に説明していきます。

HTTPメソッドの条件設定API

HTTPメソッドの条件設定APIには、以下のようなものがあります。

API（メソッド）	説明
get(String)	GETメソッドによるリクエストを、指定したURLパターンに一致させる
post(String)	POSTメソッドによるリクエストを、指定したURLパターンに一致させる
put(String)	PUTメソッドによるリクエストを、指定したURLパターンに一致させる
delete(String)	DELETEメソッドによるリクエストを、指定したURLパターンに一致させる
patch(String)	PATCHメソッドによるリクエストを、指定したURLパターンに一致させる

API（メソッド）	説明
head(String)	HEADメソッドによるリクエストを、指定したURLパターンに一致させる
options(String)	OPTIONSメソッドによるリクエストを、指定したURLパターンに一致させる
any(String)	任意のHTTPメソッドによるリクエストを、指定したURLパターンに一致させる

URLの条件設定API

URLの条件設定APIには、以下のようなものがあります。

API（メソッド）	説明
urlPathMatching(String)	URLを、指定した正規表現パターンに一致させる

これまで取り上げた一連のAPIは、以下のようにネストして記述します。

```
stubFor(get(urlPathEqualTo("/calc/add1"))) // 以降チェーンが続く
```

このコードは「HTTPはGETメソッド、URLは"/calc/add1"」という条件を設定しています。

パラメータやボディの条件設定API

パラメータやボディの条件設定APIには、以下のようなものがあります。

API（メソッド）	説明
withQueryParam(String, MatchPattern)	クエリパラメータを、指定したマッチングパターンに一致させる
withFormParam(String, MatchPattern)	フォームパラメータを、指定してマッチングパターンに一致させる
withRequestBody(MatchPattern)	リクエストボディを、指定したマッチングパターンに一致させる

これらのAPIの引数に指定するMatchPatternは、後述する「パラメータやボディのためのマッチングAPI」によって取得します。

パラメータやボディのためのマッチング API

パラメータやボディのためのマッチング API には、以下のようなものがあります。

API（メソッド）	説明
equalTo(String)	指定された文字列との完全一致を判定するマッチングパターンを返す
containing(String)	指定された文字列が含まれているかを判定するマッチングパターンを返す
matching(String)	指定された正規表現にマッチするかどうかを判定するマッチングパターンを返す
matchingJsonPath(String)	指定された JSON パスが一致するかを判定するマッチングパターンを返す

これまで取り上げた一連の API は、以下のようにネストして記述します。

```
stubFor(get(urlPathEqualTo("/calc/add1"))
        .withQueryParam("param1", equalTo("30.0"))
        .withQueryParam("param2", equalTo("10.0"))  // 以降チェーンが続く
```

このコードは、「HTTP は GET メソッド、URL は "/calc/add1"、2つのクエリパラメータが "30.0" と "10.0"」という条件を設定しています。

以下に別の例を示します。

```
stubFor(post(urlPathEqualTo("/calc/add2"))
        .withFormParam("param1", matching("¥d+¥.?¥d*"))
        .withFormParam("param2", matching("¥d+¥.?¥d*"))
```

このコードは、「HTTP は POST メソッド、URL は "/calc/add2"、2つのフォームパラメータが浮動小数点表現」という条件を設定しています。

レスポンス生成 API

レスポンス生成 API には、次の表のようなものがあります。

第6章 REST API のテスト

API（メソッド）	説明
willReturn(aResponse(....))	レスポンスを定義する
withStatus(int)	指定された値をステータスコードに設定する
withHeader(String, String)	指定された HTTP ヘッダーを追加する
withBody(String)	指定された文字列をレスポンスボディに設定する
withJsonBody(JsonNode)	指定された JsonNode[注2] をレスポンスボディに設定する
withBodyFile(String)	指定されたファイルをレスポンスボディに設定する

これまで取り上げた一連の API は、以下のようにネストして記述します。

📄 pro.kensait.spring.calc.rest.test1.WireMockApp の一部

```
stubFor(get(urlPathEqualTo("/calc/add1"))
        .withQueryParam("param1", equalTo("30.0"))
        .withQueryParam("param2", equalTo("10.0"))
        .willReturn(aResponse()
                .withStatus(200)
                .withHeader("Content-Type", "application/json")
                .withBody("40.0")));
```

この一つの stubFor() 呼び出しが、一つの疑似的な振る舞いの設定を表します。

まずこのコードの前半部分では、既出のとおり「HTTP は GET メソッド、URL は "/calc/add1"、2つのクエリパラメータが "30.0" と "10.0"」という条件を設定しています。

そして willReturn() 以降の後半部分では、この条件に一致した場合に、「ステータスコードに 200、コンテンツタイプに "application/json"、ボディに文字列 "40.0"」というレスポンスを返すように設定しています。

注2　Jackson ライブラリが提供するクラス com.fasterxml.jackson.databind.JsonNode。

6.2.2 WireMockによるモックサーバー構築の具体例

■ 具体例1：リクエストボディを持つREST API

ここでは、リクエストボディを持つRESTサービスをモッキングするための
サーバーを題材にします。以下のコードを見てください。

📄 pro.kensait.spring.calc.rest.test2.WireMockApp の一部

```
stubFor(post(urlPathEqualTo("/calc/add")) // 1
        .withRequestBody(containing("param1"))
        .withRequestBody(containing("param2"))
        .willReturn(aResponse()
                .withStatus(200)
                .withHeader("Content-Type", "application/json")
                .withBody("40.0")));

stubFor(post(urlPathEqualTo("/calc/add")) // 2
        .withRequestBody(matchingJsonPath("$.param2",
                                          equalTo("-1000.0")))
        .willReturn(aResponse()
                .withStatus(400)));
}
```

このコードは、同じHTTPメソッド（POST）、同じURL（"/calc/add"）に対
して、二つの疑似的な振る舞いを設定しています **1** **2** 。

まず最初に「リクエストボディに"param1"、"param2"という文字列が含ま
れていた場合に"40.0"を返す」という振る舞いを設定しています **1** 。そして
次に「リクエストボディの"param2"が"-1000.0"だった場合に、ステータス
コード400を返す」という振る舞いを設定しています **2** 。

ここで注意が必要なのが、前述したとおり、複数の振る舞いを設定した場
合は、後から設定された振る舞いが優先的にマッチングされるという点です。

仮にこのコードの二つの振る舞い設定 **1** **2** の記述順を逆にすると、すべ
ての条件において **1** の設定が優先されてしまい、**2** の条件（"param2"が
"-1000.0"）が有効になりませんので、気を付けるようにしましょう。

第6章 REST APIのテスト

■ 具体例２：リソースを操作するためのREST API

ここでは6.1.2項でも取り上げた、「Person（人物）というリソースに対する
RESTサービス」をモッキングするためのサーバーを題材にします。

このRESTサービスは、以下のような5つのREST APIを持っています。

- GETメソッドによる主キー検索API
- GETメソッドによる条件検索API
- POSTメソッドによる新規作成API
- PUTメソッドによる置換API
- DELETEメソッドによる削除API

これらのREST APIに対する疑似的な振る舞いを、WireMockによって実
現するためのコードを、以降に順に示します。

これらのAPIは、JavaオブジェクトからJSON形式の文字列に変換し、そ
れをレスポンスとして返却します。そのため、まずは以下のようにして、
JacksonのObjectMapperを生成しておきます。

📄 pro.kensait.spring.person.rest.test1.WireMockApp の一部

```
ObjectMapper mapper = new ObjectMapper();
```

また当該クラスのスタティックフィールドとして、Personを表すalice、
frankや、Personのリストを表すpersonListを定義しておくものとします。

それでは以降にて、このObjectMapperインスタンスを前提に、疑似的な
振る舞いを設定するためのコードを、ポイントを絞って見ていきましょう。

「GETメソッドによる主キー検索API」に対する疑似的な振る 舞い設定

まず「GETメソッドによる主キー検索API」に対する疑似的な振る舞いを設
定するためのコードを示します。

272

📄 pro.kensait.spring.person.rest.test1.WireMockApp の一部

```
stubFor(get(urlPathMatching("/persons/¥d+")) // 1
        .willReturn(aResponse()
            .withStatus(200)
            .withHeader("Content-Type", "application/json")
            .withJsonBody(mapper.valueToTree(alice)))); // 2
```

　URLの条件設定では、urlPathMatching()に正規表現を指定することによってマッチングします **1** 。またレスポンス生成の処理では、ObjectMapperによってPersonインスタンスaliceをJSON形式に変換し、それをレスポンスボディに設定しています **2** 。

「GETメソッドによる条件検索API」に対する疑似的な振る舞い設定

　次に「GETメソッドによる条件検索API」に対する疑似的な振る舞いを設定するためのコードを、以下に示します。

📄 pro.kensait.spring.person.rest.test1.WireMockApp の一部

```
stubFor(get(urlPathEqualTo("/persons/query_by_age"))
        .withQueryParam("lowerAge", equalTo("30")) // 1
        .willReturn(aResponse()
            .withStatus(200)
            .withHeader("Content-Type", "application/json")
            .withJsonBody(mapper.valueToTree(personList)))); // 2
```

　パラメータの設定処理では、クエリパラメータ"lowerAge"をequalTo()によってマッチングさせています **1** 。またレスポンス生成の処理では、ObjectMapperによってPersonインスタンスのリストをJSON配列形式に変換し、それをレスポンスボディに設定しています **2** 。

「POSTメソッドによる新規作成API」に対する疑似的な振る舞い設定

　次に「POSTメソッドによる新規作成API」に対する疑似的な振る舞いを設定するためのコードを示します。

第6章 REST API のテスト

📄 pro.kensait.spring.person.rest.test1.WireMockApp の一部

```
stubFor(post(urlPathEqualTo("/persons"))
        .withRequestBody(containing("personName")) // 1
        .withRequestBody(containing("age")) // 2
        .withRequestBody(containing("gender")) // 3
        .willReturn(aResponse()
            .withStatus(201)
            .withHeader("Content-Type", "application/json")
            .withJsonBody(mapper.valueToTree(frank)))); // 4
```

　リクエストボディの条件設定では、"personName"、"age"、"gender"とい
う文字列が含まれていることを条件に設定しています 1 ～ 3 。また、レス
ポンス生成の処理では、ObjectMapperによってPersonインスタンスfrank
をJSON形式に変換し、それをレスポンスボディに設定しています 4 。

「PUTメソッドによる置換API」に対する疑似的な振る舞い設定

　次に「PUTメソッドによる置換API」に対する疑似的な振る舞いを設定する
ためのコードを、以下に示します。

📄 pro.kensait.spring.person.rest.test1.WireMockApp の一部

```
stubFor(put(urlPathMatching("/persons/¥d+")) // 1
        .withRequestBody(containing("personName")) // 2
        .withRequestBody(containing("age")) // 3
        .withRequestBody(containing("gender")) // 4
        .willReturn(aResponse()
            .withStatus(200)
            .withHeader("Content-Type", "application/json")
            .withJsonBody(mapper.valueToTree(frank))));
```

　URLの条件設定では、urlPathMatching()に正規表現を指定すること
によってマッチングします 1 。またリクエストボディの条件設定では、
"personName"、"age"、"gender"という文字列が含まれていることを条件に
設定しています 2 ～ 4 。

274

「DELETEメソッドによる削除API」に対する疑似的な振る舞い設定

最後に「DELETEメソッドによる削除API」に対する疑似的な振る舞いを設定するためのコードを、以下に示します。

📝 pro.kensait.spring.person.rest.test1.WireMockApp の一部

```
stubFor(delete(urlPathMatching("/persons/¥d+")) // 1
        .willReturn(aResponse()
            .withStatus(200)
            .withHeader("Content-Type", "application/json")));
```

URLの条件設定では、urlPathMatching()に正規表現を指定することによって、マッチングしています 1 。

■ 具体例3：静的ファイルを返すREST API

前項では、JacksonによってJavaオブジェクトからJSON形式の文字列に変換し、それをレスポンスとして返却しましたが、WireMockでは静的なファイルをレスポンスとして返却することも可能なので、その方法を紹介します。この項でも「Person（人物）リソースに対するRESTサービス」をモッキングするためのサーバーを題材にします。

まず次のように、レスポンスのための静的ファイル（JSON形式）を作成します。

```
[
    {
        "personId": 1,
        "personName": "Alice",
        "age": 25,
        "gender": "female"
    },
    ........
    {
        "personId": 3,
        "personName": "Carol",
```

第 6 章　REST API のテスト

```
        "age": 30,
        "gender": "female"
    }
]
```

　WireMockにおけるレスポンス用静的ファイルの配置場所は、デフォルトではクラスパスが設定されたパス配下の「＿files」という名前のフォルダに決まっています。ここでは上記ファイルを、"person.json"という名前でこの場所に保存します。

　次に、上記ファイル"person.json"を返すためのWireMockのコードを、以下に示します。

📄 pro.kensait.spring.person.rest.test2.WireMockApp の一部

```
stubFor(get(urlPathEqualTo("/persons"))
        .willReturn(aResponse()
        .withStatus(200)
        .withHeader("Content-Type", "application/json")
        .withBodyFile("persons.json"))); // 1
```

　このようにwithBodyFile()にファイル名を指定すると、その内容が読み込まれてレスポンスとして返却されます 1 。

　なお静的ファイルの配置場所は、任意のフォルダに設定することができます。そのためにはクラスWireMockServerのインスタンス生成時に、withRootDirectory()に絶対パスを指定します。

```
WireMockServer wireMockServer =
        new WireMockServer(WireMockConfiguration.wireMockConfig()
                .withRootDirectory("C:/wiremock/files")
                .port(8080));
```

　このようにすると、静的ファイルは"C:/wiremock/files"から読み込まれます。

第 **7** 章

UI テストの自動化

7.1 SelenideによるWebブラウザのUIテスト

7.1.1 Seleniumの概要

　Seleniumとは、WebブラウザのUIテストを自動化するためのフレームワークです。Webブラウザのエミュレーターとして動作し、ユーザーが手動で操作するのと同じように、Webアプリケーションの挙動を自動的にテストすることができます。

　Javaに限らずさまざまなプログラミング言語によってサポートされており（Python、C#など）、UIテストのためのフレームワークとしては世界的に最も広く普及しています。

■ SeleniumとWebDriverの仕組み

　Seleniumにおいて中核となる技術が、WebDriverです。WebDriverを利用すると、当該環境にインストールされたWebブラウザを、ネイティブに呼び出すことが可能になります。

　WebDriverは、Chrome、Firefox、Edge、Safariなど主要なWebブラウザに対応しており、それぞれに切り替えてテストすることができます。

▼図7-1　SeleniumとWebDriverの仕組み

　WebDriverによって操作されるWebブラウザは、テスト対象のWebアプリケーションとの間で実際に通信を行うため、テストとしては結合テストまたはシステムテストに分類されます。

■ SeleniumによるUI操作

　SeleniumによるテストコードにはWebブラウザやUIに対する操作、具体的には、Webページを開く、テキストを入力する、ボタンをクリックするといった処理を記述します。そして当該Seleniumコードを起動すると、WebDriverによってChromeなどのWebブラウザが実際に起動され、記述されたコードに従ってWebブラウザやUIの操作が行われます。

　もし開いたWebページにJavaScriptが埋め込まれており、UI操作に対するイベントハンドラーや、Ajaxによる非同期通信などが実装されていたとしたら、それらは自動的に動作します。

　Webアプリケーションのアーキテクチャには、サーバーサイドで複数ページがレンダリングされる「マルチページアプリケーション（MPA）」と、1つのWebページ上でJavaScriptよってユーザーとのインタラクションが完結する「シングルページアプリケーション（SPA）」とがありますが、Seleniumでは基本的にその両者の違いを意識する必要はありません[注1]。

　またWebアプリケーションへの認証も、あくまでも認証を行う操作（具体的にはログイン）を実装すればよく、それ以上に特別な対応は不要です。

　SeleniumはあくまでもWebブラウザのエミュレータなので、Webブラウザと同じように認証が行われ、クッキーによる認証済みのセッションも自動的に管理されます。

7.1.2 Selenideの基本

　SelenideとはSeleniumWebDriverのラッパーとして機能するフレームワークです。SelenideはJavaで記述されているため、主にJavaやKotlinなどのJVM言語で使用されることが前提になっています。

　Selenideを利用すると、SeleniumによるWebブラウザのUIテストを、より効率的に実装することが可能になります。本書はJavaによるテスト解説書のため、WebブラウザのUIテスト自動化フレームワークとして、Selenideを取り上げるものとします。

　Selenideは必ずしもJUnitを前提にはしていませんが、JUnitと組み合わせ

注1　SPAの場合は待機ロジックの追加が必要になるケースが多いが、後述するSelenideでほとんど対応可能。

第7章 UIテストの自動化

ることにより、CI/CDパイプラインの中で実行可能にするケースが一般的です。本書でもSelenideによるUIテストを、JUnitのテストクラスとして実装します。

Selenideテストの定義情報

Selenideテストの基本的な定義情報は、クラス com.codeborne.selenide. Configurationのスタティックフィールドに設定します。Configurationのスタティックフィールドには、以下のようなものがあります。

フィールド名	説明
baseUrl	テストするアプリケーションのベースURL
browser	使用するWebブラウザのタイプ ("chrome"、"firefox"、"edge"、"safari"など)
startMaximized	ブラウザを最大化して開始するかどうか
reportsFolder	スクリーンショットを保存するフォルダのパス
screenshots	テスト失敗時にスクリーンショットを取るかどうか
timeout	要素が見つかるまでの最大待機時間 (ミリ秒)

これらの情報は、一種のテストフィクスチャです。テストクラス全体でこれらが同一の場合、@BeforeAllが付与された前処理メソッドの中でこれらのフィールドに値を設定します。

以下に、Webブラウザの種類およびベースURLを設定するコードを示します。

```
@BeforeAll
static void initAll() {
    Configuration.browser = "chrome";
    Configuration.baseUrl = "http://localhost:8080";
}
```

なお、もしテストケースごとにこれらの値を切り替えたい場合は、テストメソッド内で個別に設定しても問題ありません。

Selenideの主要なAPI

SelenideのAPIには、以下のような種類があります。

①Webブラウザを操作するためのAPI

②Webページ情報取得のためのAPI

③UI要素を取得するためのAPI

④UIを操作するためのAPI

⑤UI要素を検証するためのAPI

⑥スクリーンショット取得のためのAPI

⑦その他のAPI

　Selenideによるテストコードは、これらのAPIを使用して、以下のようなフローで実装します。

　まず①のAPIによって、特定のWebページ（テスト対象Webアプリケーションのトップページ）を開きます。

　新しいページを開いたり、ページ遷移したりした場合は、それが成功したことを確認するために、ページのタイトルを②のAPIで取得します。取得したタイトルが期待した値かどうかを検証するためには、JUnitのテストクラスであればアサーションAPIを利用します。

　次に③のAPIで特定のUI要素を取得します。そして取得したUI要素に対して、テキストフィールドであれば値の入力、セレクトボックスであれば選択、ボタンであればクリックといった具合に、④のAPIによってUIを操作します。Selenideでは、このようにしてユーザーによる操作をAPIでエミュレートします。

　さらにページ内のUI要素が正しく表示されていることを検証するために、対象となるUI要素を③のAPIで取得します。特にデータベース検索など、何らかの業務ロジックの結果としてUI要素が表示された場合は、それらを検証の対象にした方がよいでしょう。

　このようにして取得したUI要素は、⑤のAPIによって検証します。具体的には、UI要素が期待される属性や値を持っているか、もしくは期待される状態にあるかをチェックします。

このようにSelenideでは表示されたUI要素をAPIによって検証しますが、「画面の見た目が崩れていないこと」までAPIで検証するのには限界があります。そこで⑥のAPIでスクリーンショットを自動保存し、開発者が必要に応じて後から目で確認するようにします。

これらのSelenideのAPIは、クラスcom.codeborne.selenide.Selenideのスタティックメソッドとして提供されるものが多いため、以下のようにスタティックインポートするのが一般的です。

```
import static com.codeborne.selenide.Selenide.*;
```

Selenideでは、このクラス（Selenide）のスタティックメソッド呼び出しを起点に、APIをチェーンして処理を構築します。

■ Webブラウザを操作するためのAPI

Webブラウザを操作するためのAPIには、以下のようなものがあります。

API	説明
open(String)	Webブラウザで指定されたURLを開く
back()	Webブラウザの戻るボタンをクリックする
forward()	Webブラウザの進むボタンをクリックする
refresh()	Webブラウザで現在ページをリフレッシュする
clearBrowserCookies()	Webブラウザのクッキーをクリアする
clearBrowserLocalStorage()	Webブラウザのローカルストレージをクリアする

特定のURLでWebページを開くためには、以下のようにopen()を呼び出します。

```
open("/toSelect");
```

このとき、Configuration.baseUrlにベースURLが設定されている場合は、ベースURLからの相対パスを指定します。

■ Webページ情報取得のためのAPI

Webページ情報取得のためのAPIには、以下のようなものがあります。

API	説明
title()	現在ページのタイトルを取得する
url()	現在ページのURLを取得する

以下は、開いたWebページのタイトルを取得し、JUnitのアサーションAPI
で検証するためのコードです。

```
assertEquals("TopPage", title());
```

■ UI要素を取得するためのAPI

UI要素を取得するためのAPIには、以下のようなものがあります。

API	説明
$(String)	指定されたCSSセレクタによって要素を取得する
$$(String)	指定されたCSSセレクタを使用して、要素コレクションを取得する
first()	要素コレクションから最初の要素を取得する
last()	要素コレクションの最後の要素を取得する
get(int)	要素コレクション内の指定されたインデックスにある要素を取得する

Selenideで は、UI要 素 は ク ラ ス SelenideElement (com.codeborne.
selenide.SelenideElement) によって表されます。UI要素を取得するための
最も基本的なAPIが、$()と$$()です。

まず$()で す が、 こ のAPIにCSSセ レ ク タ を 指 定 す る と、 要 素 が
SelenideElementインスタンスとして返されます。例えば$("#email")であれ
ば、"email"というIDを持つ要素を取得します。

ま た 同 じ よ う に$$()にCSSセ レ ク タ を 指 定 す る と、 複 数 の 要
素 がSelenideElementの コ レ ク シ ョ ン と し て 返 さ れ ま す。 例 え ば
$$("#bookstore-table tbody tr") であれば、"book-table"というIDを持つ要
素下の、さらにtbody要素下のtr要素のコレクションを取得することができ
ます。

283

第 7 章　UI テストの自動化

さらにチェーンして以下のように記述すると、tr要素コレクションの最初の
要素 (行) を取得し、その中のtd要素コレクションから、最初のtd要素を取得
可能です。

```
SelenideElement elem = $$("#book-table tbody tr").first().$$("td")
    .first();
```

なお上記コードは便宜上、SelenideElementインスタンスを取得して変数
に代入しています。実際には後述する「UIを操作するためのAPI」や「要素を
検証するためのAPI」にチェーンして記述する方が一般的です。

■ UIを操作するためのAPI

既出の「UI要素を取得するためのAPI」によってUI要素を取得したら、次に
UIの操作を行います。UI要素を表すSelenideElementのAPIには、以下のよ
うなものがあります。

API	説明
click()	要素をクリックする
doubleClick()	要素をダブルクリックする
contextClick()	要素で右クリック (コンテキストクリック) する
setValue(String)	要素に指定された値を設定する (テキストフィールドやテキストエリア等)
selectOption(String)	ドロップダウンから指定されたテキスト値を持つオプションを選択する
selectOptionByValue(String)	ドロップダウンから指定された値 (value) を持つオプションを選択する
uploadFile(File)	ファイルアップロード要素にファイルをアップロードする
hover()	要素の上にマウスを移動する
scrollTo()	要素までスクロールする
confirm()	アラートダイアログのOKをクリックする
dismiss()	アラートダイアログのキャンセルをクリックする

ボタンのクリック

ボタンをクリックするためには、まず$()でUI要素を取得し、そのclick()を呼び出します。

以下に、"loginButton"というIDを持つボタンをクリックするためのコードを示します。

```
$("#loginButton").click();
```

テキストフィールドやテキストエリアへの入力

テキストフィールドやテキストエリアに文字列を入力するためには、取得したUI要素に対してsetValue()を呼び出し値を指定します。

以下に、"email"というIDを持つテキストフィールドに、値を入力するためのコードを示します。

```
$("#email").setValue("alice@gmail.com");
```

セレクトボックスの選択

以下のようなセレクトボックスがあるものとします。

```
<select id="category" name="categoryId">
    <option value=""></option>
    <option value="1">Java</option>
    <option value="2">SpringBoot</option>
    <option value="3">SQL</option>
</select>
```

これに対して、<option value="2">SpringBoot</option>を選択するためのAPIには、selectOption()とselectOptionByValue()があります。

まずselectOption()は、テキスト値を指定することによりUI要素を選択します。以下にそのコードを示します。

```
$("#category").selectOption("SpringBoot");
```

もう一つの selectOptionByValue() は、value 属性を指定することにより UI 要素を選択します。以下のコードは、一つ前のコードとまったく同じ挙動になります。

```
$("#category").selectOptionByValue("2");
```

ラジオボタンの選択

以下のようなラジオボタンがあるものとします。

```
<input type="radio" name="gender" value="male" checked>男性
<input type="radio" name="gender" value="female">女性
```

ラジオボタンは通常、上記コードのように name 属性を使ってグルーピングされ、ID で一意に特定できないケースが多いでしょう。このラジオボタンに対して、"女性"を選択する操作はどのように実現したらよいでしょうか。

このような場合は、以下のように CSS セレクタの指定を工夫して要素を絞り込み、click() をチェーンして呼び出せば OK です。

```
$$("input[name='gender'][value='female']").click();
```

また別の方法として、クラス Selectors (com.codeborne.selenide. Selectors) のスタティックメソッド byName() を利用すると、簡潔にコードを記述可能です。そのためには、まず以下のように Selectors のスタティックインポートを追加します。

```
import static com.codeborne.selenide.Selectors.*;
```

そして Selectors の byName() に name 属性を指定することによって要素を取り出し、selectRadio() にチェーンして、クリックしたいボタンの value 値を指定します。

```
$(byName("gender")).selectRadio("female");
```

■ UI要素を検証するためのAPI

UI要素を検証するためには、まず「UI要素を取得するためのAPI」によって
UI要素（SelenideElement）を取得する必要があります。

そしてSelenideElementの以下のようなAPIを呼び出すことによって、検
証を行います。

API	説明
should(Condition)	要素が指定された条件を満たすことを検証する
shouldBe(Condition)	should()の別名
shouldHave(Condition)	should()の別名
shouldNot(Condition)	要素が指定された条件を満たさないことを検証する
shouldNotBe(Condition)	shouldNot()の別名
shouldNotHave(Condition)	shouldNot()の別名

このように、should()にはshouldBe()およびshouldHave()、shouldNot()
にはshouldNotBe()およびshouldNotHave()という別名のAPIが、それぞれ
用意されています。

これらのAPIは機能的に同等ですが、テストの文脈や意図に応じて使い分け
ることが推奨されています。例えばshould()については、要素が特定の属性
や値を持っているかを検証する場合はshouldHave()を、要素が特定の状態に
あるかを検証する場合はshouldBe()を使うことにより、コードの可読性が向
上します。

Condition

検証用APIにはいずれも、引数として「検証OKとなる条件」をCondition
インスタンスで指定します。Conditionインスタンスは、クラスCondition
（com.codeborne.selenide.Condition）のスタティックメソッド呼び出しや
スタティックフィールドとして指定します。そのためには、まず以下のように
Conditionのスタティックインポートを追加します。

```
import static com.codeborne.selenide.Condition.*;
```

第7章 UIテストの自動化

ConditionのAPI（スタティックメソッド）には、以下のようなものがあります。

API	説明
text(String)	要素のテキスト値が指定されたテキストを含んでいること
exactText(String)	要素のテキスト値が指定されたテキストと完全に一致すること
value(String)	要素が指定された値を持つこと（input要素、textarea要素、select要素）
attribute(String, String)	要素が指定された属性と値を持つこと
cssClass(String)	要素が指定されたCSSクラスを持つこと

また、Conditionのスタティックフィールドには、以下のようなものがあります。

スタティックフィールド	説明
enabled	要素が有効である（操作可能である）こと
disabled	要素が無効であること
selected	要素が選択されていること
checked	チェックボックスまたはラジオボタンがチェックされていること
exist	要素が存在すること（表示、非表示は問わない）
visible	要素が存在し、表示されていること
hidden	要素が存在し、非表示であること

検証APIの具体的な使い方

それでは、検証APIの使い方をコードで見ていきましょう。以下に、Selenideにおける検証APIの具体例をいくつか示します。

```
// ID"email"がテキスト値"alice@gmail.com"を持つことを検証する
$$("#email").shouldHave(text("alice@gmail.com"));
// ID"registerButton"が表示されていることを検証する
$("#registerButton").shouldBe(visible);
// ID"registerButton"が存在しないことを検証する
$("#registerButton").shouldNotBe(exist);
// ID"registerButton"が、属性名"formaction"、属性値"/register"
```

288

```
// を持っていることを検証する
$("#registerButton").shouldHave(attribute("formaction",
    "/register"));
// name属性"gender"が、選択されていることを検証する
$(byName("gender")).shouldBe(selected);
```

　各行における検証内容は、それぞれコード内のコメントを参照してください。

■ スクリーンショット取得のためのAPI

　スクリーンショットを保存するフォルダは、ConfigurationのスタティックフィールドreportsFolderに設定します。通常この値はテストクラス全体で同一のため、@BeforeAllが付与された前処理メソッドの中で設定します。

　このとき、取得したスクリーンショットのファイルが、テスト実行のたびに上書きされてしまうことがないように、以下のようにして起動時間をフォルダ名に含めるとよいでしょう。

```
DateTimeFormatter formatter =
                    DateTimeFormatter.ofPattern("yyyyMMddHHmmss");
String dateTime = LocalDateTime.now().format(formatter);
Configuration.reportsFolder =
            "build/reports/screenshots/BookStoreTest/" + dateTime;
```

　続いて、スクリーンショット取得のためのAPIは以下のとおりです。

API	説明
screenshot(String)	現在ページのスクリーンショットを取得し、指定された名前で保存する

　以下のコードを見てください。

```
screenshot("BookSelectPage");
```

　このようにすると、フィールドreportsFolderに設定されたフォルダ内に、"BookSelectPage.png"という名前でスクリーンショットが保存されます。

■ その他のAPI

Selenideのその他のAPIには、以下のようなものがあります。

API	説明
sleep(long)	指定されたミリ秒間、操作を一時停止する
executeJavaScript(String, Object...)	指定されたJavaScriptコードに引数を渡して実行する

7.1.3 SelenideによるテストクラスⅠ実装の具体例

■ 「テックブックストア」のUIテスト

本項ではUIテストの題材として、「テックブックストア」というWebアプリケーションを取り上げます。このWebアプリケーションは、技術書を専門に扱うオンラインストアで、一般的なECサイトと同じように、以下のようなユースケースや機能があります。

- ユーザー登録を行う（登録する属性は、名前、メールアドレス、パスワード、生年月日、住所）
- メールアドレスとパスワードからユーザー認証を行い、ログインする
- 取り扱っている技術書を一覧で参照する
- 技術書をカテゴリーまたはキーワードから検索する
- 技術書を一覧から選択してカートに入れる（同じ書籍を何冊でも購入可能）
- カートに入った書籍を一覧で参照する（注文金額の合計が自動計算される）
- カートに入った書籍を削除する
- カートに入った書籍を注文する（配送先住所や決済方法を指定）
- 注文時にポップアップウィンドウが立ち上がり、確認を促される
- 注文時に在庫チェックが行われ、不足があるとエラーが返される
- 注文履歴を参照する
- ログアウトする

このWebアプリケーションのページ遷移は、次の図のとおりです。

7.1　Selenide による Web ブラウザの UI テスト

▼図 7-2　「テックブックストア」のページ遷移

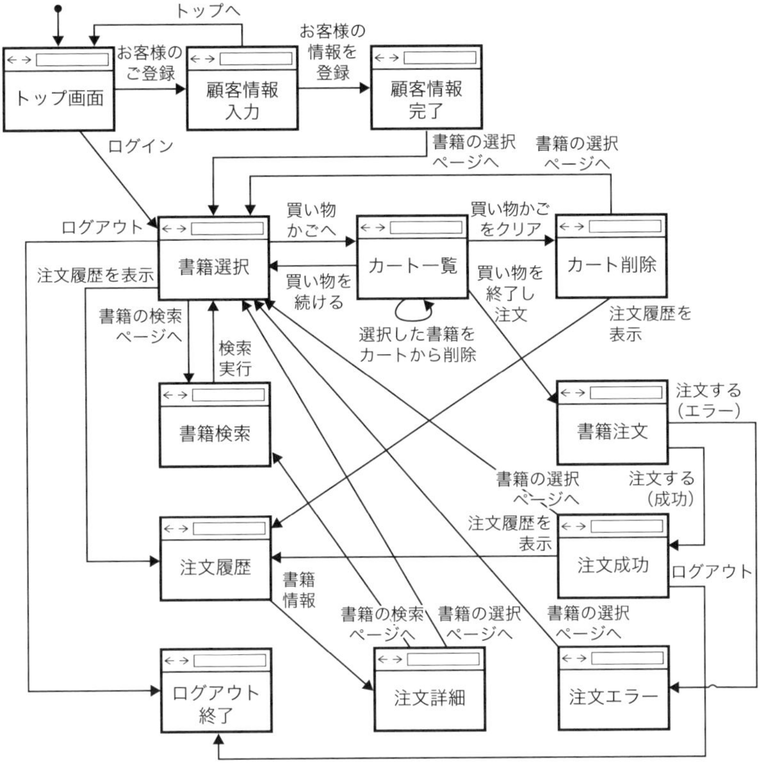

　また、この Web アプリケーションに対して UI テストを行うための操作内容
は、次ページの図に記した番号のとおりです。なお図における操作の番号は、
後述する Selenide コードにおいてコメントに付与した番号と整合しています。

第 7 章　UI テストの自動化

▼図 7-3　UI テストにおける「テックブックストア」の操作

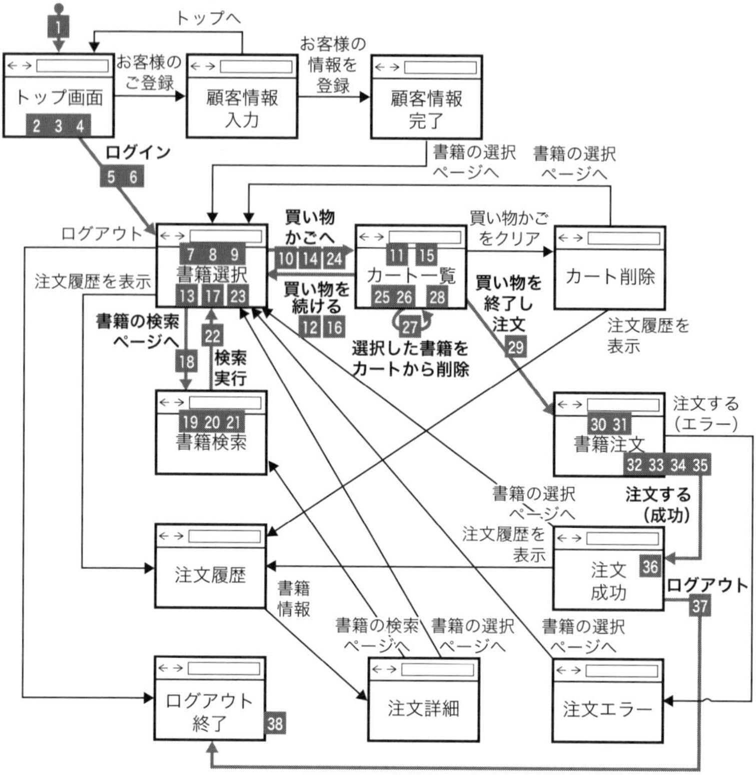

トップへ

トップ画面
2 3 4

お客様の
ご登録

顧客情報
入力

お客様の
情報を
登録

顧客情報
完了

ログイン
5 6

書籍の選択
ページへ

書籍の選択
ページへ

ログアウト

書籍選択
7 8 9
13 17 23

買い物
かごへ
10 14 24

買い物を
続ける
12 16

カート一覧
11 15
25 26 28
27

買い物かご
をクリア

カート削除

注文履歴を表示

書籍の検索
ページへ
18

検索
実行
22

選択した書籍を
カートから削除

買い物を
終了し
注文
29

注文履歴を
表示

書籍検索
19 20 21

書籍注文
30 31
32 33 34 35

注文する
（エラー）

注文する
（成功）

注文履歴
書籍
情報

書籍の選択
ページへ
注文履歴を
表示

注文
成功
36

ログアウト
37

書籍の検索
ページへ

書籍の選択
ページへ

書籍の選択
ページへ

ログアウト
終了
38

注文詳細

注文エラー

　このWebアプリケーションを上記図のように操作し、検証を行うための
Selenideコードを、以下に示します。

pro.kensait.selenium.bookstore.BookStoreTest

```
public class BookStoreTest {
    // テストクラス全体の前処理
    @BeforeAll
    static void initAll() {
        ........
    }

    @Test
    void test_BookStoreOperations() {
```

```
// 1. トップページをオープン
open("http://localhost:8080");
// 2. ページのタイトル検証: TopPage
assertEquals("TopPage", title());
screenshot("1-TopPage");
// 3. 入力: email
$("#email").setValue("alice@gmail.com");
// 4. 入力: password
$("#password").setValue("password");
// 5. クリック: loginButton (ログイン)
$("#loginButton").click();
// 6. リダイレクト: /toSelect (書籍選択ページへ)
open("/toSelect");
// 7. ページのタイトル検証: BookSelectPage
assertEquals("BookSelectPage", title());
screenshot("7-BookSelectPage");
// 8. 書籍一覧テーブルの1行目の1列目の検証
$$("#book-table tbody tr").first().$$("td").first()
    .shouldHave(text("Java SEディープダイブ"));
// 9. 書籍一覧テーブルの行数検証
assertEquals(34, $$("#book-table tbody tr").size());
// 10. クリック: button-3 (書籍選択)
$("#button-3").click();
// 11. ページのタイトル検証: CartViewPage
assertEquals("CartViewPage", title());
screenshot("11-CartViewPage");
// 12. クリック: toSelectLink (書籍選択ページへ)
$("#toSelectLink").click();
// 13. ページのタイトル検証: BookSelectPage
assertEquals("BookSelectPage", title());
screenshot("13-BookSelectPage");
// 14. クリック: button-5 (書籍選択)
$("#button-5").click();
// 15. ページのタイトル検証: CartViewPage
assertEquals("CartViewPage", title());
screenshot("15-CartViewPage");
// 16. クリック: toSelectLink (書籍選択ページへ)
$("#toSelectLink").click();
// 17. ページのタイトル検証: BookSelectPage
assertEquals("BookSelectPage", title());
screenshot("17-BookSelectPage");
```

第 7 章 UI テストの自動化

```java
// 18. クリック: toSearchLink (書籍検索ページへ)
$("#toSearchLink").click();
// 19. ページのタイトル検証: BookSearchPage
assertEquals("BookSearchPage", title());
screenshot("19-BookSearchPage");
// 20. 選択: category ("SpringBoot"を選択)
$("#category").selectOption("SpringBoot");
// 21. 入力: keyword ("Cloud"と入力)
$("#keyword").setValue("Cloud");
// 22. クリック: search1Button (検索実行)
$("#search1Button").click();
// 23. ページのタイトル検証: BookSelectPage
assertEquals("BookSelectPage", title());
screenshot("23-BookSelectPage");
// 24. クリック: button-11 (書籍選択)
$("#button-11").click();
// 25. ページのタイトル検証: CartViewPage
assertEquals("CartViewPage", title());
screenshot("27-CartViewPage");
// 26. クリック: check-3
$("#check-3").click();
// 27. クリック: removeButton (書籍削除)
$("#removeButton").click();
// 28. ページのタイトル検証: CartViewPage
assertEquals("CartViewPage", title());
screenshot("28-CartViewPage");
// 29. クリック: fixButton (注文確定)
$("#fixButton").click();
// 30. ページのタイトル検証: BookOrderPage
assertEquals("BookOrderPage", title());
screenshot("30-BookOrderPage");
// 31. クリック: name属性settlementTypeを"1"に
// (決済方法に銀行振り込みを選択)
$(byName("settlementType")).selectRadio("1");
// 32. クリック: orderButton (注文実行)
$("#orderButton1").click();
// 33. ポップアップウィンドウ キャンセル操作
dismiss();
// 34. クリック: orderButton
$("#orderButton1").click();
// 35. ポップアップウィンドウ OK操作
```

```
        confirm();
        // 36. ページのタイトル検証: OrderSuccessPage
        assertEquals("OrderSuccessPage", title());
        screenshot("37-OrderSuccessPage");
        // 37. クリック: logoutButton (ログアウト)
        $("#logoutButton").click();
        // 38. ページのタイトル検証: FinishPage
        assertEquals("FinishPage", title());
        screenshot("38-FinishPage");
    }
}
```

　このテストコードでは、SelenideのAPIによってWebブラウザをエミュレートし、さまざまなUI操作を行うことによって処理を進めています。ページ遷移が行われるたびにスクリーンショットを保存し、ページタイトルを取得して、JUnitのアサーションAPIで検証しています。また、随所でUI要素を取得し、期待されたとおりに表示されているかを検証しています。

　それぞれの処理の詳細は、コード上のコメントを参照してください。

第 **8** 章

負荷テストの自動化

8.1 Gatlingによる負荷テスト

■ 負荷テストの概要と負荷テストツールの機能

　負荷テストとは、システムに対してピーク時に想定される負荷をかけ、性能要件を充足しているかを確認するテストです。性能要件とは、具体的にはスループットやレスポンスタイムなどのことを指します。負荷テストに関する説明は、1.3.3項も参照してください。

　負荷テストツールとは、ユーザー操作によって発生するリクエストをエミュレートし、システム（サーバー）に負荷をかけるためのツールです。負荷テストツールには、オープンソースのものから商用の製品まで、さまざまな種類があります。

　サポートするプロトコルはツールによってまちまちですが、ほとんどのツールがHTTP/HTTPSに対応しており、WebアプリケーションやREST APIに対する負荷テストを行うことが可能です。その場合、負荷テストツールはHTTPクライアントとなって、疑似的なHTTPリクエストを生成して送信します。

　例えばWebアプリケーションのための負荷テストツールであれば、一般的に以下のような機能を有しています。

- テストシナリオのシーケンス制御（ログイン→商品選択を3回→注文→ログアウトなど）
- テストシナリオのきめ細かい制御（繰り返し回数設定、リクエスト間隔調整、ランダムな一時停止など）
- リクエスト（クエリパラメータ、フォームパラメータ、リクエストボディ、HTTPヘッダー）の構築
- 定義ファイル（CSVファイルなど）からのテストデータの読み込み
- レスポンスに基づく動的な（次の）リクエストの構築
- クッキーの自動制御とカスタマイズ

- レスポンスの検証
- 同時実行ユーザー数の設定および段階的な引き上げ（ランプアップ）
- テスト結果のレポート出力（ユーザー数とレスポンスタイムの相関、レスポンスタイムの分布など）

なお、第7章で取り上げたSelenium（Selenide）が「ユーザーによるWebブラウザの操作」をエミュレートするツールだったのに対して、負荷テストツールがエミュレートするのはあくまでも「ユーザー操作によって発生するリクエスト」です。

前章からの続きという意味では、この点は若干の頭の切り替えが必要かもしれません。

8.1.1 Gatlingの基本

Javaにおける負荷テストツールと言えば、何といってもApache JMeterがその代表でしょう。JMeterは、HTTP/HTTPS、WebSocket、JDBC、JMS、LDAP、SMTPなど、数多くのプロトコルに対応している点が大きな特徴です。

ただし、JMeterは2000年以前に登場したツールであり、ベースのアーキテクチャが古いため、リソースの使用効率やスケーラビリティに幾分の課題があると言われています。

また、エンジニア目線で見たときに、JMeterが提供するGUIによるシナリオ作成は、必ずしも直感的とは言えません[注1]。

さらにシナリオ作成の結果として出力されるXMLファイルは、直接的な編集は困難であり、後述する生成AIとの相性も必ずしも良くはありません。

このような観点から、本書ではJavaによる負荷テストツールとして、Gatlingを紹介します。

■ Gatlingの概要

Gatlingは比較的近年に登場した負荷テストツールであり、無償で利用でき

注1　筆者のエンジニアとして「好み」という側面があるという点を添えておく。

るオープンソース版と、追加機能が提供される商用版がありますが、本書ではオープンソース版を前提に解説します。

Gatling自体がScalaで記述されたツールということもあり、テストシナリオは、基本的にはScalaベースのDSL（ドメイン固有言語）で作成します。

この点が「取っつきにくさ」を感じる要因の一つかもしれませんが、ScalaはJavaと互換性があるため、テストシナリオはJavaでも作成可能です。Gatling公式のAPIリファレンス[注2]でも、JavaによるAPI使用方法が掲載されており、「Javaによる負荷テストツール」として使う上でも安心感があります。

GatlingはHTTP/HTTPSやWebSocketはもちろんのこと、JMS、SSE（Server Sent Event）をサポートしており、さらに商用版ではMQTTやgRPCにも対応しています。

特筆すべきは、テスト結果として出力されるレポート（HTML形式）が分かりやすく、洗練されているという点です。

また、シナリオ作成がプログラマブルなため、Appendix 2で扱う生成AIとの相性も比較的良い、という点にもアドバンテージがあると言えるのではないでしょうか。

■ シミュレーションとシナリオ

Gatlingによる負荷テストには、シナリオとシミュレーションという概念がありますので、まずこれらについて説明します。

シナリオとは、ユーザーによる操作を模して、それを一連のシーケンスにしたものです。例えばECサイトのWebアプリケーションであれば、「ログイン→商品選択を3回→注文→ログアウト」というユーザー操作のシーケンスが、一つのシナリオになります。

シミュレーションとは、さまざまなユーザーの行動パターンをミックスした、負荷テスト全体の実行計画を表したものです。一つのシミュレーションは、複数シナリオの組み合わせによって構成されます。

また、Gatlingでは「ユーザー数をどのくらいの間隔で何人まで増やすか」という定義を「ワークロードモデル」と呼びますが、ワークロードモデルや負荷

注2　https://docs.gatling.io/reference/

テストの最大持続時間の設定などもシミュレーションの中に含まれます。例えば企業システムであれば、始業時間前のログイン集中や、月末の締め処理など、特定時間帯のユーザー行動に基づく負荷テストを行う場合、それぞれに対してシミュレーションが必要です。

■ シミュレーションクラスの基本的なクラス構成

ここでは、Gatlingによる負荷テストシミュレーションの基本的なクラス構成を説明します。

Gatlingでは通常、一つのシミュレーションに対して、一つのシミュレーションクラスを作成します。

なお、Gatlingのコードには、JUnitは一切登場しません。これは、シミュレーションクラスはGatling独自の方法（後述）で起動され、またレポートも独自に出力されるため、JUnit Platformと組み合わせる必然性がないためです。

それでは、シミュレーションクラスの内容に入っていきます。シミュレーションクラスは、クラスio.gatling.javaapi.core.Simulationを継承して作成します。

以下に、典型的なシミュレーションクラスとして、後述（8.1.3項）するBookStoreSimulationの全体構成を示します。

📄 pro.kensait.gatling.bookstore.scenario1.BookStoreSimulation

```
public class BookStoreSimulation extends Simulation {
    // HTTPに関する共通情報を設定する 1
    HttpProtocolBuilder httpProtocol = http
        ....HTTP共通情報設定API....;

    // CSVファイルからテストデータを読み込むためのフィーダーを設定する 2
    FeederBuilder.Batchable<String> feeder = csv(....)
        ....フィーダー設定API....;

    // シナリオを構築する 3
    ScenarioBuilder scn = scenario(....)
        ....シナリオ構築API....;
        ....HTTPリクエスト構築API....;
        ....レスポンス検証API....;
```

```
    // シミュレーション全体の設定 4
    {
        ....シミュレーション設定API....;
    }
}
```

このシミュレーションクラスは、大きく4部構成になっています。

まず **1** が、このシミュレーションクラス内で共通的な、HTTPに関する情報を設定するパートです。HttpProtocolBuilder型のインスタンスフィールドを宣言し、APIによって設定した内容を格納します。

次に **2** が、フィーダーと呼ばれる、CSVファイルからテストデータの読み込むための機能を設定するパートです。FeederBuilder型のインスタンスフィールドを宣言し、APIによって設定したフィーダーを格納します。

次に **3** がシナリオを構築するパートで、シミュレーションクラスの中では最も大きなウェイトを占めます。ScenarioBuilder型のインスタンスフィールドを宣言し、APIによって構築したシナリオを格納します。上記例では一つだけですが、シナリオはシミュレーションクラス内に、インスタンスフィールドとしていくつでも定義することができます。

最後に **4** が、シミュレーション全体設定のパートです。イニシャライザ{..}を記述し、その中で、APIによってシミュレーション全体の設定を行います。

この4つのパートそれぞれの具体的な実装方法は、次項で詳しく説明します。

8.1.2 シミュレーションクラスの作成方法

■ Gatlingの主要なAPI

Gatlingの主要なAPIには、以下のような種類があります。

- HTTP共通情報設定API
- フィーダー設定API
- シナリオ構築API
- アクション構築API

- レスポンス検証API
- シミュレーション設定API

　シミュレーションクラスは、Gatlingのライブラリとして提供される
CoreDslおよびHttpDslのスタティックメソッドをAPIとして利用するため、
以下のようにスタティックインポートしておきます。

```
import static io.gatling.javaapi.core.CoreDsl.*;
import static io.gatling.javaapi.http.HttpDsl.*;
```

　Gatlingでは、これらのクラス（CoreDsl、HttpDsl）のスタティックメソッ
ド呼び出しを起点に、さまざまなクラスのAPIをチェーンして処理を構築しま
す。

　本項では以降、GatlingのさまざまなAPIの一覧が登場しますが、そこには
メソッド名しか記載していません。その理由は、これらのAPIがスタティック
メソッドだったりチェーンして使ったりするのが基本であり、クラス名を意識
することはほとんどないためです。

　本項では、これらのAPIによって負荷テストのシミュレーションを構築する
方法を説明します。

■ HTTP共通情報設定API

　ここでは、シナリオ全体を通して共通的な、HTTPに関する情報を設定する
ためのAPIを取り上げます。以下に主要なAPIを示します。

API（メソッド）	説明
baseUrl(String)	指定されたURLを、すべてのリクエストに適用されるベースURLとして設定する
header(String, String)	指定されたHTTPヘッダーを、すべてのリクエストに追加する
disableFollowRedirect()	リダイレクトの自動化を無効化する
acceptHeader(String)	指定されたAcceptヘッダを、すべてのリクエストに設定する
acceptLanguageHeader(String)	指定されたAccept-Languageヘッダを、すべてのリクエストに設定する

API（メソッド）	説明
acceptEncodingHeader(String)	指定されたAccept-Encodingヘッダを、すべてのリクエストに設定する
userAgentHeader(String)	指定されたUser-Agentヘッダを、すべてのリクエストに設定する

HTTP共通情報は、これらのAPIによって以下のコードのように設定します。

```
HttpProtocolBuilder httpProtocol = http
    // ベースURLを設定
    .baseUrl("http://localhost:8080")
    // Acceptヘッダ（一般的なWebブラウザの想定）
    .acceptHeader("text/html,application/xhtml+xml,
                application/xml;q=0.9,*/*;q=0.8")
    // Accept-Languageヘッダ（日本語を優先する）
    .acceptLanguageHeader("ja,ja-JP;q=0.9,en-US;q=0.8,en;q=0.7")
    // Accept-Encodingヘッダ（コンテンツの圧縮形式をサーバーに伝える）
    .acceptEncodingHeader("gzip, deflate")
    // User-Agentヘッダ（WindowsのChromeの想定）
    .userAgentHeader(
        "Mozilla/5.0 (Windows NT 10.0; Win64; x64) AppleWebKit/537.36 "
        + "(KHTML, like Gecko) Chrome/91.0.4472.124 Safari/537.36");
```

このように、クラスHttpDslの"http"というスタティックフィールドを起点に、これらのAPIをチェーンします。そしてその結果を、HttpProtocolBuilder型のインスタンスフィールドに直接格納します。

それぞれの処理の詳細は、コード上のコメントを参照してください。

■ フィーダー設定API

Gatlingには、CSVファイルからテストデータの読み込むためのフィーダーという機能が備わっていますが、ここではそれを利用する前提で説明を進めます。

フィーダーを設定するための主なAPIには、次のようなものがあります。

API（メソッド）	説明
csv(String)	指定されたファイルパスのCSVファイルからデータを読み込むフィーダーを作成する
separator(Char)	CSVファイルの値を区切るために使用されるセパレータを指定する（デフォルトはカンマ）
circular()	フィーダーがデータの終わりに達した場合、再び先頭からデータを読み込むようにする
shuffle()	読み込まれたデータの順序をランダムにシャッフルする
queue()	フィーダーが一度読み込んだデータを再利用しないようにする

　フィーダーをどのように設定して、どのように利用するのか、具体的に見ていきましょう。例えば、以下のようなCSVファイル（"data/users.csv"）があるものとします。

```
userId,password
alice@gmail.com,password
bob@gmail.com,password
carol@gmail.com,password
```

　このCSVファイルから読み込むためのフィーダーは、以下のようにして設定します。

```
FeederBuilder.Batchable<String> feeder = csv("data/users.csv").
circular();
```

　このように、csv()に読み込み対象のCSVファイルのパスを渡すことによって、フィーダーを設定します。さらにここでは、circular()をチェーンさせて、データをサイクリックに読み込むようにしています。設定されたフィーダーは、FeederBuilder型のインスタンスフィールドに直接格納します。
　このように設定されたフィーダーが、後述するシナリオ構築APIであるfeed()に渡されると、データが行単位に読み込まれます。読み込まれたデータはカンマで分割され、自動的にGatlingが管理するセッション変数に、ヘッダー名の名前で格納されます。
　セッション変数に保持された値は、#{userId}、#{password}といった式に

第8章　負荷テストの自動化

よって、後から参照することができます。

■ シナリオ構築API

主要なシナリオ構築API

ここでは、シナリオ構築のためのAPIを取り上げます。以下に主要なAPIを示します。

API	説明
scenario(String)	指定されたシナリオ名で、新しいシナリオを定義する
forever()	アクションを無限に繰り返す
repeat(int)	アクションを指定した回数繰り返す
exec(Executable)	指定されたアクション（HTTPリクエスト送信など）を実行する
pace(long)	シナリオ実行のペースを指定した期間（秒）に設定する
pause(long)	指定した期間（秒）、シミュレーションを一時停止する
pause(long, long)	指定した期間（秒）の範囲で、ランダムにシミュレーションを一時停止する
feed(FeederBuilder)	指定されたフィーダーからデータを取り込み、シナリオ実行中のユーザーのセッションに追加する

基本的なシナリオ構築

いくつかのコードをもとに、シナリオ構築APIの使い方を具体的に説明します。まず、以下は最もシンプルな例です。

```
ScenarioBuilder scn = scenario("Foo Scenario")
    .exec(....アクション1....)
    .exec(....アクション2....);
```

シナリオを構築するためには、最初に、クラスCoreDslのscenario()にシナリオ名を渡す処理から始まります。このAPIに渡されたシナリオ名（ここでは"Foo Scenario"）は、テスト実行時のターミナルやテストレポートの中にも出力されます。

次に、そこからのチェーンでexec()を呼び出し、その中に「アクション」を

設定します。アクションについては後述しますが、「HTTP送信を伴う一つの
ユーザー操作」を表します。

　上記コードのようにexec()をチェーンして連続して呼び出すと、複数のア
クションをシーケンスにすることができます。

　構築されたシナリオは、ScenarioBuilder型のインスタンスフィールドに直
接格納します。

一時停止

　次に、アクションとアクションの間に一時停止期間を入れる方法を説明しま
す。以下のコードを見てください。

```
ScenarioBuilder scn = scenario("Foo Scenario")
    .exec(....アクション1....)
    .pause(1, 4) // 1〜4秒の範囲でランダムに一時停止する
    .exec(....アクション2....);
```

　このようにexec()のチェーンの中にpause()を入れると、アクションのシー
ケンスを一時的に停止させることができます。

　シナリオはユーザーの行動を模して作りますので、アクションとアクション
の間には、適切に一時停止期間を設けるようにしてください。

　なおpause()には2つの振る舞いがあり、引数1つで呼び出すと、指定され
た期間だけ一時停止しますが、引数2つで呼び出すと、指定された範囲内でラ
ンダムに一時停止します。両者は、シナリオの内容に応じて使い分けるとよい
でしょう。

シナリオの繰り返し

　次に、一つのシナリオを繰り返し実行する方法を見ていきます。これまでの
例で示したシナリオは「1回だけ」しか実行されませんが、実際の負荷テスト
では、一つのシナリオを何回も（場合によっては無限に）繰り返す必要があり
ます。そのためには、次のコードのようにします。

第 8 章　負荷テストの自動化

```
ScenarioBuilder scn = scenario("Foo Scenario")
    .forever().on( // 無限に繰り返す
        exec(....アクション1....)
        .exec(....アクション2....)
);
```

このようにforever()を挟んでon()を呼び出し、その中にexec()呼び出しを記述します。すると、シナリオ（一連のアクションのシーケンス）を無限に繰り返して実行することが可能になります。

シナリオ実行のペース配分

シナリオを繰り返して実行するにあたり、1回のペース配分を決めることができます。以下のコードを見てください。

```
ScenarioBuilder scn = scenario("Foo Scenario")
    .forever().on( // 無限に繰り返す
        pace(30) // 30秒ごとに実行する
        .exec(....アクション1....)
        .exec(....アクション2....)
);
```

このようにpace()を挟むと、1回のシナリオ実行時間を、指定されたペースに固定することができます。このコードでは、1回のシナリオ実行が30秒以内に終わった場合、しばらく待機し、開始から30秒経過後に次の繰り返しが始まります。

逆に1回のシナリオが30秒以上の時間を要した場合は、終わり次第、直ちに次の繰り返しが始まります。

フィーダーからのデータ読み込み

シナリオを実行するとき、設定済みのフィーダーから繰り返しのたびにデータを取得することができます。次のコードを見てください。

```
ScenarioBuilder scn = scenario("Foo Scenario")
    .forever().on( // 無限に繰り返す
        .feed(feeder) // フィーダーからデータを読み込む
        .exec(....アクション1....)
        .exec(....アクション2....)
);
```

今回は、CSVファイルからデータを読み込むためのフィーダーが、事前に
feederというフィールドに設定されているものとします。

以下に、このフィーダーが読み込むCSVファイルを再掲載します。この
ファイルは、ユーザーIDとパスワードの組み合わせを表しています。

```
userId,password
alice@gmail.com,password
bob@gmail.com,password
carol@gmail.com,password
```

まず最初の繰り返しのfeed()呼び出しによって、データの1行目が読み込ま
れ、自動的にセッション変数に格納されます。シナリオの中では、例えばロ
グインなどのアクションを構築するとき、これらの値をテストデータとして使
用することが可能です。

2度目の繰り返しでは2行目が、3度目の繰り返しでは3行目が、それぞれ
読み込まれます。このフィーダーはサイクリックに読み込むように設定されて
いますので、4度目の繰り返しでは先頭に戻って再び1行目が読み込まれます。

繰り返し回数の上限設定

forever()の代わりにrepeat()を呼び出すと、繰り返し回数の上限を設定す
ることができます[注3]。次に、その例を示します。

```
ScenarioBuilder scn = scenario("Foo Scenario")
    .repeat(100).on( // 最大100回繰り返す
        exec(....アクション1....)
```

注3　ただし後述するシミュレーション設定API（maxDuration()）で最大持続時間が設定されている場合は、それが優
　　先される。

```
        .exec(....アクション2....)
);
```

■ アクション構築API

主要なアクション構築API

Gatlingの負荷テストでは、「HTTP送信を伴う一つのユーザー操作」をアクションと呼びます。例えばログイン、商品選択、注文、ログアウトといった個々の操作が、一つのアクションです。

個々のアクションは、exec()の中でAPIによって構築します。以下に、アクションを構築するための主要なAPIを示します。

API	説明
http(String)	指定されたアクション名 ("Login"など) で、新しいHTTPリクエストを構築する
get(String)	指定されたパスへのGETメソッドを設定する
post(String)	指定されたパスへのPOSTメソッドを設定する
put(String)	指定されたパスへのPUTメソッドを設定する
delete(String)	指定されたパスへのDELETEメソッドを設定する
patch(String)	指定されたパスへのPATCHメソッドを設定する
head(String)	指定されたパスへのHEADメソッドを設定する
option(String)	指定されたパスへのOPTIONSメソッドを設定する
queryParam(String, String)	指定されたクエリパラメータをリクエストに追加する
formParam(String, String)	指定されたフォームパラメータをリクエストに追加する
body(StringBody)	リクエストボディを設定する
asJSON()	body()で設定済みのリクエストボディをJSON形式にする
asXML()	body()で設定済みのリクエストボディをXML形式にする
header(String, String)	指定されたHTTPヘッダーをリクエストに追加する
disableFollowRedirect()	リダイレクトの自動化を無効化する

なおこれらの中にクッキーに関するAPIはありませんが、それはGatlingのHTTPプロトコルサポートは、クッキーを自動的に管理する機能を備えている

ためです。

Webアプリケーションでは、セッション情報を保持するためにクッキーを利用するのが一般的ですが、GatlingによるWebアプリケーションの負荷テストでは、特にクッキーを明示的に制御する必要はありません。

基本的なアクション構築

いくつかのコードをもとに、アクション構築APIの使い方を具体的に説明します。以下のコードを見てください。

```
.exec(http("Search")
    .get("/search")
    .queryParam("categoryId", "2")
    .queryParam("keyword", "Cloud")
        )
```

アクションを構築するためには、最初に、クラスHttpDslのhttp()にアクション名を渡す処理から始まります。このAPIに渡されたアクション名（ここでは"Search"）は、テスト実行時のターミナルやテストレポートの中で、結果をグルーピングするキーになります。

後続のシナリオにも似たようなアクションが登場する場合、アクション名を同じにすると、テスト結果（レスポンスタイムなど）が同じグループにまとめられます。逆にテスト結果を明示的に分けたい場合は、異なるアクション名を設定してください。

次に、HTTPメソッドを設定するAPIを呼び出します。ここではGETメソッドを使うため、get()を呼び出し、URLを引数として渡します。

さらにクエリパラメータ、フォームパラメータ、リクエストボディがある場合は、それらを設定するためのAPIを呼び出します。ここではqueryParam()を呼び出し、クエリパラメータを設定しています。

フィーダーから読み込んだデータの参照

前述したように、シナリオ構築時にfeed()を呼び出すと、フィーダーによってCSVファイルから行単位にデータが読み込まれ、セッション変数に格納さ

れます。セッション変数に格納されたデータは、アクションを構築するときに参照することができます。以下のコードを見てください。

```
.exec(http("Login")
    .post("/processLogin")
    .formParam("email", "#{userId}")
    .formParam("password", "#{password}")
        )
```

このコードではformParam()を呼び出し、"email"、"password"という2つのフォームパラメータを設定しています。このときフォームパラメータの値に"#{userId}"、"#{password}"という式を指定することにより、セッション変数のデータを参照しています。

リダイレクトのフォロー

Gatlingでは、デフォルトでリダイレクトは自動的にフォローされます。したがって、Webアプリケーションではよくある「POST-REDIRECT-GETパターン」によるページ遷移アクションの場合も、特に明示的にリダイレクトを行う必要はありません。

すなわち1つのアクションの中で、POSTメソッドでリクエストを送信し、GETによって返されたレスポンスの検証を行えばOKです。

もしリダイレクトを意識したシナリオを構築する必要がある場合は、リダイレクトの自動的なフォローを無効化することができます。

シナリオ全体で無効化する場合は、HTTP共通情報の設定においてdisableFollowRedirect()を呼び出します。またアクション個別に無効化する場合は、アクション構築のときにdisableFollowRedirect()を呼び出します。

■ レスポンス検証API

主要なレスポンス検証API

負荷テストの目的は、スループットやレスポンスタイムなどの性能要件を充足しているかを確認することにあるため、UIテストのように、返されたレスポ

ンスを業務的な観点で検証する必要はありません。

ただし、負荷をかけることによってシステムが正常に稼働できなくなると、エラーが発生する可能性があります。そのためWebアプリケーションの負荷テストでは、サーバーから返されたレスポンスを抽出し、最低限でも期待通りのステータスコードが返されたことを検証する必要があります。加えて返されたページのタイトルくらいは、検証対象に追加した方が望ましいでしょう。

Gatlingには、このようにレスポンスを検証するためのAPIが備わっています。レスポンスの検証は、アクション構築の中で行います。以下に、レスポンスを検証するための主要なAPIを示します。

API	説明
check(CheckBuilder)	レスポンスに対する検証を定義する
status().is(int)	ステータスコードが指定された値であることを検証する
css(String).is(String)	レスポンスボディの要素をCSSセレクタで選択し、その値が指定された値であることを検証する
css(String).saveAs(String)	レスポンスボディの要素をCSSセレクタで選択し、指定された名前でセッション変数に保存する

基本的なレスポンスの検証

ここでは、レスポンスを検証するための基本的な方法を説明します。以下のコードを見てください。

```
.exec(http("To Select")
    .get("/toSelect")
    .check(
        status().is(200),
        css("title").is("BookSelectPage")
        )
    )
```

レスポンスの検証は、アクション構築の最後に実装します。具体的には、このコードようにcheck()をチェーンし、その中でいくつかの検証を行います。ここではステータスコードが200であることや、ページのタイトルが

第 8 章　負荷テストの自動化

"BookSelectPage"であることを検証しています。

　なお検証がNGになった場合は、負荷テストが中断することはありません
が、実行結果がエラーになったものとしてテストレポートに出力されます。

セッション変数による動的なリクエスト生成

　Gatlingでは、レスポンス検証の一環として、レスポンス内のデータをセッ
ション変数に保持することができます。このようにすると、サーバーから返
されるレスポンスから、次のリクエストを動的に生成することが可能になりま
す。

　この機能が必要になる典型的なケースが、CSRF攻撃[注4]への対策です。
Spring Bootなど主要なWebアプリケーションフレームワークは、CSRF攻
撃への対策を仕組みとして有しています。

　その仕組みとは、まずサーバーサイドのWebアプリケーションで、リクエ
ストごとに異なるCSRFのトークンを生成し、レスポンスに埋め込む形で返し
ます。具体的には生成されたWebページ内のhiddenタグに埋め込みます。

　次にクライアントサイドのWebブラウザは、Webページに埋め込まれた
トークンを抽出し、次のリクエストに含めて送信（POSTメソッド）します。

　このときWebアプリケーションでは、送信されたトークンと、自身が認識
するトークンの両者が一致していることをチェックすることにより、CSRF攻
撃かどうかを判定する、というものです。

注4　CSRF（Cross-Site Request Forgery）とは、Webアプリケーションに対して、ユーザーの認証情報を搾取するこ
　　となく、意図しない操作を強制的に行わせるセキュリティ攻撃。

314

▼図 8-1　Spring Boot による CSRF 攻撃への対策

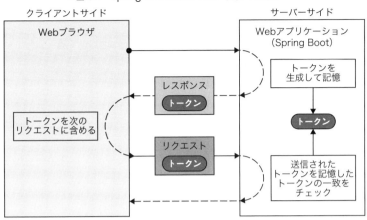

　Gatlingで負荷テストを行う場合は、Webアプリケーションのクライアントとして、適切にCSRFトークンをハンドリングしなければなりません。

　この処理の実現には、レスポンスからの値の抽出、リクエストへの値の追加、という2つの段階があります。

　まず以下は、レスポンスから値を抽出するためのコードです。

```
.exec(http("Search")
    .get("/search")
    ........
    .check(
        status().is(200),
        css("title").is("BookSelectPage"),
        css("#csrfToken", "value").saveAs("sessionCsrfToken") // 1
            )
    )
```

　このようにcss()を呼び出し、返されるレスポンスボディから、"csrfToken"というIDを持つ要素のvalue属性値を抽出します。そしてsaveAs()にチェーンして、"sessionCsrfToken"という名前のセッション変数に格納します 1 。

　続いて次のアクションでは、リクエストへの値の追加を行います。次のコードを見てください。

```
.exec(http("Add Book")
    .post("/addBook")
    .formParam("bookId", "11")
    .formParam("_csrf", "#{sessionCsrfToken}") // 1
    .check(....)
    )
```

　今度は"#{sessionCsrfToken}"という式でセッション変数に格納された
CSRFトークンを参照します。そしてformParam()を呼び出し、"_csrf"とい
う名前のフォームパラメータ[注5]に追加することにより、サーバーに返送しま
す 1 。

■ シミュレーション設定API

　Gatlingのシミュレーションクラスでは、イニシャライザ{....}を記述して、
その中でシミュレーション全体設定を行います。シミュレーション全体設定で
は、対象となるシナリオを選定し、ワークロードモデル(ユーザー数をどのく
らいの間隔で何人まで増やすか)や、最大持続時間などを設定します。
　以下に、シミュレーション全体設定を行うための主要なAPIを示します。

API	説明
setUp(ScenarioBuilder...)	指定されたシナリオをこのシミュレーションにセットアップする
injectOpen(InjectionStep...)	このシナリオをオープンし、ワークロードモデルを設定する
protocols(ProtocolBuilder...)	指定されたプロトコルを、シミュレーション全体に使用するプロトコルとして設定する
rampUsers(int).during(long)	指定したユーザー数を指定した期間で段階的に発生させる
atOnceUsers(int)	指定したユーザー数を一度に発生させる
maxDuration(long)	シミュレーションの最大持続時間を設定する

　それではコードで具体的に見ていきましょう。シミュレーション全体の設定
を行う典型的なコードを次に示します。

注5　CSRFトークンのパラメータ名が " _csrf" なのは、Spring Boot の仕様。

```
{
    setUp(
        scn.injectOpen( // 1
            rampUsers(5).during(100) // 2
        )
        .protocols(httpProtocol)) // 3
    .maxDuration(200); // 4
}
```

まずシナリオのセットアップを、setUp()の中で行います。手順としては、すでに設定済みのシナリオ（変数scn）のinjectOpen()を呼び出し、オープンします **1**。そしてrampUsers()やduring()を呼び出し、ワークロードモデルを設定します **2**。ここでは、100秒かけてユーザー数を5まで増やすようにしています。

次にprotocols()を呼び出し、このシナリオに、設定済みのHTTP共通情報（変数httpProtocol）を設定します **3**。これでシナリオのセットアップは終わりです。

最後にmaxDuration()をチェーンし、シミュレーション全体の最大持続時間（ここでは200秒）を設定します **4**。シナリオがforever()によって無限に繰り返されるように構築されていても、ここで設定した最大持続時間が到来したら、シミュレーションは自動的に終了します。

8.1.3 シミュレーションの実行方法と結果レポート

■「テックブックストア」の負荷テスト

本項では負荷テストの題材として、技術書を専門に扱うオンラインストアである「テックブックストア」というWebアプリケーションを取り上げます。

このWebアプリケーションはUIテストで題材として使ったものと同じのため、詳細な仕様は7.1.3項を参照してください。

このWebアプリケーションに対するGatlingのシミュレーションクラスのコードを、次に示します。

第 8 章　負荷テストの自動化

📑 pro.kensait.gatling.bookstore.scenario1.BookStoreSimulation

```java
public class BookStoreSimulation extends Simulation {

    // HTTPに関する共通情報を設定する
    HttpProtocolBuilder httpProtocol = http
        .baseUrl("http://localhost:8080")
        .acceptHeader("text/html,application/xhtml+xml,
                        application/xml;q=0.9,*/*;q=0.8")
        .doNotTrackHeader("1")
        .acceptLanguageHeader("ja,ja-JP;q=0.9,
                                en-US;q=0.8,en;q=0.7")
        .acceptEncodingHeader("gzip, deflate")
        .userAgentHeader("Mozilla/5.0 (Windows NT 10.0;
                        Win64; x64) AppleWebKit/537.36 "
            + "(KHTML, like Gecko) Chrome/91.0.4472.124
                                Safari/537.36");

    // CSVファイルからテストデータを読み込むためのフィーダーを設定する
    FeederBuilder.Batchable<String> feeder =
                            csv("data/users.csv").circular();

    // シナリオを構築する
    ScenarioBuilder scn = scenario("BookStoreTest")
        .forever().on(
            pace(30)
            .feed(feeder)
            // Action 1：Open
            .exec(
                http("Open")
                .get("/")
                .check(
                    status().is(200),
                    css("title").is("TopPage"),
                    css("#csrfToken", "value")
                    .saveAs("sessionCsrfToken")
                    )
                )
            .pause(2)
            // Action 2：Login
            .exec(
                http("Login")
```

318

8.1 Gatling による負荷テスト

```
        .post("/processLogin")
        .formParam("email", "#{userId}")
        .formParam("password", "#{password}")
        .formParam("_csrf", "#{sessionCsrfToken}")
        .check(
            // リダイレクトは自動的に行われるため、
            // リダイレクト後にcheckする
            status().is(200),
            css("title").is("BookSelectPage"),
            css("#csrfToken", "value")
            .saveAs("sessionCsrfToken")
            )
        )
    .pause(2)
    // Action 3 : Add Book
    .exec(
        http("Add Book")
        .post("/addBook")
        .formParam("bookId", "3")
        .formParam("_csrf", "#{sessionCsrfToken}")
        .check(
            status().is(200),
            css("title").is("CartViewPage"),
            css("#csrfToken", "value")
            .saveAs("sessionCsrfToken")
            )
        )
    .pause(2)
    // Action 4 : To Select
    .exec(
        http("To Select")
        .get("/toSelect")
        .check(
            status().is(200),
            css("title").is("BookSelectPage"),
            css("#csrfToken", "value")
            .saveAs("sessionCsrfToken")
            )
        )
    .pause(2)
    // Action 5 : Add Book
```

319

第 8 章　負荷テストの自動化

```
        .exec(http("Add Book")
            .post("/addBook")
            .formParam("bookId", "5")
            .formParam("_csrf", "#{sessionCsrfToken}")
            .check(
                status().is(200),
                css("title").is("CartViewPage"),
                css("#csrfToken", "value")
                .saveAs("sessionCsrfToken")
                )
            )
    .pause(2)
    // Action 6：To Select
    .exec(http("To Select")
        .get("/toSelect")
        .check(
            status().is(200),
            css("title").is("BookSelectPage")
            )
        )
    .pause(2)
    // Action 7：To Search
    .exec(http("To Search")
        .get("/toSearch")
        .check(
            status().is(200),
            css("title").is("BookSearchPage")
            )
        )
    .pause(2)
    // Action 8：Search
    .exec(http("Search")
        .get("/search")
        .queryParam("categoryId", "2")
        .queryParam("keyword", "Cloud")
        .check(
            status().is(200),
            css("title").is("BookSelectPage"),
            css("#csrfToken", "value")
            .saveAs("sessionCsrfToken")
            )
```

```
            )
        .pause(2)
        // Action 9：Add Book
        .exec(http("Add Book")
            .post("/addBook")
            .formParam("bookId", "11")
            .formParam("_csrf", "#{sessionCsrfToken}")
            .check(
                status().is(200),
                css("title").is("CartViewPage"),
                css("#csrfToken", "value")
                .saveAs("sessionCsrfToken")
                )
            )
        .pause(2)
        // Action 10：Remove Book
        .exec(http("Remove Book")
            .post("/removeBook")
            .formParam("removeBookIdList", "3")
            .formParam("_csrf", "#{sessionCsrfToken}")
            .check(
                status().is(200),
                css("title").is("CartViewPage"),
                css("#csrfToken", "value")
                .saveAs("sessionCsrfToken")
                )
            )
        .pause(2)
        // Action 11：Fix
        .exec(http("Fix")
            .post("/fix")
            .formParam("_csrf", "#{sessionCsrfToken}")
            .check(
                status().is(200),
                css("title").is("BookOrderPage"),
                css("#csrfToken", "value")
                .saveAs("sessionCsrfToken")
                )
            )
        .pause(2)
        // Action 12：Order
```

第8章 負荷テストの自動化

```
                .exec(http("Order")
                    .post("/order1")
                    .formParam("settlementType", "1")
                    .formParam("_csrf", "#{sessionCsrfToken}")
                    .check(
                        status().is(200),
                        css("title").is("OrderSuccessPage"),
                        css("#csrfToken", "value")
                        .saveAs("sessionCsrfToken")
                        )
                    )
                .pause(2)
                // Action 13：Logout
                .exec(http("Logout")
                    .post("/processLogout")
                    .formParam("_csrf", "#{sessionCsrfToken}")
                    .check(
                        status().is(200),
                        css("title").is("FinishPage")
                        )
                    )
                )
            ;

        // シミュレーション全体の設定
        {
            setUp(
                scn.injectOpen( // 設定済みのシナリオをオープンし、
                                // ワークロードモデルを設定する
                    rampUsers(5).during(100) // 100秒かけてユーザー数を
                                             // 5まで増やす
                )
                .protocols(httpProtocol)) // 設定済みのHTTP共通情報を指定する
            .maxDuration(200); // 最大持続時間を200秒に設定する
        }
}
```

それぞれの処理の詳細は、コード上のコメントを参照してください。

■ シミュレーションの実行方法

Gatlingの負荷テストは前述したように、JUnitのテストランナーではなく、Gatling独自の方法で起動します。

具体的には、インストールディレクトリ"gatling-charts-highcharts-bundle-x.x.x"のbin配下にある、gatlingコマンド（Windowsの場合はgatling.bat、macOSやLinuxの場合はgatling.sh）を、ターミナルから起動します。

gatlingコマンドには、以下のようなオプションがあります。

* -rm：ランモードを指定する（"local"、"enterprise"、"package"）
* -bm：バッチモード（ユーザーとのインタラクションがないモード）
* -sf：シミュレーションクラスのソースフォルダを指定する
* -rsf：シミュレーションクラスのリソースフォルダを指定する
* -rf：テスト結果のレポート出力先フォルダを指定する

ここでは、既出のシミュレーションクラス（パッケージpro.kensait.gatling.bookstore.scenario1のクラスBookStoreSimulation）を起動するものとします。そのためのコマンドをターミナルから投入する例を、以下に示します。

```
$ ./gatling.bat -rm local -bm \
-sf C:/learn_java_testing/gatling/src/test/java/pro/kensait/gatling
/bookstore/scenario1 \
-rsf C:/learn_java_testing/gatling/src/test/resources \
-rf C:/learn_java_testing/gatling/report
```

このようにコマンドを投入すると、ターミナルに以下のように表示されて、シミュレーションが実行されます。

```
GATLING_HOME is set to "C:\gatling-charts-highcharts-bundle-3.10.3"
JAVA = "C:\Java\jdk-17.0.3.1\bin\java.exe"
pro.kensait.gatling.bookstore.scenario1.BookStoreSimulation is the
only simulation, executing it.
Select run description (optional)
```
ENTERキー押下

■ 第 8 章　負荷テストの自動化

```
Simulation pro.kensait.gatling.bookstore.scenario1.BookStoreSimulat
ion started...
```

　シミュレーションを実行すると、数秒間隔で、ターミナル上にアクションご
との実行成否が表示されます。

```
================================================================
2024-03-24 16:47:38                           200s elapsed
---- Requests --------------------------------------------------
> Global                              (OK=428      KO=0      )
> Open                                (OK=28       KO=0      )
> Login                               (OK=28       KO=0      )
> Login Redirect 1                    (OK=28       KO=0      )
> Add Book                            (OK=83       KO=0      )
> To Select                           (OK=55       KO=0      )
> To Search                           (OK=27       KO=0      )
> Search                              (OK=27       KO=0      )
> Remove Book                         (OK=27       KO=0      )
> Fix                                 (OK=25       KO=0      )
> Order                               (OK=25       KO=0      )
> Order Redirect 1                    (OK=25       KO=0      )
> Logout                              (OK=25       KO=0      )
> Logout Redirect 1                   (OK=25       KO=0      )
---- BookStoreTest ---------------------------------------------
[---------------------------------------------------------] 0%
          waiting: 0      / active: 5      / done: 0
================================================================
```

　シミュレーションが終了すると、テスト結果のサマリーが、以下のように
ターミナルに表示されます。

```
Simulation pro.kensait.gatling.bookstore.scenario1.BookStoreSimulat
ion completed in 200 seconds
Parsing log file(s)...
Parsing log file(s) done in 0s.
Generating reports...
```

```
================================================================
---- Global Information -----------------------------------------
> request count                      428 (OK=428    KO=0      )
> min response time                    2 (OK=2      KO=-      )
> max response time                  797 (OK=797    KO=-      )
> mean response time                  26 (OK=26     KO=-      )
> std deviation                       64 (OK=64     KO=-      )
> response time 50th percentile       10 (OK=10     KO=-      )
> response time 75th percentile       22 (OK=22     KO=-      )
> response time 95th percentile      137 (OK=137    KO=-      )
> response time 99th percentile      172 (OK=172    KO=-      )
> mean requests/sec                2.151 (OK=2.151  KO=-      )
---- Response Time Distribution ---------------------------------
> t < 800 ms                         428 (100%)
> 800 ms <= t < 1200 ms                0 (  0%)
> t >= 1200 ms                         0 (  0%)
> failed                               0 (  0%)
================================================================
```

■ シミュレーションの結果レポート

Gatlingで負荷テストを実行すると、HTML形式のレポートが出力されます。
このレポートを参照することで、実行したシミュレーションの結果を評価する
ことができます。このレポートに出力される代表的な指標を、いくつか紹介し
ます。

レスポンスタイムの分布

全リクエストのレスポンスタイムごとの分布が、次ページの図のようなグラ
フで出力されます。レスポンスタイムは、「800ミリ秒未満」「800ミリ秒以上
1200ミリ秒未満」「1200ミリ秒以上」という3つのグループに自動的に分類
されます。

▼図 8-2　レスポンスタイムの分布グラフ

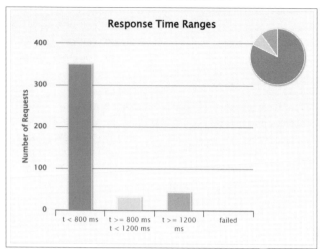

アクション単位の実行成否とレスポンスタイムの分布

アクション単位の実行成否（OK、KO）と、レスポンスタイムの分布が、以下のような表として出力されます。

▼図 8-3　アクション単位の実行成否とレスポンスタイムの表

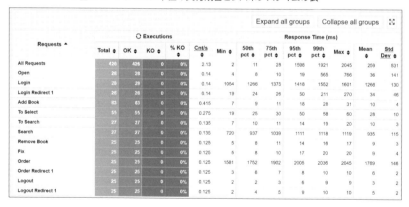

同時実行ユーザー数とレスポンスタイムの関係

　ワークロードモデルにおいて設定された同時実行ユーザー数の増加と、そのときのレスポンスタイムとの関係が、以下のようなグラフに出力されます。

▼図 8-4　同時実行ユーザー数とレスポンスタイムのグラフ

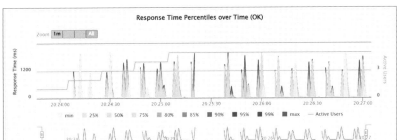

Appendix

Appendix 1
GitHub Actions と
コンテナを活用した CI/CD

Appendix 2
生成 AI のテストへの活用

Appendix

Appendix 1
A.1 GitHub Actionsと コンテナを活用したCI/CD

　昨今のモダンな開発では、コンテナとクラウドを活用するケースが一般的になっています。そこでAppendix 1では、コンテナとクラウドを活用したアプリケーション開発を、CI/CDツールによって自動化する方法を取り上げます。

　CI/CDツールにはGitHub Actionsを、そしてコンテナ管理のためのクラウドサービスにはAmazon EKS（Elastic Kubernetes Service）を、それぞれ利用するものとします。

　ここで取り上げるテーマは、ソフトウェアテストとは直接的な関係はありません。ただし、テスト自動化のためにはCI/CDの仕組みが必須であり、CI/CDはコンテナとの親和性が高いため、取り上げることにしました。

　"本編"ではなくAppendixにした理由は、大なり小なり特定のツールやクラウドベンダーに依存してしまう点や、技術の流行り廃りが比較的激しい領域である点などにあります。

　よって細かい手順というよりは、CI/CDの概念や仕組みを理解することにフォーカスすることをお薦めします。

A.1.1 コンテナとCI/CDパイプライン

　ここではコンテナと、コンテナに関連するいくつかの基本的な技術について紹介します。

■ コンテナとDocker

　コンテナとは、OSの中にコンテナと呼ばれる独立したアプリケーション実行環境を構築する技術で、LinuxやWindowsといったOSに機能として搭載されています。一つのコンテナはOS上では独立したプロセスとして稼働するので、複数のコンテナを一つのOS上で起動させることができます。

　またDockerとは、コンテナを容易に利用するためのOSSで、Docker社に

よって開発されています。Dockerは、アプリケーションからコンテナイメージ（後述）を作るためのツールや、コンテナイメージの実行環境（Dockerエンジン）などから構成されています。

コンテナはOSに搭載されているため直接利用することも不可能ではありませんが、実際にはDockerを介して利用するケースがほとんどです。そのため事実上「コンテナ＝Docker」と考えても差し支えはないでしょう。

■ コンテナイメージとコンテナレジストリ

コンテナイメージとは、Dockerによってビルドされたイメージ、すなわちアプリケーション本体と、依存関係を含めてパッケージングされたイメージのことを表します。

Dockerが普及する以前、アプリケーションのパッケージング方式には、いくつかの課題がありました。例えばパッケージングの仕様がプログラミング言語によってまちまちで、汎用性がないという点。またアプリケーションの依存関係、例えばJavaランタイムなども含めて、すべての依存関係をパッケージングできるわけではない、といった点です。

その点コンテナイメージは、言語仕様に依存しない汎用的なデプロイメントの粒度であり、大きすぎず小さすぎない、ジャストサイズのパッケージであると言えるでしょう。

またコンテナレジストリとは、コンテナイメージを保管するためのサービスで、コンテナイメージのバージョン管理や配布を容易にします。コンテナレジストリは、SaaSとして利用可能なレジストリと、企業内に構築可能なレジストリとに分類されます。

SaaS型レジストリの代表はDocker社によるDocker Hubですが、それ以外にもAmazon ECR（Elastic Container Registry）、GitHub社のGHCR（GitHub Container Registry）などがあります。

企業内に構築可能なレジストリには、Sonatype社が提供するNexus Repositoryなどがあります。

Appendix

■ コンテナ管理プラットフォーム Kubernetes

　Kubernetes とは、コンテナを管理するためのプラットフォームで、OSS として開発されています。

　Kubernetes には、複数のコンテナを統合的に管理する仕組みが備わっています。このような仕組みを、オーケストレーションと呼びます。オーケストレーションによって、以下のようなことが実現できます。

- スケジューリング … コンテナイメージを適切なサーバー上に配置すること。
- ロードバランシング … 稼働中のコンテナ間において負荷分散を実現すること。
- セルフヒーリング … 生死監視によってコンテナを自動縮退・自動復旧すること。
- オートスケーリング … 処理量に応じてコンテナを自動拡張・自動縮退すること。

　企業システム向けの商用 Kubernetes 製品としては、Red Hat 社の Open Shift がその代表です。また AWS、Azure、GCP といった主要なクラウドサービスでも、Kubernetes を利用するためのマネージドサービスが提供されています。本書ではこれらの中から、Amazon EKS を紹介します。

■ CI/CD ツール+コンテナ環境の組み合わせ

　コンテナを利用した CI/CD では、CI/CD ツール、コンテナレジストリ、コンテナ管理プラットフォーム、それぞれ何を利用するかを選択する必要があります。

　本書ではクラウド環境での利用を前提に、CI/CD ツールとして GitHub Actions、コンテナレジストリとして GHCR、コンテナ管理プラットフォームとして Amazon EKS という、比較的メジャーな製品の組み合わせを採用します（利用可能な組み合わせには、基本的に制約はありません）。

　なお、企業内に環境を構築するのであれば、CI/CD ツールとして Jenkins、コンテナレジストリとして Nexus Repository、コンテナ管理プラットフォームとして Open Shift といった組み合わせが考えられます。VCS として GitLab

を採用しているのであれば、CI/CDツールとしてGitLab Runnerを選択してもよいでしょう。

A.1.2 GitHub Actions＋Amazon EKSによるパイプライン構築例

■ GitHub ActionsとGHCR

ここでは、Spring BootによるWebアプリケーション（名前は"spring-mvc-person"）を題材に、GitHub Actionsによってパイプラインを構築する方法を説明します。

GitHub ActionsはVCSとしてのGitHubと統合されており、CI/CDの実行環境も含めてGitHubのサービスとして提供されます（1.5.1項の分類ではGit統合型かつSaaS型に相当）。GitHub Actionsの文脈では、パイプラインとほとんど同義で「ワークフロー」というキーワードが使われることが多いため、本書もそれに倣います。

またコンテナレジストリには、同じくGitHubに統合されたGHCR（GitHub Container Registry）を利用します。

なおGitHubには、GitHub Packagesというサービスがありますが、これはコンテナイメージに限らず、さまざまなパッケージ形式（Mavenリポジトリ、NPMリポジトリなど）に対応したレジストリです。したがってGCHRは、GitHub Packagesに包含される一機能である、と考えると分かりやすいでしょう。

■ GitHub Actionsにおけるアクション

GitHub Actionsでは、利用頻度の高いタスクがあらかじめ「アクション」として提供されており、ワークフローの中で呼び出すことができます。アクションを利用すると、ワークフローを効率的に構築することが可能になります。

本書の具体例では、次のアクションを利用します。

Appendix

アクション	説明
actions/checkout	GitHubリポジトリからコンテンツをチェックアウトし、ワークフロー実行用のファイルシステムにコピーする。
actions/setup-java	Javaランタイムをインストールし、ビルドのためのJava開発環境をセットアップする。
docker/login-action	コンテナレジストリにログインする。
docker/build-push-action	Dockerfileに基づいてコンテナイメージをビルドし、その後ログイン済みのコンテナレジストリにプッシュする。
aws-actions/configure-aws-credentials	AWSクレデンシャルを設定する。CI/CD実行環境からAWSのAPI（awsコマンドなど）を呼び出すことが可能になる。

■ ワークフローの全体像

このワークフローで実現する処理の流れは、下図のようになります。

▼図A-1 本事例のワークフロー

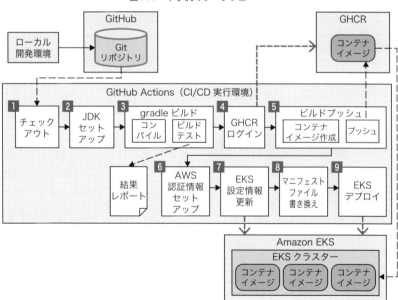

334

このワークフローでは、リポジトリ上でソースコードを結合し、各種テストを行った後に品質に問題がなければ、本番環境へのデプロイまでが一気通貫で行われます。そのためプラクティスの分類上は、CD（継続的デプロイメント）に相当します。

■ ワークフローファイルの概要

GitHub Actionsでは、ワークフローはYAML形式のファイルに記述します。ファイル名称は任意ですが、ここではbuild-push-deploy.ymlとします。

ワークフローファイルは、下図のように、リポジトリ内ではトップディレクトリ直下の".github/workflows"の下に配置します。

```
├ learn_java_testing_cicd    リポジトリ内のトップディレクトリ
│  └ .github
│     └ workflows
│        └ build-push-deploy.yml    ワークフローファイル
├ spring-mvc-person
   └ src
      └ manifest
         ⋮
```

次に、ワークフローファイルであるbuild-push-deploy.ymlの内容を示します。ワークフローにおける各ステップは、キー "jobs" のサブキー "steps" の配下に記述しますが、ここではいったんコメントのみとします（詳細は後述）。

build-push-deploy.yml

```yaml
# ワークフローが開始される条件を定義する
on:
  push:
    branches:
      - main   # mainブランチへのプッシュをトリガーとする

# グローバル変数を設定する
env:
  PROJECT_NAME: spring-mvc-person   # プロジェクト名
  EKS_CLUSTER_NAME: kenya-cluster-2   # EKSクラスター名
```

```
VERSION: 1.4 # このアプリケーションのバージョン

# ワークフローのジョブを設定する
jobs:
  build-push-deploy:
    runs-on: ubuntu-latest   # 実行環境のOS
    permissions:
      contents: read   # リポジトリのコンテンツへの読み取り権限
      packages: write  # GitHub Packagesへの書き込み権限

    steps:
    # ステップ1：GitHubリポジトリからコードをチェックアウトする
    ........
    # ステップ2：JDKをセットアップする
    ........
    # ステップ3：Gradleでビルドする
    ........
    # ステップ4：GHCRにログインする
    ........
    # ステップ5：コンテナイメージを作成し、GHCRにプッシュする
    ........
    # ステップ6：AWSの認証情報をセットアップする
    ........
    # ステップ7：EKSの設定情報を更新する
    ........
    # ステップ8：マニフェストファイル内のバージョンを書き換える
    ........
    # ステップ9：EKSにリソースをデプロイする
    ........
```

このワークフローにはトップレベルのキーとして、"on"、"env"、"jobs"があります。

- "on"
  このワークフローが開始される条件を定義します。ここでは、mainブランチへのプッシュをトリガーに設定しています。
- "env"
  このワークフロー内で共通的に使われる変数を定義します。

- "jobs"

ジョブ（連続して実行される一連のステップ群）を定義します。ここでは"build-push-deploy"という名前のジョブを一つだけ定義しています。

サブキー"runs-on"には、このジョブが実行されるOSを指定しますが、"ubuntu-latest"（最新の安定版Ubuntu）を選んでおけば間違いないでしょう。

さらにサブキー"permissions"には、GitHub Actionsがジョブを実行するために必要な権限を定義します。ここでは、GitHubリポジトリへの読み取り権限（リポジトリからチェックアウトするため）と、GitHub Packagesへの書き込み権限（GHCRにプッシュするため）を定義しています。

■ ジョブにおける各ステップの処理

ここでは、定義されたジョブ"build-push-deploy"を構成する、それぞれのステップの処理内容を具体的に見ていきます。

ステップ1：GitHubリポジトリからコードをチェックアウトする

まず最初のステップです。以下に、該当箇所のコードを示します。

build-push-deploy.yml の一部

```
# ステップ1：GitHubリポジトリからコードをチェックアウトする
- name: Checkout
  uses: actions/checkout@v4
```

このように各ステップの"name"には、当該ステップを表す任意の名前を定義します。また"uses"には、GitHub Actionsが提供するアクションを指定します。ここではアクション"actions/checkout"を呼び出して、GitHubリポジトリから、対象アプリケーションのソースコード一式をチェックアウトします。

説明の最後に、このステップで出力されたログを示します。

▼図 A-2

ステップ2：JDKをセットアップする

CI/CD実行環境には、Javaランタイム（JDK）が必要です。そこで次のステップ2では、以下のようにします。

build-push-deploy.yml の一部

```yaml
# ステップ2：JDKをセットアップする
- name: Setup JDK
  uses: actions/setup-java@v4
  with:
    java-version: '17'       # Javaのバージョンを指定
    distribution: 'adopt'    # Javaのディストリビューションを指定
```

このようにアクション"actions/setup-java"を呼び出して、CI/CD実行環境にJDK（ここでは17）をセットアップします。なお"with"には、各アクションのパラメータを指定します。

ステップ3：Gradleでビルドする

ステップ3は、いよいよチェックアウトしたSpring Bootアプリケーションの「ビルド」です。該当箇所のコードを次に示します。

📄 build-push-deploy.yml の一部

```yaml
# ステップ3：Gradleでビルドする
- name: Build with Gradle
  run: |
    chmod +x ./${{ env.PROJECT_NAME }}/gradlew
                                        # Gradleラッパーの実行権限を設定
    ./${{ env.PROJECT_NAME }}/gradlew build -p ./${{ env.PROJECT_NAME }}
                                        # Gradleラッパーでビルド
```

　このようにGradleラッパー（2.3.1項）に実行権限を付与し、引数"build"を指定して実行します。ここで言う「ビルド」とは、コンパイル、JARファイルへのパッケージング、ビルドテストといった一連の処理を表します。

　ビルドテストが行われると、リポジトリ内のJUnitテストクラスが、テストランナーによって順次呼び出されます。ここでもしテストが一つでも失敗すれば、ワークフローは中断され、後続はスキップされます。

　説明の最後に、このステップで出力されたログを示します。ログの後半（次ページ）を見ると、第6章で取り上げたSpring Boot Testによるテストクラスが実行されていることが分かります。

▼図 A-3

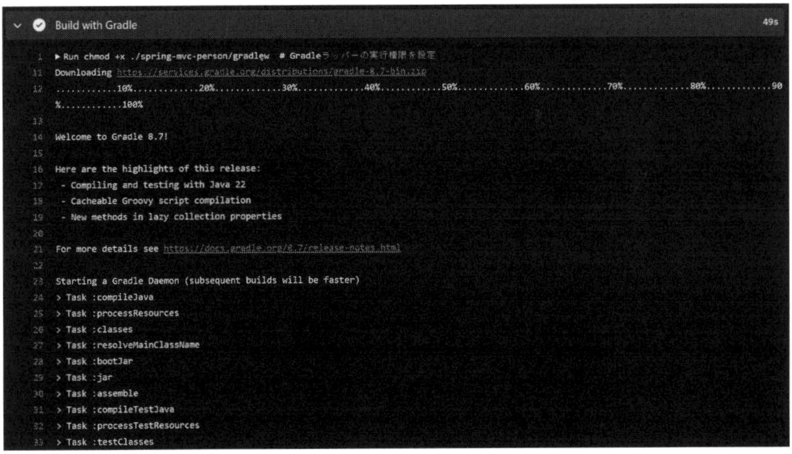

```
35  > Task :test
36
37  PersonServiceTest STANDARD_OUT
38      10:38:19.297 [Test worker] INFO org.springframework.test.context.support.AnnotationConfigContextLoaderUtils -- Could not detect default
    configuration classes for test class [pro.kensait.spring.person.service.PersonServiceTest]: PersonServiceTest does not declare any static,
    non-private, non-final, nested classes annotated with @Configuration.
39      10:38:19.532 [Test worker] INFO org.springframework.boot.test.context.SpringBootTestContextBootstrapper -- Found @SpringBootConfiguration
    pro.kensait.spring.person.Application for test class pro.kensait.spring.person.service.PersonServiceTest
40
41       .   _____             __ _
42     /\\ / ___'_ __ _ _(_)_ __  __ _ \ \ \ \
43    ( ( )\___ | '_ | '_| | '_ \/ _` | \ \ \ \
44     \\/  ___)| |_)| | | | | || (_| |  ) ) ) )
45      '  |____| .__|_| |_|_| |_\__, | / / / /
46     =========|_|==============|___/=/_/_/_/
47     :: Spring Boot ::                (v3.2.4)
48
49     2024-04-29T10:38:20.586Z  INFO 1709 --- [    Test worker] p.k.s.person.service.PersonServiceTest    : Starting PersonServiceTest using
    Java 17.0.11 with PID 1709 (started by runner in /home/runner/work/learn_java_testing_cicd/learn_java_testing_cicd/spring-mvc-person)
50     2024-04-29T10:38:20.590Z  INFO 1709 --- [    Test worker] p.k.s.person.service.PersonServiceTest    : No active profile set, falling back
    to 1 default profile: "default"
51
52  OpenJDK 64-Bit Server VM warning: Sharing is only supported for boot loader classes because bootstrap classpath has been appended
```

ステップ4：GHCRにログインする

　ビルドテストに成功したら、EKSへのデプロイも問題ないと判断できるため、ワークフローは先へと進みます。そして以降のステップ4から8までは、デプロイのための準備を行います。

　まずステップ4のコードを、以下に示します。

📄 build-push-deploy.yml の一部

```yaml
# ステップ4：GHCRにログインする
- name: Log in to GitHub Container Registry
  uses: docker/login-action@v3
  with:
    registry: ghcr.io  # GitHub Container Registryを指定
    username: ${{ github.actor }}  # GitHubのユーザ名
    password: ${{ secrets.GITHUB_TOKEN }}  # GitHubのアクセストークン
```

　このようにアクション"docker/login-action"を呼び出して、GHCRにログインします。GHCRのユーザー（"username"）は、GitHubユーザー名を動的に参照しています。またパスワード（"password"）にはGitHubシークレットを指定することによって、アクセストークンを直接ファイルに埋め込むことを回避しています。

　説明の最後に、このステップで出力されたログを示します。

▼図A-4

ステップ5：コンテナイメージを作成し、GHCRにプッシュする

GHCRにログインできたので、いよいよDockerの出番です。ステップ5のコードを、以下に示します。

build-push-deploy.yml の一部
```
# ステップ5：コンテナイメージを作成し、GHCRにプッシュする
- name: Build and push Docker image
  uses: docker/build-push-action@v5
  with:
    context: .    # Dockerビルドコンテキストのパス
    file: ./${{ env.PROJECT_NAME }}/Dockerfile    # Dockerfileのパス
    push: true    # ビルド後にイメージをプッシュ
    tags: ghcr.io/kenyasaitoh/${{ env.PROJECT_NAME }}:${{ env.VERSION }}
                                                  # イメージのフルネーム
```

このようにアクション"docker/build-push-action"を呼び出すと、指定されたDockerファイルによってコンテナイメージが作成されます。

このとき"push"にtrueを指定すると、ログイン済みのコンテナレジストリ（ここではGHCR）にイメージがプッシュされます。また"tags"には、作成されたコンテナイメージのフルネームを指定します。ここではグローバル変数が参照され、ghcr.io/kenyasaitoh/spring-mvc-person:1.4というフルネームが設定されます。

なおこのフルネーム最後の1.4は「タグ」と呼ばれるもので、通常はバージョン番号やリリース日などをセットします（ここではバージョン番号）。

説明の最後に、このステップで出力されたログ（前半部分のみ）を示します。

Appendix

▼図 A-5

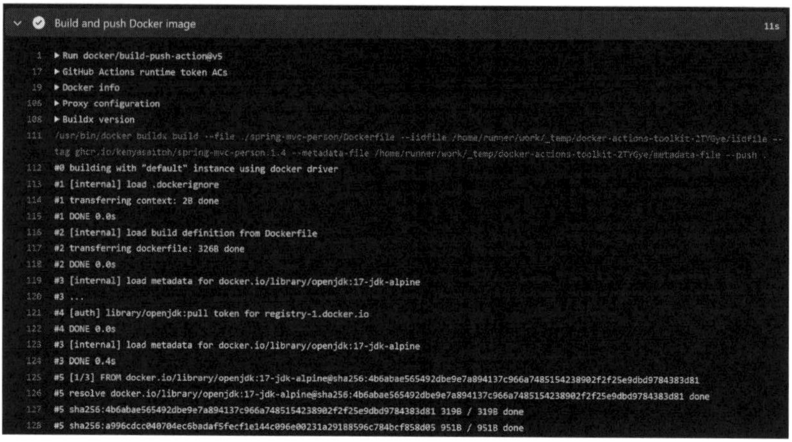

ステップ6：AWSの認証情報をセットアップする

次のステップ6では、AWSにアクセスするための準備をします。以下に、該当箇所のコードを示します。

📄 build-push-deploy.yml の一部

```
# ステップ6：AWSの認証情報をセットアップする
- name: Setup AWS Credentials
  uses: aws-actions/configure-aws-credentials@v4
  with:
    aws-access-key-id: ${{ secrets.AWS_ACCESS_KEY_ID }}
                                        # AWSのアクセスキー
    aws-secret-access-key: ${{ secrets.AWS_SECRET_ACCESS_KEY }}
                                        # AWSのシークレットキー
    aws-region: ap-northeast-1   # AWSのリージョン
```

このようにアクション"docker/build-push-action"を呼び出し、AWSの認証情報（Credentials）をセットアップします。このときAWSのアクセスキーとシークレットキーを指定する必要がありますが、直接ファイルに埋め込むことを回避するために、GitHubシークレットを指定します。

なおGitHubシークレットには、事前にアクセスキーとシークレットキーを

342

登録しておく必要があります[注1]。

ステップ7：EKSの設定情報を更新する

AWS Credentialsがセットアップできたら、次のステップ7では、EKSに
アクセスするための準備をします。以下に、該当箇所のコードを示します。

📄 build-push-deploy.yml の一部

```
# ステップ7：EKSの設定情報を更新する
- name: Update kubeconfig
  run: |
    aws eks --region ap-northeast-1 update-kubeconfig
                      --name ${{ env.EKS_CLUSTER_NAME }}
```

このように"run"には、任意のスクリプトを記述することができます。
ここではaws eksコマンドにEKSクラスター名を指定して、設定情報
(kubeconfig) を更新します。

ステップ8：マニフェストファイル内のバージョンを書き換える

EKSクラスターの設定が終わったので、次のステップ8では、EKSにアプ
リケーションをデプロイするための準備を行います。以下に、該当箇所のコー
ドを示します。

📄 build-push-deploy.yml の一部

```
# ステップ8：マニフェストファイル内のバージョンを書き換える
- name: Set version in deployment.yml
  run: |
    sed -i "s/{VERSION_PLACEHOLDER}/${{ env.VERSION }}/g"
              ./${{ env.PROJECT_NAME }}/manifest/deployment.yml
```

Amazon EKSは前述したとおり、Kubernetesのためのマネージドサービ
スです。Kubernetesにさまざまなリソースをデプロイするためには、マニ
フェストファイルが必要です。

注1　GitHub の Web サイトでは、当該リポジトリの "Secrets and variables" -> "Repository secrets" から登録する。

■ Appendix

対象となるSpring BootアプリケーションをKubernetesにデプロイする
ためのマニフェストファイル (deployment.yml) は、以下のとおりです。

📄 deployment.yml

```
apiVersion: apps/v1
kind: Deployment
metadata:
  name: spring-mvc-person
  labels:
    app: spring-mvc-person
spec:
  replicas: 1
  selector:
    matchLabels:
      app: spring-mvc-person
  template:
    metadata:
      labels:
        app: spring-mvc-person
    spec:
      imagePullSecrets:
      - name: ghcr-io-secret # 1
      containers:
      - name: spring-mvc-person
        image: ghcr.io/kenyasaitoh/spring-mvc-person:
                            {VERSION_PLACEHOLDER} # 2
        imagePullPolicy: Always
        ports:
        - containerPort: 8080
```

このマニフェストファイルの詳細はここでは割愛しますが、コンテナイメー
ジをレジストリからプルするために、イメージのフルネームを指定する必要が
あります。

ステップ5でコンテナレジストリにプッシュするときに、フルネームとして
ghcr.io/kenyasaitoh/spring-mvc-person:1.4を設定していたことを思い出
してください。フルネームをマニフェストファイルに記述するにあたり、タグ
にバージョン番号を直接埋め込むことを回避したいので、ここでは専用のプ

レースホルダーを記述しています **2**。そしてこのステップでsedコマンドを呼び出し、プレースホルダーの値をバージョン番号に置換しています。

なお後続のステップでは、kubectlコマンドでこのマニフェストファイルを適用します。すると、EKSクラスターからGHCRへのアクセスが発生しますが、このときに必要な認証情報にはKubernetesのシークレットを利用します。

Kubernetesのシークレットは、このワークフロー開始の前（EKSクラスター構築後の任意のタイミング）に、以下のようなコマンドで作成します。

```
kubectl create secret docker-registry ghcr-io-secret --docker-
server=ghcr.io --docker-username=xxx --docker-password=xxx
```

このようにして作成したシークレットの名前("ghcr-io-secret")を、マニフェストファイルの"imagePullSecrets"に指定します **1**。

ステップ9：EKSにリソースをデプロイする

いよいよ最後のステップ9では、Spring BootアプリケーションをEKSにデプロイします。

実際の本番環境へのデプロイでは、ブルー／グリーンデプロイメント[注2]やカナリアリリース[注3]といった戦略を採用するケースもありますが、ここでは簡易的な方法を紹介します。

以下に、該当箇所のコードを示します。

📄 build-push-deploy.yml の一部

```
# ステップ9：EKSにリソースをデプロイする
- name: Deploy to EKS
  run: |
    kubectl apply -f ./${{ env.PROJECT_NAME }}/manifest/deployment.yml
    kubectl apply -f ./${{ env.PROJECT_NAME }}/manifest/clusterip.yml
    kubectl apply -f ./${{ env.PROJECT_NAME }}/manifest/loadbalancer.yml
```

注2　現行のバージョン（ブルー）と新しいバージョン（グリーン）の両方を同時に稼働させる戦略。
注3　新しいバージョンを段階的にリリースし、その影響を監視しながら徐々に展開を広げていく戦略。

Appendix

このようにkubectl apply -fにマニフェストファイルを指定して呼び出し、アプリケーションを含む各種リソースをEKSにデプロイします。

まず最初に既出のdeployment.ymlを適用すると、対象アプリケーションが「ポッド」としてデプロイされます。このときすでに同じアプリケーションがデプロイ済みの場合は、新しいものに更新されます。ただし更新されるのは、あくまでもマニフェストファイルに修正があった場合です。

この例では、一つ前のステップで、コンテナイメージのフルネーム（その中のバージョン番号）が書き換わっているため、新しいバージョンに更新されます。ソースコードの修正のみではアプリケーションは更新されませんので、注意してください[注4]。

なおこの事例では、アプリケーションだけではなく、負荷分散するために必要なリソースについてもマニフェストファイルを作成し、それぞれをデプロイしています。マニフェストファイルの詳細は割愛しますが、それぞれのファイルでデプロイされるリソースは以下であることを補足しておきます。

- clusterip.yml … 種類＝"Service"、タイプ＝"ClusterIP"。クラスター IDがサービスとしてデプロイされる。
- loadbalancer.yml … 種類＝"Service"、タイプ＝"LoadBalancer"。ロードバランサーがサービスとしてデプロイされる。

説明の最後に、このステップで出力されたログを示します。

注4　もし開発環境のように毎回バージョンを書き換えるのが手間の場合は、タグに $|| github.sha ||} を指定すれば毎回マニフェストが書き換わる。

346

▼図 A-6

　最後の3行を見ると、対象アプリケーションのみが更新され、クラスターIDとロードバランサーは不変であることが分かります。

Appendix

A.2 Appendix 2 生成 AI のテストへの活用

　2022年後半に登場した Chat GPTを皮切りに、生成 AIは瞬く間に世の中に浸透しました。現在では世界中の投資がこの分野に向けられており、新しいサービスも続々と登場しています。

　また Open AI社および Microsoft社陣営を筆頭に、Amazon社、Google社など、大手クラウドベンダーによる生成 AIサービスの競争も激しさを増しています。しばらくの間は、この状態が続くことが予想されます。

　生成 AIが最もその価値を発揮するシーンの一つが、システム開発における活用です。例えばコーディングのアシストやレビュー、ログの分析、画面モックの作成など、生成 AIの活用はすでに実用的な段階にあります。

　Appendix 2ではその中でも、「生成 AIをいかにしてテストに活用するか」という点にフォーカスを当てます。

A.2.1 本書で取り上げる生成 AI

　生成 AIと一口に言ってもさまざまな種類がありますが、その代表は何といっても Open AI社の Chat GPTでしょう。

　Chat GPTは、大規模言語モデル（LLM）とチャット形式で対話するための Webサービスです。本書で示すさまざまな事例は、Chat GPTの中でも本書執筆時点の最新モデルである"gpt4"を前提にしています。

　生成 AIは日進月歩の技術であり、従来難しいとされてきたことが、新しいモデルやサービスのリリースによって突然実現可能になったりすることがあるため、我々はその進化に追従していく必要があります。

　言ってしまえば書籍の題材には不向きなのですが、「有益な情報である」という確信のもと、あえて Appendixに差し込ませていただきました。これと同じ内容は、技術評論社の Webサイトにも掲載しており、大きなアップデートがあった場合はそちらも更新予定なので、必要に応じて参照してください。

- 本書のサポートページ（掲載記事へのリンクあり）

  https://gihyo.jp/book/2024/978-4-297-14435-7/support

　なお、Chat GPTが汎用的な利用を目的としたツールであるのに対して、エンジニアリングに特化した生成AIツールにGitHub Copilotがあります。

　GitHub Copilotは、VS Codeの拡張機能（プラグイン）として提供され、テストを効率化するための高度な機能が備わっています。

　ただし本書の範囲の中でGitHub Copilotの機能をカバーするのは、分量や時間軸の観点から難しかったため、スコープ外としている点をご了承ください。

■ 生成AIをテストに活用するためのアプローチ

　Appendix 2では、Chat GPTによってテストコードを生成するための方法をケース別に見ていきます。すべてのケースに通底するのが、テストコードを生成するためのアプローチには以下の二つがある、というものです。

- アプローチ①：まず開発者がテスト仕様やテストケースを作成し、それをインプットにして、Chat GPTにテストコードを生成させる。
- アプローチ②：完成されたプロダクションコードをインプットにして、Chat GPTにテストコードを生成させる。

▼図 A-7　生成 AI をテストに活用するためのアプローチ

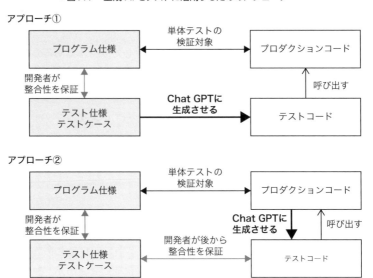

　両者のうち、正攻法と言えるのは①の方です。このアプローチは、プロダクションコードを所与としてないため、テスト駆動開発（1.2.9項）に近い考え方と見なすこともできます。

　ただし、テスト仕様を生成AIが理解できるようにテキストベースの情報（プロンプト）を作成するには、相応にコストがかかります。またウォーターフォール開発ではむしろ、先にプロダクションコードを作成し、後からテストコードを作成する方が一般的です。

　このように考えると、②のアプローチの方が場合によっては効率的かもしれません。しかし②のアプローチには、重大な落とし穴があります。そもそもテストコードとは、開発者自身が作成したプロダクションコードが、仕様通りに実装されていることを検証するために作成するものです。その点、プロダクションコードをChat GPTのインプットにすると、プロダクションコードに何らかの不備があった場合に、生成されるテストコードがそれに引きずられて精度が落ちてしまう、という可能性を排除できないのです。

　したがって②のアプローチを採用する場合は、生成されるテストコードを鵜呑みにするのではなく、開発者自身がきちんと精査するというのが大前提で

す。少なくとも検証のためのコードは、開発者自身で記述した方がよいでしょう。

さて、この二つのアプローチに共通して言えるのは、生成AIによるテストには、効率化の観点で「損益分岐点」があるという点です。

アプローチ①であれば、Chat GPTのために、テスト仕様やテストケースをわざわざプロンプトとして作ることが求められます。またアプローチ②の場合も、開発者自身が生成されたコードを精査したり、検証コードを追記したりする必要があります。

いずれのアプローチも、下手をすると生成AIを使わずに開発者自身がゼロからテストコードを作成した方が、効率性の観点で上回る可能性があるのです。

このAppendixでは、JUnit単体テスト、REST APIテスト、UIテスト、負荷テストといったケースで、生成AIによるコード生成の事例を紹介します。いずれのケースも、この「損益分岐点」をしっかりと見極める必要があります。

本書の事例を参考にすれば、見極めのためのポイントを理解することが可能になるでしょう。

A.2.2 JUnit単体テストでの活用

■ テスト仕様からテストコード生成（アプローチ①）

この項では、Chat GPTを活用して、JUnitの単体テストコードを生成する事例を紹介します。

ここではまず、アプローチ①、すなわちテスト仕様やテストケースからテストコードを生成するアプローチを取り上げます。テスト対象クラスの題材は、2.1.7項で登場したFeeServiceクラス（振込手数料を計算するためのクラス）です。

例えば次のようなプロンプト（Markdown形式）を作成し、Chat GPTに投入してみましょう。

Appendix

以下の [制約条件] とテスト対象ユニットごとの [テストケース] に従い、単体テストを行います。
Javaのテストコードを生成してください。

制約条件

* テスティングフレームワークには、JUnit 5を利用してください。
* テスト対象クラスは`pro.kensait.junit5.fee.FeeServiceTest`です。
* テストクラスは`pro.kensait.junit5.fee.FeeServiceTest`とします。
* @BeforeEachが付与された前処理において、FeeServiceクラスのインスタンスを生成
し、feeServiceフィールドに割り当てます。
* テストメソッド名は英語で、コメントは日本語でお願いします。

テスト対象ユニット共通の情報

* OUR_BANK_CODE (自分の銀行の銀行コード) : "B001"
* OTHER_BANK_CODE (他の銀行の銀行コード) : "B999"

テスト対象ユニット

* 期待される振る舞い
指定された銀行コードと振込金額から、手数料を計算して返す。

* インタフェース
`int calcFee(String bankCode, int amount)`

* テストケース
振込先の銀行	振込金額	手数料
自分の銀行	30000円以上	0円
	30000円未満	100円
他の銀行	40000円以上	200円
	40000円未満	500円

すると、Chat GPTによって以下のようなテストコードが生成されます。

```java
public class FeeServiceTest {
    private FeeService feeService;
    // 前処理：FeeServiceのインスタンス生成
    @BeforeEach
    void setUp() {
```

```
        feeService = new FeeService();
    }
    // 自分の銀行に対する振込で、30000円以上の場合の手数料テスト
    @Test
    @DisplayName("Test calcFee with our bank and amount >= 30000")
    void testCalcFeeOurBankAboveThreshold() {
        assertEquals(0, feeService.calcFee("B001", 30000),
            "自分の銀行への振込で30000円以上の場合、手数料は0円であるべき");
    }
    // 自分の銀行に対する振込で、30000円未満の場合の手数料テスト
    @Test
    @DisplayName("Test calcFee with our bank and amount < 30000")
    void testCalcFeeOurBankBelowThreshold() {
        assertEquals(100, feeService.calcFee("B001", 29999),
            "自分の銀行への振込で30000円未満の場合、手数料は100円であるべき");
    }
    ........
}
```

　生成されたこのテストコードには、プロンプトに記述したテストケースに則り、4つのテストメソッドが実装されています。

　このコードは、FeeServiceクラスのテスト要件を完全に満たしており、生成結果の評価としては「100点」と言って差し支えないでしょう。

■ プロダクションコードからテストコード生成 (アプローチ②)

　次にアプローチ②、すなわちプロダクションコードからテストコードを生成するアプローチを取り上げます。

　テスト対象クラスの題材は、2.2.1項で登場したShippingServiceクラス（「荷物配送サービス」するためのクラス）です。前項のFeeServiceと比較すると、依存先クラスが多いという点がポイントです。具体的には引数としてBaggage、Client、呼び出し先としてCostCalculatorIFがあり、それぞれをモック化する必要がある、という点に難しさがあります。

　ShippingServiceのテスト仕様を、これらの依存先クラスを意識して作成するのはコストが高いので、プロダクションコードをそのまま使ってみましょう。具体的には、次のようなプロンプト（Markdown形式）をChat GPTに投

Appendix

入します。

以下の [制約条件] に従い、単体テストを行います。
テストコードを、生成してください。

制約条件

* テスティングフレームワークには、JUnit 5を利用してください。
* モッキングフレームワークには、Mockitoを利用してください。
* テスト対象クラスは`pro.kensait.java.shipping.ShippingService`です。
* テストクラスは`pro.kensait.java.shipping.ShippingServiceTest`とします。
* @BeforeEachが付与された前処理において、ShippingServiceクラスのインスタンス
を生成し、shippingServiceフィールドに割り当てます。
* 以下のクラスをモック化し、カバレッジを意識した振る舞いを実装してください。
    * Baggage
    * Client
    * CostCalculatorIF
* 検証は開発者自身で行うため、コードの生成は不要です。
* テストメソッド名は英語で、コメントは日本語でお願いします。
* すべてのテストメソッドを生成してください。

テスト対象クラス
....プロダクションコードを貼り付ける....

依存先クラス
....プロダクションコードを貼り付ける....

　このようにテスト対象クラスはもちろんのこと、依存先クラスのコードもプロンプトに追加する必要があるため、ひと手間かかります。また、プロンプトに入力する情報量も増えるため、Chat GPTの文字数制限である「トークンリミット」に抵触してしまう可能性も高まります。

　このプロンプトをChat GPTに投入すると、次のようなコードが生成されます。

A.2 生成 AI のテストへの活用

📄 pro.kensait.java.shipping.ShippingServiceTest

```java
public class ShippingServiceTest {
    private ShippingService shippingService;
    @Mock
    private CostCalculatorIF costCalculator;
    @Mock
    private Client client;
    @Mock
    private Baggage baggage1;
    @Mock
    private Baggage baggage2;
    @BeforeEach
    public void setUp() {
        MockitoAnnotations.openMocks(this);
        shippingService = new ShippingService(costCalculator);
    }

    @Test
    public void testOrderShipping_GeneralClient() {
        // 前提条件
        when(client.clientType()).thenReturn(ClientType.GENERAL);
        when(client.originRegion()).thenReturn(RegionType.HONSHU);
        when(baggage1.baggageType()).thenReturn(BaggageType.SMALL);
        when(baggage2.baggageType()).thenReturn(BaggageType.LARGE);
        when(costCalculator.calcShippingCost(
            BaggageType.SMALL, RegionType.HONSHU)).thenReturn(1000);
        when(costCalculator.calcShippingCost(
            BaggageType.LARGE, RegionType.HONSHU)).thenReturn(1500);
        List<Baggage> baggageList = Arrays.asList(baggage1,
                                                        baggage2);

        // テスト実行
        shippingService.orderShipping(client, LocalDate.now(),
                                                        baggageList);

        // 検証
        verify(costCalculator).calcShippingCost(
                BaggageType.SMALL, RegionType.HONSHU);
        verify(costCalculator).calcShippingCost(
                BaggageType.LARGE, RegionType.HONSHU);
    }
```

A

355

```java
@Test
public void testOrderShipping_GoldClient_DiscountApplied() {
    // 前提条件
    when(client.clientType()).thenReturn(ClientType.GOLD);
    when(client.originRegion()).thenReturn(RegionType.HONSHU);
    when(baggage1.baggageType()).thenReturn(BaggageType.SMALL);
    when(baggage2.baggageType()).thenReturn(BaggageType.LARGE);
    when(costCalculator.calcShippingCost(
        BaggageType.SMALL, RegionType.HONSHU)).thenReturn(2000);
    when(costCalculator.calcShippingCost(
        BaggageType.LARGE, RegionType.HONSHU)).thenReturn(1500);
    List<Baggage> baggageList = Arrays.asList(baggage1,
                                                 baggage2);

    // テスト実行
    shippingService.orderShipping(client, LocalDate.now(),
                                                 baggageList);

    // 検証
    verify(costCalculator).calcShippingCost(
            BaggageType.SMALL, RegionType.HONSHU);
    verify(costCalculator).calcShippingCost(
            BaggageType.LARGE, RegionType.HONSHU);
}

@Test
public void testOrderShipping_DiamondClient_DiscountApplied() {
    // 前提条件
    when(client.clientType()).thenReturn(ClientType.DIAMOND);
    when(client.originRegion()).thenReturn(RegionType.HONSHU);
    when(baggage1.baggageType()).thenReturn(BaggageType.SMALL);
    when(baggage2.baggageType()).thenReturn(BaggageType.LARGE);
    when(costCalculator.calcShippingCost(
        BaggageType.SMALL, RegionType.HONSHU)).thenReturn(3000);
    when(costCalculator.calcShippingCost(
        BaggageType.LARGE, RegionType.HONSHU)).thenReturn(2000);
    List<Baggage> baggageList = Arrays.asList(baggage1,
                                                 baggage2);

    // テスト実行
```

```
        shippingService.orderShipping(client, LocalDate.now(),
                                            baggageList);

        // 検証
        verify(costCalculator).calcShippingCost(
                BaggageType.SMALL, RegionType.HONSHU);
        verify(costCalculator).calcShippingCost(
                BaggageType.LARGE, RegionType.HONSHU);
    }
}
```

このテストコードに点数をつけるとしたら「70点」といったところでしょうか。

実はこのコードのコンパイルは問題なく通りますし、このコードを実行するとすべてのテストが成功します。ただしテストコードとしては、要件を充足しているとは言えません。

このコードには、次のような2つの課題があります。

課題①：検証コードの追加が必要

まず前述したように、Chat GPTによって生成されたテストコードに対して、検証のためのコードを開発者自身で実装する必要があります。

今回のプロンプトでは「検証は開発者自身で行うため、コードの生成は不要です」と明記しているにも関わらず、生成されたコードにはMockitoによるコミュニケーションベースの検証コードが含まれています。

この部分は特に「悪さ」をするものではないので、残しておいても問題ありませんが、これだけでは検証コードとして不十分です。

テスト対象クラスであるShippingServiceは副作用を発生させるため、2.2.2項でも取り上げたとおり、状態ベースの検証コードを追加します。

具体的には、以下のようなコードを追加します。

```
Shipping actual = ShippingDAO.findAll().get(0); // 1
assertEquals(3150, actual.totalPrice()); // 2
```

ここではShippingDAOが、十分に品質が確保された信頼できるクラスであ

Appendix

るという前提の下、ShippingDAOによって実測値を取得します **1**。そして
assertEquals()を呼び出して、期待値と実測値が一致していることを検証し
ます **2**。

　このとき「期待される配送料が3150円であること」を、なぜ開発者が決め
ることができたのでしょうか。これは生成された各テストコードの「前提条件」
の部分で、Chat GPTがどのような振る舞いをモックに設定したのかを読み解
くことによって、導き出した値です。

　もしChat GPTを使わず、開発者が自分の意図でモックの振る舞いを設定
するのであれば、そのコンテキストの中で、期待値を自分で決めることは比較
的容易なはずです。ところがChat GPTに振る舞いの設定を委ねると、生成さ
れた振る舞いを理解した上で、「正しいプロダクションコードだったらこういっ
た値が期待されるはずだ」という計算を開発者が自分で行わなければなりませ
ん。

　この点は、このアプローチの難易度を上げている一つのポイントになるので
はないかと思います。

課題②：カバレッジが不十分

　Chat GPTによって生成された既出のテストコードは、カバレッジが不十
分です。このテストを実行したときのカバレッジレポート（テスト対象クラス
ShippingServiceのorderShipping()の部分）を示したものが次の図です。

▼図 A-8　カバレッジレポートの表示

```
    // ゴールド会員の場合は、ゴールド会員用の割引率を適用する
    // → ただし定義された「割引後の下限金額」を下回ることは許容されない
    if (client.clientType() == ClientType.GOLD) {
        if (GOLD_COST_LIMIT < totalCost) {
            Integer discountedPrice = Integer.class.cast(
                Math.round(totalCost * GOLD_NET_RATE));
            totalCost = discountedPrice < GOLD_COST_LIMIT ?
                GOLD_COST_LIMIT :
                    discountedPrice;
        }

    // ダイヤモンド会員の場合は、ダイヤモンド会員用の割引率を適用する
    // → ただし定義された「割引後の下限金額」を下回ることは許容されない
    } else if (client.clientType() == ClientType.DIAMOND) {
        if (DIAMOND_COST_LIMIT < totalCost) {
            Integer discountedPrice = Integer.class.cast(
                Math.round(totalCost * DIAMOND_NET_RATE));
            totalCost = discountedPrice < DIAMOND_COST_LIMIT ?
                DIAMOND_COST_LIMIT :
                    discountedPrice;
        }
    }
```

このようにゴールド会員、ダイヤモンド会員ともに、割引後の下限金額に抵触したというケースがカバーされていません。そこで筆者の方で、改めて以下のようにプロンプトに投入してみました。

ゴールド会員、ダイヤモンド会員ともに、「割引したものの下限金額に抵触してそれ以上割引されない」というケースがカバーされていません。
これらのケースもカバーしたテストコードを再度生成してください。

ところが本書執筆時点では、このプロンプトからは、要件を充足するようなテストコードは生成されませんでした。この課題を解決するためには、モデルの進化を待つか、プロンプトエンジニアリングのさらなる工夫が必要になるものと思われます。

A.2.3 REST APIテストでの活用

■ RestAssuredによるテストコード生成

ここでは、Chat GPTを活用して、REST APIのためのテストコードを生成する事例を紹介します。テストコードは、JUnit 5とRestAssured（6.1節）を使用して作成するものとします。

■ Appendix

　REST APIの外部仕様は「OpenAPI仕様ファイル」[注5] として記述することができるため、これをインプットにして、Chat GPTによってテストコードを生成させてみましょう。

　「OpenAPI仕様ファイル」は一種のテスト仕様とも言えるので、これは既出のアプローチ①に該当します。

　今回テスト対象となるのは、Person（人物）というリソースに対するREST APIです（6.1.3項）。

　このREST APIの仕様は、以下のような「OpenAPI仕様ファイル」で定義されているものとします。

```
openapi: 3.0.0
info:
  title: Person API
  version: 1.0.0
servers:
- url: http://localhost:8080
paths:
  /persons/{personId}:
    get:
      operationId: getPersonById
      tags:
        - Persons
      parameters:
        - name: personId
          in: path
          required: true
          schema:
            type: integer
      responses:
        '200':
          content:
            application/json:
              schema:
                $ref: '#/components/schemas/Person'
        '404':
          description: Person not found
```

注5　「OpenAPI仕様書」はREST APIの構造や挙動を記述するための仕様書で、OpenAPI Initiative（OAI）という団体によって標準化されている。「Open AI」とスペルが似ているため混同しないこと。

```yaml
  post:
    operationId: createPerson
    tags:
      - Persons
    requestBody:
      required: true
      content:
        application/json:
          schema:
            $ref: '#/components/schemas/Person'
    responses:
      '200':
        content:
          application/json:
            schema:
              $ref: '#/components/schemas/Person'
      '400':
        description: Invalid input
  put:
    ........
  delete:
    ........
/persons/query_by_age:
  get:
    operationId: queryByLowerAge
    tags:
      - Persons
    parameters:
      - name: lowerAge
        in: query
        required: true
        schema:
          type: integer
    responses:
      '200':
        content:
          application/json:
            schema:
              type: array
              items:
                $ref: '#/components/schemas/Person'
```

Appendix

```
components:
  schemas:
    Person:
      type: object
      properties:
        personId:
          type: integer
        personName:
          type: string
        age:
          type: integer
        gender:
          type: string
      required:
        - personName
        - age
        - gender
```

　この「OpenAPI仕様ファイル」を利用して、Chat GPTに以下のようなプロンプトを投入します。

以下の [OpenAPI仕様ファイル] に示したREST APIがあるものとします。
[制約条件] に従い、テストコードを生成してください。

制約条件

* テスティングフレームワークには、JUnit 5とRestAssuredを利用してください。
* テストクラスは `pro.kensait.spring.person.rest.test.PersonApiTest` とします。
* REST APIの呼び出し結果は `io.restassured.response.Response` として取得し、レスポンスボディはJUnitのアサーションAPIで検証するものとします。
* テストメソッド名は英語で、コメントは日本語でお願いします。
* すべてのテストメソッドを生成してください。

OpenAPI仕様ファイル
....既出のOpenAPI仕様を貼り付ける...

　このようなプロンプトをChat GPTに投入すると、JUnit 5とRestAssuredによるテストクラスのコードが生成されます。返されるコードはここでは省略

しますが、当該REST APIのためのテスト要件を充足した、非常に精度が高い
ものです。

　このケースがうまくいく理由は、REST APIのテスト仕様として「OpenAPI
仕様ファイル」をそのまま使うことができ、必要な情報がそこに集約されてい
るという点にあると言えるでしょう。

■ WireMockによるモックサーバーのコード生成

　テストとは少し趣旨が変わりますが、ここで取り上げるのはWireMockに
よるモックサーバー（6.2節）です。

　前項と同じ、Personリソースを対象にしたREST APIの「OpenAPI仕様
ファイル」をインプットに、WireMockのコードを生成させてみましょう。以
下のようなプロンプトを、Chat GPTに投入します。

以下の［OpenAPI仕様ファイル］に示したREST APIがあるものとします。
［制約条件］に従い、モックサーバーのコードを生成してください。

\# 制約条件

* モックサーバーは、WireMockを利用します。
* モックサーバーのテストクラスは`pro.kensait.spring.person.rest.test.
WireMockApp`とします。

\# OpenAPI仕様ファイル
....既出のOpenAPI仕様を貼り付ける...

　このようなプロンプトをChat GPTに投入すると、WireMockによるモッ
クサーバーのコードが生成されます。生成されるコードはここでは割愛します
が、当該REST APIの振る舞いを忠実に再現した、そのまま動作するモック
サーバーが簡単に出来上がります。

　もちろん、引数マッチングや返すレスポンスに関しては生成AIに情報を与
えていないため、生成されたコードに対して後から開発者が補う必要があり
ます。ただし、それを差し引いても、大幅に効率化できる点は間違いありませ
ん。

Appendix

A.2.4 SelenideによるUIテストでの活用

この項では、Chat GPTを活用してUIテストコードを生成する事例を紹介します。

UIテストの題材は、7.1.3項で登場した「テックブックストア」というWebアプリケーションです。生成するテストコードは、JUnit 5 + Selenideによるものとします。

実施するUI操作や検証内容は7.1.3項と同様のため、この項に登場したBookStoreTestクラスが一種の模範解答になります。

ここでは既出のアプローチ①に則り、まずUI操作や検証内容を表す「テストシナリオ」を作成し、それをインプットにしてChat GPTにUIテストコードを生成させます。

具体的には、以下のようなプロンプトを投入します。

以下の [制約条件] および [テストシナリオ] に従い、WebブラウザのUIテストを行います。SelenideとJUnit 5によるJavaのテストコードを、生成してください。

制約条件

* パッケージ名は`pro.kensait.selenium.bookstore`、クラス名は`BookStoreTest`とします。
* ベースURLとしてhttp://localhost:8080を設定してください。
* リンクはID属性を指定してクリックしてください。
* ID属性は、"#"で表現してください。
* 要素 (HTMLタグ) は、Selenideの"$$"を使って取得してください。
* タイトルの検証には、JUnit 5のアサーションAPIを使ってください。
* タイトル以外の検証には、Selenideの検証API (`shouldHave()`、`shouldBe()`など) を使ってください。
* タイトルの検証した直後に、ページのスクリーンショットを保存してください。
  保存名は、"番号 – ページタイトル"とします。

テストシナリオ

番号	指示	ID	場所	VALUE
1	オープン			http://localhost:8080/
2	検証		title()	TopPage

364

A.2 生成 AI のテストへの活用

```
|3|入力|email||alice@gmail.com|
|4|入力|password||password|
|5|クリック|loginButton||loginButton|
|6|リダイレクト|||/toSelect|
|7|検証||title()|BookSelectPage|
|8|検証|book-table|ボディ内の1行目の1列目|Java SEディープダイブ|
|9|検証|book-table|ボディの行数|34|
....中略....
|36|検証||title()|OrderSuccessPage|
|37|クリック|logoutButton|||
|38|検証||title()|FinishPage|
```

　「テストシナリオ」の内容は、既出のものと同様です。ここではExcel等
の表計算ソフトで作成し、それをプロンプトに貼り付けやすくするために
Markdown形式に変換しています。

Appendix

▼図 A-9　Excel で作成したテストシナリオ

	A	B	C	D	E
1	番号	指示	ID	場所	VALUE
2	1	オープン			http://localhost:8080/
3	2	検証		title()	TopPage
4	3	入力	email		alice@gmail.com
5	4	入力	password		password
6	5	クリック	loginButton		loginButton
7	6	リダイレクト			/toSelect
8	7	検証		title()	BookSelectPage
9	8	検証	bookstore-table	ボディ内の1行目の1列目	Java SEディープダイブ
10	9	検証	bookstore-table	ボディの行数	34
11	10	クリック	button-3		3
12	11	検証		title()	CartViewPage
13	12	クリック	toSelectLink		
14	13	検証		title()	BookSelectPage
15	14	クリック	button-5		5
16	15	検証		title()	CartViewPage
17	16	クリック	toSelectLink		
18	17	検証		title()	BookSelectPage
19	18	クリック	toSearchLink		
20	19	検証		title()	BookSearchPage
21	20	選択	category		2
22	21	入力	keyword		Cloud
23	22	クリック	search1Button		
24	23	検証		title()	BookSelectPage
25	24	クリック	button-11		11
26	25	検証		title()	CartViewPage
27	26	クリック	check-3		
28	27	クリック	removeButton		
29	28	検証		title()	CartViewPage
30	29	クリック	fixButton		
31	30	検証		title()	BookOrderPage
32	31	クリック	bankTransfer		
33	32	クリック	orderButton1		
34	33	クリック		ポップアップウィンドウ	キャンセル
35	34	クリック	orderButton1		
36	35	クリック		ポップアップウィンドウ	OK
37	36	検証		title()	OrderSuccessPage
38	37	クリック	logoutButton		
39	38	検証		title()	FinishPage

このようなプロンプトを投入すると、JUnit 5とSelenideによるUIテストコードが生成されます。その内容はここでは割愛しますが、7.1.3項の模範解答であるBookStoreTestクラスとほぼ同様で、そのまま動作可能な非常に精度が高いものです。

注目していただきたいのが、テストシナリオの「番号8」の行です。この部分は、Chat GPTによって以下のようなコードに変換されます。

```
$$("#book-table  tbody  tr").first().$$("td").first().
shouldHave(text("Java SEディープダイブ"));
```

テストシナリオに記述した`ボディ内の1行目の1列目`といった日本語が、正しくDOMに変換されていることが分かります。これは「生成AIならでは」であり、ルールベースのテストツールでは、なかなかこうはいかないでしょう。

このように「テスト仕様をテキストで記述しやすい」という特徴から、UIテストにおける生成AIの活用は極めて効果的です。少なくとも今回のサンプルに限っては、Selenideのコードを直接記述するよりも、生成AIの活用に優位性があると言えます。上記の「テストシナリオ」は一つの例に過ぎませんが、ぜひプロンプトを工夫することで、UIテストの効率化を図ってみてはいかがでしょうか。

A.2.5 Gatlingによる負荷テストでの活用

この項では、Chat GPTを活用して負荷テストコードを生成する事例を紹介します。

負荷テストの題材は、前項と同様に「テックブックストア」です。生成するテストコードは、Gatlingによるものとします。負荷テストシナリオは前項と同様であり、8.1.3項のBookStoreTestクラスが一種の模範解答になります。

ここでも既出のアプローチ①に則り、まず「負荷テストシナリオ」を作成し、それをインプットにしてChat GPTに負荷テストコードを生成させます。具体的には、次のようなプロンプトを投入します。

■ Appendix

以下の［負荷テストシナリオ］および［シミュレーションの全体設定］に従い、負荷テストを行います。
Gatlingのシミュレーションクラスを、以下の［制約条件］に基づき、概念的なJavaコードとして生成してください。

制約条件

* パッケージ名は`pro.kensait.gatling.bookstore.scenario1`、クラス名は`BookStoreSimulation`とします。
* シミュレーションクラスは、`io.gatling.javaapi.core.Simulation`を継承してください。
* ベースURLは、`localhost:8080`に設定してください。
* シナリオは、`ScenarioBuilder`を使って生成してください。
* フィーダーは、CSVファイルを"data/users.csv"から取得し、サイクリックに読み込んでくださいください。
    また読み込んだデータは、userId、passwordという名前でセッション変数に保存するものとします。
* `setUp()`には、イニシャライザーを使ってください。
* Titleの検証は、`css("title")`と指定することでTitleを取得してください。
* "Save CSRF"では、`csrfToken`というIDのvalue属性からCSRFトークンを取得し、`sessionCsrfToken`という名前のセッション変数で保持してください。
* シナリオは、`pace()`メソッドによって、シナリオ番号1〜12の間を、30秒間のペースに調整してください。
* シナリオは、`forever()`メソッドによって、無限に繰り返してください。
* 個々のアクション間には、2秒の休止時間を入れてください。

負荷テストシナリオ

番号	アクション	メソッド	URL	パラメータ	検証
1	Open	GET	/		Status: 200, Title: "TopPage", Save CSRF
2	Login	POST	/processLogin	email: "#{userId}", password: "#{password}", _csrf: #{sessionCsrfToken}	Status: 200, Title: "BookSelectPage", Save CSRF
3	Add Book	POST	/addBook	bookId: "2", _csrf: #{sessionCsrfToken}	Status: 200, Title: "CartViewPage", Save CSRF
....中略....
|11|Fix|POST|/fix|_csrf: #{sessionCsrfToken}|Status: 200, Title: "BookOrderPage", Save CSRF|
|12|Order|POST|/order1|settlementType: "1", _csrf: #{sessionCsrfToken}|Status: 200, Title: "OrderSuccessPage", Save

A.2 生成AIのテストへの活用

```
CSRF|
|13|Logout|POST|/processLogout|_csrf: #{sessionCsrfToken}|Status:
200, Title: "FinishPage"|

# シミュレーションの全体設定

★ 最初は1ユーザから始め、100秒かけて最大5ユーザまで増加させてください。
★ 起動してから200秒経過したら、シミュレーション全体を終了してください。
```

「負荷テストシナリオ」の内容は、既出のものと同様です。ここではExcel等の表計算ソフトで作成し、それをプロンプトに貼り付けやすくするためにMarkdown形式に変換しています。

▼図A-10　Excelで作成した負荷テストシナリオ

番号	アクション	メソッド	URL	パラメータ	検証
1	Open	GET	/		Status: 200, Title: "TopPage", Save CSRF
2	Login	POST	/processLogin	email: "#{userId}", password: "#{password}", _csrf: #{sessionCsrfToken}	Status: 200, Title: "BookSelectPage", Save CSRF
3	Add Book	POST	/addBook	bookId: "2", _csrf: #{sessionCsrfToken}	Status: 200, Title: "CartViewPage", Save CSRF
4	To Select	GET	/toSelect		Status: 200, Title: "BookSelectPage", Save CSRF
5	Add Book	POST	/addBook	bookId: "5", _csrf: #{sessionCsrfToken}	Status: 200, Title: "CartViewPage", Save CSRF
6	To Select	GET	/toSelect		Status: 200, Title: "BookSelectPage"
7	To Search	GET	/toSearch		Status: 200, Title: "BookSearchPage"
8	Search	GET	/search	categoryId: "2", keyword: "Cloud"	Status: 200, Title: "BookSelectPage", Save CSRF
9	Add Book	POST	/addBook	bookId: "11", _csrf: #{sessionCsrfToken}	Status: 200, Title: "CartViewPage", Save CSRF
10	Remove Book	POST	/removeBook	removeBookIdList: "3", _csrf: #{sessionCsrfToken}	Status: 200, Title: "CartViewPage", Save CSRF
11	Fix	POST	/fix	_csrf: #{sessionCsrfToken}	Status: 200, Title: "BookOrderPage", Save CSRF
12	Order	POST	/order1	settlementType: "1", _csrf: #{sessionCsrfToken}	Status: 200, Title: "OrderSuccessPage", Save CSRF
13	Logout	POST	/processLogout	_csrf: #{sessionCsrfToken}	Status: 200, Title: "FinishPage"

このようなプロンプトを投入すると、Gatlingによる負荷テストコードが生成されます。その内容はここでは割愛しますが、8.1.3項の模範解答であるBookStoreSimulationクラスとほぼ同様のコードであり、仕様通りにそのまま動作します。

一点注意が必要なのは、Gatlingは基本的にScalaベースの負荷テストツールのため、テストコードをJavaで記述できるということを、本稿執筆時点で"gpt4"が理解していなかったという点です。

したがってプロンプトを工夫し、「概念的なJavaコードとして生成してくだ

369

Appendix

さい」と指示していますが、結果的には問題のないJavaコードが生成されています。この点は、Javaベースの事例の増加とモデルのアップデートによって、将来的には解消することが予想されます。

　このように「テスト仕様をテキストで記述しやすい」という特徴から、UIテストと同様に、負荷テストでも生成AIは極めて有効です。生成AIを活用すると、負荷テストを効率的に実施することが可能になるでしょう。

あとがき

　本書の構想は数年前からありましたが、実際に書き始めたのは2024年の初旬でした。その後の執筆活動は思いのほか順調で、同じ内容を扱ったUdemyコースと並行して作業を進め、約9か月という比較的短い期間でゴールにたどり着くことができました。

　当初より本書の企画に賛同いただき、執筆期間中、伴走してくださった技術評論社の緒方研一さんに感謝申し上げます。

　また忙しい中、本書のレビューを引き受けてくれた同僚の南大輔さん、高橋博実さん、尾根田倫太郎さん、佐藤隆征さん、辻恵三さん、横山広樹さん、大変ありがとうございました。

　皆様からのフィードバックによって、本書の品質を向上させることができました。皆様のように尖がったメンバーに囲まれている私は、とても恵まれた環境にいることを再認識しています。

　最後に本書の執筆期間中、私を支えてくれた家族と愛犬ティナに感謝の気持ちを表して、筆を置きたいと思います。

索引

■ 数字・記号

$$()	283
$()	283
@ActiveProfiles	246
@AfterAll	99
@AfterEach	99
@BeforeAll	99
@BeforeEach	99,133
@CsvFileSource	112,115
@Disable	84
@DisplayName	97,114
@ExcludePackages	105
@IncludePackages	105
@MethodSource	112
@Mock	160
@MockBean	221
@Nested	106
@ParameterizedTest	111
@SelectClasses	105
@SelectPackages	105
@SpringBootTest	221
@Spy	179
@SpyBean	222
@Suite	105
@Tag	149
@Test	81
@TestPropertySource	246
@ValueSource	112,113
@WebMvcTest	221,230

■ A〜I

AAAパターン	35
actual	86
Amazon ECR	331
Amazon EKS	332
Answer	173
application.properties	245
application.yml	245
argThat()	171
assertArrayEquals()	95
assertDoesNotThrow()	120
assertEquals()	88,203
assertFalse()	90
assertInstanceOf()	92
assertIterableEquals()	93,94
assertNotEquals()	88
assertNotNull()	91

assertNotSame()	92
assertNull()	91
assertSame()	92
assertThrows()	120
assertTimeout()	122
assertTrue()	90,95
asString()	258
assumeFalse()	124
assumeTrue()	124
AWS Credentials	343
AWSの認証情報	342
build.gradle	145
byName()	286
CD	70
Chat GPT	348
check()	313
CI	70
CI/CD	70
CI/CDツール	70,332
CLEAN_INSERT	198,199
click()	285
Condition	287
containsAll()	94,95
content()	234,237
CoreDsl	303
Credentials	342
CRUD操作	197
CRUD操作のテスト	201
CSRF攻撃	314
css()	315
CSSセレクタ	283
CSVファイル	114
DAO	191,220
DatabaseOperation	198
DBUnit	188
DELETE	198
DELETE_ALL	198
DI	42,218
Docker	330
Docker Hub	331
doNothing()	181
do-when方式	163
DTO	194
during()	317
E2Eテスト	60,69
EKS	343
EmployeeDAO	191

equals().. 89	MPA 279
exec() 306	MVCパターン 220
expected... 86	Nexus Repository 331
extract() 257	null値.. 91
fail()... 119	on().. 308
False Negative................................. 54	OpenAPI仕様ファイル...................... 360
False Positive................................... 54	OpenShift... 332
feed() 309	pace()... 308
FN... 54	pause() 307
forever()..................................308,317	POJO... 220
FP 54	protocols() 317
Gatling 299	public修飾子 79
gatlingコマンド................................ 323	QCD... 16
GHCR..331,341	rampUsers() 317
Git.. 50	repeat() 309
Git Flow戦略.................................... 51	request() 234,237
GitHub Actions............................. 333	Response.. 257
GitHubリポジトリ 337	response()....................................... 257
given().. 253	REST API 250,359
Given-When-Thenパターン 253	RestAssured 251
Gradle 143	saveAs() 315
Gradleラッパー 144	scenario() 306
Hamcrest... 256	selectOption()................................. 285
HttpDsl 303	selectOptionByValue().................... 285
HTTP共通情報................................. 303	selectRadio() 286
HTTPメソッド 231	Selenide 279
HTTPメソッドの条件設定API 267	Selenium 278
IDatabaseConnection 190	setSetUpOperation().................... 198
IDatabaseTester............................. 190	setUp()... 317
IDataSet... 190	setValue() 285
injectOpen().................................... 317	should() 287
inOrder() 177	shouldNot()..................................... 287
INSERT 198	SPA.. 279
ISTQB.. 15	Spring Bean..................................... 220
ITable.. 191	Spring Boot 218
	Spring Boot Test......................218,221
■ J～Z	spy().. 178
JaCoCo 151	status() 234,235
JMeter 299	stubFor().. 267
jsonPath()....................................... 238	TDD.. 55
JSON形式................................. 238,258	test_Timeout() 122
JSTQB... 15	then()... 256
JUnit 67	TN... 53
JUnit 5 76,79	TP.. 53
JUnit Jupiter.................................... 77	True Negative 53
JUnit Platform............................77,145	True Positive 53
JUnitテストクラス.........................34,79	TRUNCATE_TABLE.................... 198,200
Kubernetes 332	UIテスト 278
Maven.. 143	UIの操作 284
maxDuration().................................. 317	UI要素 283
mock()... 159	UPDATE.. 198
Mockito 156	URLの条件設定API 268
MockMVC 221,228	verify() 175
model() 234,236	view()....................................... 234,235

373

索引

V字モデル 18
WebDriver 278
Webブラウザ 278,282
Webページ情報 283
when() 255
when-then方式 161
WireMock 265
xUnit 67

■ あ行

アクション 310,333
アクション構築 311
アサーション 84
アサーションAPI 85
アサンプションAPI 123
アジャイル開発 17
後処理 38
暗黙的セットアップ 103
依存 40
依存性注入 42,43,130,135,141
一括更新 197
一括更新のテスト 207
一括削除 197
インラインセットアップ 102
ウォーターフォール開発 17
受入テスト 18,20
エラー発生 117
オーケストレーション 332

■ か行

階層化 106
外部依存 39
書き込み系操作のテスト 203
仮想システム結合テスト 59
カナリアリリース 345
カバレッジ基準 22
カバレッジレポート 151
関心のある範囲 30,140
偽陰性 54
疑似的な振る舞い 160,272
疑似的なリクエスト 231
基本設計 18,19
境界値テスト 25,28
偽陽性 54
組み合わせ爆発 16
クラス名 80,150
継続的インテグレーション 70
継続的デプロイメント 70
継続的デリバリー 70
結合テスト 18,19,30,58,68
検証フェーズ 35,83
更新 (主キー) 197
古典学派 56
コミュニケーションベースの検証 46,175

コンテナ 330
コンテナイメージ 331
コンテナ管理 332
コンテナレジストリ 331
コントローラ 220

■ さ行

サービス 220
削除 (主キー) 197
削除のテスト 205
システムテスト 18,20,60
実行フェーズ 35,83
実装 18
シナリオ 27,300,317
シナリオ構築 306
シミュレーション 300
シミュレーションクラス 301
シミュレーション設定 316
シミュレーションの実行 323
主キー検索 197
主キー検索のテスト 201
出力値ベースの検証 45
準備フェーズ 35,83
条件検索 197
条件検索のテスト 202
条件網羅 23
詳細設計 18,19
状態ベースの検証 45
真偽値 90
スクリーンショット 289
スケーラビリティ 62
スコープ 233
スタブ 39,156
ステータスコード 235
ストレステスト 64
スパイ 40,177
スループット 62,64
生成AI 348
性能要件 63
セッションスコープ 233
セッション属性 233,237
セレクトボックス 285
挿入 197
挿入のテスト 204
ソースフォルダ 80
属性 233
ソフトウェアテスト 14
ソフトウェアテストの7原則 15

■ た行

耐久テスト 65
退行 49
タイムアウトのテスト 122
タグ 149,341

374

単位 29
単体テスト 18,19,30,32,67
単体テスト戦略 52
データアクセス層 219,220
データセット 188
データテーブル 188
データベーステスト 188
テキストフィールド 285
デグレード 49
テスティングフレームワーク 66
テスト 14
テスト技法 21
テスト駆動開発 55
テストクラス 34,79
テストケース 21,35
テストシナリオ 365
テストスイート 104
テスト対象クラス 79
テスト対象メソッド 34
テスト対象ユニット 34
テストダブル 31,39,139,156
テストドライバー 33
テストの「失敗」 36
テストの「成功」 36
テストピラミッド 61
テストフィクスチャ 102,190
テストメソッド 34,81
テスト用プロファイル.......................... 245
テストランナー 49
テックブックストア 290
同値クラス 24
同値分割法 24,27
動的な振る舞い...................................... 173
ドキュメンテーション.......................... 96

■ な行

荷物配送サービス 126
ネーミング 80,96
ネステッドクラス..........................106,135

■ は行

パース 258
パイプライン 70
パッケージ名 80
パフォーマンステスト............................ 62
パラメータ化テスト.............................. 110
引数マッチングAPI................................ 166
ビジネス層 219,220
ビュー 235
ビルドツール 143
ファクトリメソッド 42
フィーダー 304
フィールド 177
負荷テスト 63,298

負荷テストツール.................................. 298
副作用 180
ブラックボックステスト 21,27
フラッシュスコープ 233
フラッシュ属性 233
ブランチ 51
ブランチ戦略 51
ブルー/グリーンデプロイメント 345
振る舞いの設定 161
プレゼンテーション層 219,220
プロファイル 245
プロンプト 350
分岐網羅 22
ボタン 285
ホワイトボックステスト 21,26

■ ま行

前処理 38
マニフェストファイル.......................... 343
命令網羅 22
モック 31,39,156
モックサーバー 59,265
モックの作成 159
モデル 235

■ や行

ユニット 19,29
要件定義 18,20

■ ら行

ライフサイクルメソッド 99
ラジオボタン 286
リクエスト 231
リクエストスコープ 233
リクエスト生成 314
リグレッション 49
リストへの変換 259
リソースファイル 189
リダイレクト 312
リファクタリング 49
リポジトリ 51
レスポンス生成API 269
レスポンスタイム 62,64
レスポンスの検証 234
レスポンスボディ 237,238,257
列挙子 198
ロードテスト 63
ロンドン学派 56

■ わ

ワークロードモデル.............................. 300

● 斉藤 賢哉（さいとう けんや）

1970年生まれ。一橋大学経済学部を卒業後、1994年に金融機関に入社。4年目よりシステム部門に配属となり、今日まで25年以上に渡って企業システムの開発に従事。専門分野はJavaによるシステム開発で、アーキテクトとして重要システムの技術設計やソリューション選定、もしくは社内標準のフレームワーク開発といった、豊富な経験を有する。

現在はグループのシステム関連会社にて、先進技術による機能開発や横断的な施策を担う部門を本部長として統括する傍ら、生成AI活用によるDXの推進についてもテクニカルリード的な役割を担当。

外部向けには、さまざまなセミナーでの登壇や雑誌への技術記事寄稿の実績あり。著書に『マスタリングJava EE 5』（2007年、翔泳社）、『アプリケーションアーキテクチャ設計パターン』（2017年、技術評論社）がある。

2023年よりUdemy講師にも挑戦。本書執筆時点では「現役アーキテクトが教える『Java Basic編』／『Java Advanced編』／『Javaテスト基礎＆実践』」の3コースを運営中。今後も拡大予定で、「企業アプリケーション開発に必要なコース」をコンプリートすることが目標。

趣味は野球観戦と音楽鑑賞。横浜ベイスターズファン。ワインとチーズをこよなく愛する。最近では愛犬と遊ぶことが最大の楽しみ。

◇ カバーデザイン　　奈良岡菜摘デザイン事務所
◇ カバー写真素材　　iStock.com/Pom669
◇ 本文デザイン　　　轟木 亜紀子（株式会社トップスタジオ デザイン室）
◇ 本文レイアウト　　株式会社トップスタジオ

Javaエンジニアのための
ソフトウェアテスト実践入門
〜自動化と生成AIによるモダンなテスト技法〜

2024年 10月16日　初　版　第1刷発行

著　者　斉藤 賢哉
発行者　片岡 巖
発行所　株式会社技術評論社
　　　　東京都新宿区市谷左内町21-13
　　　　電話　03-3513-6150　販売促進部
　　　　　　　03-3513-6166　書籍編集部
印刷／製本　日経印刷株式会社

定価はカバーに表示してあります。

本書の一部または全部を著作権法の定める範囲を超え、無断で複写、複製、転載、テープ化、ファイルに落とすことを禁じます。

©2024　斉藤 賢哉

造本には細心の注意を払っておりますが、万一、乱丁（ページの乱れ）や落丁（ページの抜け）がございましたら、小社販売促進部までお送りください。送料小社負担にてお取り替えいたします。

ISBN978-4-297-14435-7　C3055
Printed in Japan

●お問い合わせについて

本書に関するご質問は、本書のWebページ上の質問用フォームをご利用ください。電話での直接のお問い合わせにはお答えできませんので、あらかじめご承知おきください。

ご質問の際には、フォームに従って書籍名と質問される該当ページ、返信先メールアドレスを明記してください。ご質問の際に記載いただいた個人情報は質問の返答以外の目的には使用いたしません。

お送りいただいたご質問には、できる限り迅速にお答えするよう努力しておりますが、場合によってはお時間をいただくこともございます。なお、ご質問は、本書に記載されている内容に関するもののみとさせていただきます。

◆お問い合わせ先
https://gihyo.jp/book/2024/978-4-297-14435-7